21 世纪本科院校土木建筑类创新型应用人才培养规划教材

房屋建筑学

（上：民用建筑）（第 2 版）

主　编	钱　坤	王若竹	吴　歌
副主编	刘　石	朱　珊	张　辉
参　编	姜　平	董晓琳	蒋　鑫
	邓安伟		
主　审	金玉杰	包　新	

北京大学出版社
PEKING UNIVERSITY PRESS

内 容 简 介

本套书共分为《房屋建筑学（上：民用建筑）》（第2版）和《房屋建筑学（下：工业建筑）》（第2版）两册。《房屋建筑学（上：民用建筑）》（第2版）着重阐述民用建筑设计与建筑构造的基本原理和应用知识，内容包括：建筑平面设计、建筑剖面设计、建筑体型和立面设计、民用建筑构造概论、基础和地下室、墙体、楼地层及其他水平构件、楼梯及其他垂直交通设施、屋顶、门窗、变形缝、民用建筑工业化等。

本书可作为土木工程专业及工程管理专业的教学用书，也可作为电气、给排水、暖通等专业的教学参考书，还可作为从事建筑设计与建筑施工的技术人员的学习参考用书。

图书在版编目（CIP）数据

房屋建筑学．上，民用建筑/钱坤，王若竹，吴歌主编．—2版．—北京：北京大学出版社，2016.7

（21世纪本科院校土木建筑类创新型应用人才培养规划教材）

ISBN 978‑7‑301‑26571‑0

Ⅰ．①房…　Ⅱ．①钱…②王…③吴…　Ⅲ．①民用建筑—房屋建筑学—高等学校—教材　Ⅳ．①TU22

中国版本图书馆 CIP 数据核字（2015）第 281045 号

书　　　　名	房屋建筑学（上：民用建筑）（第2版） Fangwu Jianzhuxue	
著作责任者	钱　坤　王若竹　吴　歌　主编	
策 划 编 辑	吴 迪　卢 东	
责 任 编 辑	卢 东	
标 准 书 号	ISBN 978‑7‑301‑26571‑0	
出 版 发 行	北京大学出版社	
地　　　　址	北京市海淀区成府路205号　100871	
网　　　　址	http://www.pup.cn　　新浪微博：@北京大学出版社	
电 子 信 箱	pup_6@163.com	
电　　　　话	邮购部 010‑62752015　发行部 010‑62750672　编辑部 010‑62750667	
印 刷 者	北京圣夫亚美印刷有限公司	
经 销 者	新华书店	
	787毫米×1092毫米　16开本　19.75印张　460千字	
	2009年2月第1版	
	2016年7月第2版　2022年1月第5次印刷	
定　　　　价	40.00元	

第 2 版前言

本书自 2009 年出版以来，有多所相关院校教学使用，整体反映良好。随着近年来国家关于建设工程的新政策、新法规的不断出台，一些新的规范、规程陆续颁布实施，为了更好地开展教学，满足大学生学习的需求，我们对教材进行了修订。

这次修订主要做了以下工作。

（1）根据现行《建筑采光设计标准》（GB 50033—2013），对窗地面积比和采光有效进深进行修订。

（2）根据现行《建筑设计防火规范》（GB 50016—2014），对疏散距离、疏散宽度进行校核。

（3）对楼梯的平面位置、数量按现行规范进行详细解析，增加了楼梯间平面设计内容，根据目前应用情况对装配式楼梯内容进行删减。

（4）根据相关现行规范对剖面设计内容进行更新。

（5）根据相关现行政策、法规对建筑节能构造、防火构造进行论述并更新范图。

经修订，本书具有以下特点。

（1）本书的最大特点——新。紧密结合 2015 年执行的现行设计规范和图集，对书中涉及的规范内容全部进行更改和替换。不断更新和深化教学内容，抓住学科前沿，补充教学内容，与国内外先进建筑技术水平同步。

（2）注重学生综合能力的培养，教材中加入实际工程图进行分析总结，提高学生分析和解决问题的能力。

（3）本书整体设计采用理论与实践有机结合，一线贯穿的形式。以知识点为单元组织教学，内容模块化，并保证知识的系统性。明确课程的重点和难点，加强房屋建筑学课程表现内容与后续专业设计课程及专业理论课程的有机衔接，做到各专业知识内容的融合和综合运用，为培养注册建筑师、注册监理工程师、注册建造师、注册造价师等打下良好基础。

本书修订分工如下。

第 1 章　钱　坤　蒋　鑫

第 2 章　王若竹　张　辉

第 3 章　王若竹　张　辉

第 4 章　王若竹　邓安伟

第 5 章　董晓琳　张　辉

第 6 章　吴　歌　董晓琳

第 7 章　姜　平　吴　歌

第 8 章　朱　珊　吴　歌

第 9 章　姜　平　邓安伟

第 10 章　钱　坤　蒋　鑫

第 11 章　钱　坤　刘　石

第 12 章　朱　珊　刘　石

第 13 章 董晓琳　钱　坤

钱坤、王若竹、吴歌、张辉、刘石、姜平、蒋鑫为吉林建筑大学教师，朱珊为吉林大学教师，董晓琳为长春建筑学院教师，邓安伟为中水东北勘测设计研究有限责任公司员工。

本书主审为吉林建筑大学金玉杰和包新。

对于本书存在的不足之处，欢迎广大同行批评指正。

编　者

2016 年 3 月

第 1 版前言

房屋建筑学是土木工程（工程管理）专业的必修课程之一，它是一门研究建筑空间组合与建筑构造理论和方法的专业课，该课程具有内容丰富、信息量大、综合性强、与实际工程联系紧密等特点。房屋建筑学课程的设置，其主要目的是培养学生具有从事中小型建筑方案设计和建筑施工图设计的初步能力，并为后续课程奠定必要的专业基础知识。本书继承了以往《房屋建筑学》教材的理论精华，紧密结合国家标准图集、新规范、新标准，引用的节点构造均为我国现行节能建筑构造。本书结构合理，层次清晰，每章均有教学目标与要求、本章小结、本章相关的背景知识及本章习题，既方便教师教学，也方便学生学习，充分体现教材的指导性。本书可作为土木工程专业及工程管理专业的教学用书，也可作为电气、给排水、暖通等专业的教学参考书，还可作为从事建筑设计与建筑施工的技术人员的参考书。

《房屋建筑学》（上：民用建筑）各章的执笔人如下：

第 1 章　钱　坤　倪红光		第 8 章　朱　珊　吴　歌
第 2 章　王若竹　闫玉松		第 9 章　朱　珊　王若竹
第 3 章　王若竹　姚　巍		第 10 章　钱　坤　倪红光
第 4 章　王若竹　金玉杰		第 11 章　钱　坤　庞　平
第 5 章　董晓琳　金玉杰		第 12 章　朱　珊　庞　平
第 6 章　吴　歌　董晓琳		第 13 章　董晓琳　卞延彬
第 7 章　钱　坤　吴　歌		

各执笔人单位：

钱坤、王若竹、吴歌、金玉杰、庞平、卞延彬　吉林建筑工程学院

朱　珊　吉林大学

倪红光　长春工程学院

董晓琳　长春建筑学院

闫玉松、姚巍　长春市希望建设项目管理咨询有限公司

本书主审为吉林建筑工程学院王福阳。

本书在编写过程中，得到邹建奇教授、尹新生教授的大力支持，在此表示衷心的感谢。

本书在编写过程中，参考并引用一些公开出版和发表的文献与著作，谨向作者表示诚挚的谢意。

由于编者水平有限，疏漏之处在所难免，敬请读者批评指正。

编　者

2008 年 11 月

目　　录

第**1**章
概　　论

【教学目标与要求】

- 了解国内外建筑的简单概况，特别是我国建筑发展近况
- 了解我国的建筑方针；掌握建筑构成的基本要素
- 掌握建筑物的分类方法；熟悉建筑物的分级方法
- 熟悉建筑设计的内容、一般程序、设计阶段、设计要求和依据
- 建立建筑模数制的概念

　　房屋建筑学是研究建筑设计和建筑构造的基本原理和构造方法的学科。它是一门综合性、实践性很强的土木工程专业的专业基础课，涉及建筑功能、建筑艺术、建筑结构、建筑材料、建筑物理、建筑施工等相关知识。通过本课程的学习，可培养学生具有一般建筑设计与建筑构造设计的能力，为进一步学习专业课和完成毕业设计打下基础，同时在结构设计、建筑施工、工程预算等人才的培养中发挥重要作用。

　　在房屋建筑学中常提到"建筑"和"建筑物"这两个词，实际上，建筑是人们运用所掌握的知识和物质技术条件，创造出供人们进行生产、生活和社会性活动的空间环境，通常认为是建筑物和构筑物的总称。一般将直接供人们使用的建筑称为建筑物，如住宅、学校、办公楼、影剧院、体育馆等；而将间接供人们使用的建筑称为构筑物，如水塔、蓄水池、烟囱、贮油罐等。

1.1　概　　述

　　建筑最初是人类为了蔽风雨和防备野兽侵袭的需要而产生的。自从有人类历史便有了建筑，建筑总是伴随着人类共存。从建筑的起源发展到建筑文化，经历了千万年的变迁。有许多著名的格言可以帮助人们加深对建筑的认识，如"建筑是石头的史书""建筑是一切艺术之母""建筑是凝固的音乐""建筑是住人的机器""建筑是城市经济制度和社会制度的自传""建筑是城市的重要标志"等。

　　建筑作为人类社会的物质财富和精神财富，对社会的文明化起着重要的作用。随着社会生产力的发展，人们从利用天然材料到烧制砖瓦，建造起泥土结构、木结构、石结构、混合结构、钢筋混凝土结构及钢结构等各类房屋，从小型的民居到规模宏伟的宫殿，形成了不同历史时代、不同地区、不同民族的建筑。

1.1.1　国外建筑发展概况

　　在原始社会，人们利用树枝、石块这样一些容易获得的天然材料，经过粗略加工，盖

起了树枝棚、石屋等原始建筑。同时，为了满足人们精神上的需要，还建造了石环、石台等原始的宗教和纪念性建筑。

在奴隶社会，对世界建筑发展影响最为深远的国家有古埃及、古希腊、古罗马。

古埃及盛产石材，故多数为石建筑。金字塔是古埃及最著名的建筑，是国王法老的陵墓，距今已有五千多年了。散布在尼罗河下游西岸的金字塔共有70多座，最著名、最雄伟的是胡夫金字塔，高146 m，绕塔一周为1 000 m。规模宏大的卡纳克太阳神庙（图1.1），坐落在风光秀丽的尼罗河畔，它是一组巨大的建筑群，是古埃及中王国及新王国时期首都底比斯的一部分，太阳神阿蒙神的崇拜中心。太阳神殿由高大的石门、露天柱廊、空旷的大院、正殿、内殿和围墙组成，方圆25万 m²。在古埃及，人们学会了叠坝、测量学、几何学、天文学，较早地使用起重运输设备，并具备了调动协调劳动的能力。

古希腊是欧洲文化的摇篮，古希腊的建筑同样也是西欧建筑的开拓者。它的一些建筑物的型制和艺术形式，深深地影响着欧洲两千多年的建筑史。其代表作雅典卫城（图1.2），建在一个陡峭的山冈上，仅西面有一通道盘旋而上。建筑物分布在山顶上一处约280 m×130 m的天然平台上。卫城的中心是膜拜雅典娜的帕提农神庙，建筑群布局自由，高低错落，主次分明。无论是身处其间或是从城下仰望，都可看到较完整的、丰富的建筑艺术形象。帕提农神庙位于卫城最高点，体量最大，造型庄重，其他建筑则处于陪衬地位。卫城南坡是平民的群众活动中心，有露天剧场和敞廊。雅典卫城在西方建筑史中被誉为建筑群体组合艺术中的一个极为成功的实例，特别是在巧妙地利用地形方面更为杰出。

图1.1　卡纳克太阳神殿

图1.2　雅典卫城

古希腊建筑风格集中反映在三种柱式上：多立克式显得古朴苍劲，用来表现庄严刚毅的建筑形象；爱奥尼克式是那样轻快灵巧，最适于表现秀丽典雅的建筑形象；柯林西式更是精细华丽，用来象征富贵豪华。

古罗马建筑受古希腊建筑的影响极深，在希腊柱式的基础上发展成为五种古典柱式，但拱券和穹顶结构却是罗马建筑的独特风貌，在今天的建筑中仍占有重要的地位。罗马盛产火山灰，可用来调成灰浆和混凝土，所以在建筑中首先使用混凝土的是古罗马。这种建筑材料使古罗马建筑的结构形式更加丰富多彩。古罗马人最引以为自豪的万神庙就是这类建筑的典范。万神庙（图1.3）以其直径为43 m的穹顶而著称于世。十字拱加柱墩结构解放了承重墙，满足了功能要求，解放了空间，使古罗马的建筑成为真正的建筑。

罗马城里的大角斗场（图1.4）是古罗马建筑的代表作之一。这座建筑物的结构，功能和形式三者和谐统一，成就很高。它的型制完善，在体育建筑中一直沿用至今，并没有原则上的变化。它雄辩地证明着古罗马建筑所达到的高度，古罗马人曾经用大角斗场象征永恒，是当之无愧的。

图1.3　罗马万神庙

图1.4　罗马的大角斗场

古罗马灭亡以后，欧洲经历了漫长的动乱，进入了封建社会。法国的封建制度在西欧最为典型，它的中世纪建筑也是最典型的。在古罗马建筑的影响下，12～15世纪以法国为中心发展了"哥特式建筑"，教堂是当时占主导地位的建筑。哥特式教堂采用了骨架拱肋结构体系，这在当时是一种伟大的创造，由于采用骨架拱肋作为承重构件，使古罗马时代的拱顶重量大为减轻，侧向推力也随之减少。欧洲封建社会的著名建筑——巴黎圣母院（图1.5）采用的就是这种结构体系。

图1.5　巴黎圣母院

在文艺复兴时期，建筑家们总结了古希腊、古罗马的建筑成就，并在此基础上发展了各种拱顶、券廊，特别是柱式，成为文艺复兴建筑构图上的主要手段。意大利文艺复兴时期最伟大的建筑莫过于圣彼得教堂（图1.6），教堂整栋建筑平面走势是一个十字架结构，造型充满神圣的意味，内部装饰华丽。它集中了16世纪意大利建筑、结构和施工的最高成就，成为建筑史上的一个里程碑。巴黎的凡尔赛宫（图1.7）也是举世闻名的宏伟宫殿。

图1.6　圣彼得教堂

图1.7　巴黎凡尔赛宫

随着资本主义的诞生，特别是二次工业革命之后，高度发展的工业为建筑提供了新材料、新技术和新设备，使得建筑业得以迅速发展。19世纪末掀起的新建筑运动开创了现代建筑的新纪元，德国的包豪斯校舍、伦敦的水晶宫（图1.8）体现了新功能、新材料、新结构的和谐与统一。大跨度建筑和高层建筑集中反映了现代建筑的巨大成就，举世闻名的悉尼歌剧院（图1.9）、巴黎国家工业技术中心、芝加哥西尔斯大厦、吉隆坡佩重纳斯大厦以及美国在"9·11事件"中倒塌的世贸大厦等则是现代建筑的代表。

图1.8　伦敦的水晶宫

图1.9　悉尼歌剧院

佩重纳斯大厦（图1.10）位于马来西亚首都吉隆坡，拥有两座完全相似且高达452 m的塔楼。这两座88层塔楼拥有74.32万 m² 以上的办公面积，13.935万 m² 的购物与娱乐场所，4 500个车位的地下停车场，一个石油博物馆，一个音乐厅，以及一个多媒体会议中心。塔楼最值得一提的特色是第42层处的天桥。如建筑师所称，这座有人字形支架的桥似乎像一座"登天门"。双塔的楼面构成以及其优雅的剪影给它们带来了独特的轮廓。其平面是两个扭转并重叠的正方形，用较小的圆形填补空缺，这种造型可以理解为来自文化传统的灵感，同时又明显体现了现代和西方的建筑风格。

图1.10　吉隆坡佩重纳斯大厦

1.1.2　我国建筑发展概况

我国的仰韶文化是黄河中游地区重要的新石器时代文化。其村落或大或小，比较大的村落的房屋有一定的布局，周围有一条围沟，村落外有墓地和窑场。村落内的房屋主要有圆形和方形两种，早期的房屋以圆形单间为多，后期以方形多间为多（图1.11）。房屋的墙壁是泥做的，有用草混在里面的，也有用木材做骨架。墙的外部多被裹草后点燃烧过，来加强其坚固度和耐水性。

在奴隶社会，商代创造了夯土版筑技术，用来筑城墙和房屋的台基。西周创造的陶瓦屋面防水技术，解决了屋面防水问题，体现了我国奴隶社会时期建筑的巨大成就。

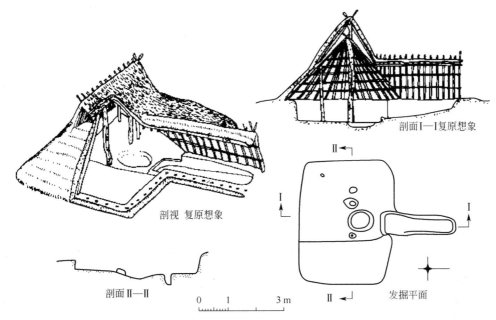

剖面Ⅰ—Ⅰ复原想象

剖视 复原想象

剖面Ⅱ—Ⅱ

0 1 3 m

发掘平面

图 1.11 陕西半坡村原始社会的建筑物

在封建社会，我国建筑的代表作万里长城，是我国古代劳动人民创造的奇迹。东西南北交错，绵延起伏于我们伟大祖国辽阔的土地上。它好像一条巨龙，翻越巍巍群山，穿过茫茫草原，跨过浩瀚的沙漠，奔向苍茫的大海。修建于秦代时期的都江堰距今已有两千多年历史，是全世界迄今为止，年代最久、唯一留存、以无坝引水为特征的宏大水利工程，至今仍发挥着巨大的作用。位于河北赵县洨河上的赵州桥，建于隋代，距今已有一千四百多年历史，它是世界上现存最早、保存最好的巨大石拱桥，被誉为"华北四宝之一"。五台山佛光寺大殿是留存至今的唐代木结构建筑，也是中国最早的木结构殿堂。大殿为中型殿堂，殿内有一圈内柱，后部设"扇面墙"，三面包围着佛坛，坛上有唐代雕塑。屋顶为单檐庑殿，屋坡舒缓大度，檐下有雄大而疏朗的斗拱，简洁明朗，体现出一种雍容庄重，气度不凡，健康爽朗的格调，展示了大唐建筑的艺术风采。辽代建造的山西应县木塔，共 10 层，高约 67 m，是我国现存的唯一木塔，也是世界上最高大的木结构高层建筑。而北京宫廷建筑群紫禁城——故宫、帝王行宫花园——颐和园、祭祀建筑群——天坛等则集中体现了中国古代建筑的五大特征（群体布局、平面布置、结构形式、建筑外形和园林艺术）。

中国现代建筑泛指 19 世纪中叶以来的中国建筑。1840 年鸦片战争爆发到 1949 年新中国成立，中国建筑呈现出中西交汇、风格多样的特点。这一时期，传统的中国旧建筑体系仍然占据数量上的优势，但戏园、酒楼、客栈等娱乐业、服务业建筑和百货、商场、菜市场等商业建筑，普遍突破了传统的建筑格局，扩大了人际活动空间，树立起中西合璧的洋式店面；西方建筑风格也呈现在中国的建筑活动中，在上海、天津、青岛、哈尔滨等租界城市，出现了外国领事馆、洋行、银行、饭店、俱乐部等外来建筑。这一时期也出现了近代民族建筑，这类建筑较好地取得了新功能、新技术、新造型与民族风格的统一。

1949 年中华人民共和国成立后，中国建筑进入新的历史时期，大规模、有计划的国民经济建设，推动了建筑业的蓬勃发展。中国现代建筑在数量、规模、类型、地区分布及现代化水平上都突破近代的局限，展现出崭新的姿态。这一时期的中国建筑经历了以局部应用大屋顶为主要特征的复古风格时期，1959 年，北京仅用了 10 个月建成了人民大会堂（图 1.12）、民族文化宫（图 1.13）等十大工程，作为向中华人民共和国建国十周年献礼，其规模之大、质量之高、速度之快，在当时令世人惊叹，为国人自豪，形成了以国庆工程十大建筑为代表的社会主义建筑新风格。

图 1.12　人民大会堂

图 1.13　民族文化宫

自 20 世纪 80 年代以来，中国建筑逐步趋向开放、兼容，中国现代建筑开始向多元化发展，取得了许多伟大成就。

我国上海的金茂大厦（图 1.14），耸立于黄浦江畔陆家嘴金融贸易中心，遥对东方明珠广播电视塔，总建筑面积 29 万 m²，其主体建筑地上 88 层，地下 3 层，高 420.5 m，距地面 341 m 的第 88 层为国内迄今最高的观光层，可容纳 1 000 多名游客，两部速度为 9.1 m/s 的高速电梯用 45 s 将观光宾客从地下室 1 层直接送达观光层，环顾四周，极目眺望，上海新貌尽收眼底。设计师以创新的设计思想，巧妙地将世界最新建筑潮流与中国传统建筑风格结合起来，成功设计出世界级的，跨世纪的经典之作，成为海派建筑的里程碑，并已成为上海著名的标志性建筑物。大厦采用超高层建筑史上首次运用的最新结构技术，整幢大楼垂直偏差仅 2cm，楼顶部的晃动连半米都不到，这是世界高楼中最出色的，还可以保证承受 12 级大风，同时能抗七度烈度地震。大厦的外墙由大块的玻璃墙组成，反射出似银非银、深浅不一、变化无穷的色彩。

台北 101 大厦（图 1.15），位于台北市信义区，地上 101 层，地下 5 层，总高度 508 m，从 5 楼直达 89 楼的室内观景台只需 37 s，电梯攀升的速度为 1 010 m/min。它是世界第一座防震阻尼器外露于整体设计的大楼，在 85、86、88 楼用餐可以看到这个带有装饰且外形像大圆球的阻尼器，其直径 5.5 m，重达 660 t。

跨越杭州湾北部海域通往洋山深水港的跨海长桥——东海大桥（图 1.16），它以"东海长虹"为创意理念，宛如我国东海上一道亮丽的彩虹。大桥采用白色、浅灰色作为主色调，与环境和谐统一。大桥全长约 32.5 km，按双向六车道加紧急停车带的高速公路标准设计，桥宽 31.5 m，设计车速 80 km/h，设计荷载按集装箱重车密排进行校验，可抗 12 级台风、七级烈度地震。

图 1.14 上海金茂大厦

图 1.15 台北 101 大厦

国家体育场(鸟巢)(图 1.17)位于北京奥林匹克公园内,建筑面积 25.8 万 m^2,永久座席 80 000 个,临时性座席 11 000 个,是 2008 年北京奥运会主体育场。外形结构主要由巨大的门式钢架组成,共有 24 根桁架柱。顶面呈鞍形,长轴为 332.3 m,短轴为 296.4 m,最高点高度为 68.5 m,最低点高度为 42.8 m。"鸟巢"形态如同孕育生命的"巢",它更像一个摇篮,寄托着人类对未来的希望。设计者们对这个国家体育场没有做任何多余的处理,只是坦率地把结构暴露在外,因而自然形成了建筑的外观。"鸟巢"将不仅为 2008 年奥运会树立一座独特的历史性的标志性建筑,而且在世界建筑发展史上也将具有开创性意义,将为 21 世纪的中国和世界建筑发展提供历史见证。

图 1.16 东海大桥

图 1.17 "鸟巢"——国家体育场

在中国传统文化中,"天圆地方"的设计思想催生了"水立方"——国家游泳中心(图 1.18),它与圆形的"鸟巢"相互呼应,是北京为 2008 年夏季奥运会修建的主游泳馆,也是 2008 年北京奥运会标志性建筑物之一。"水立方"与"鸟巢"分列于北京城市中轴线北端的两侧,共同形成相对完整的北京历史文化名城形象。方形是中国古代城市建筑最基本的形态，它体现的是中国文化中以纲常伦理为代表的社会生活规则。而这个"方盒子"又能够最佳体现国家游泳中心的多功能要求，从而实现了传统文化与建筑功能的完美结合。设计体现出 $[H_2O]^3$（"水立方"）的设计理念，融建筑设计与结构设计于一体，设计新颖，结构独特，与国家体育场比较协调，功能上完全满足 2008 年奥运会赛事要求，而且易于赛后运营。"水立方"设计注重细节，充分考虑运动员和观众需求，体现了北京奥运会"绿色奥运、科技奥运、人文奥运"的三大理念。在 2008 年奥运会上，有 19 项游泳世界纪录被打破，据介绍，这与水立方的设计有很大关系。

与"鸟巢"一起被英国《泰晤士报》、美国《时代》周刊评选出 2007 年世界十大建筑奇迹之一的中央电视台新楼(图 1.19)，设计方案以其突破常规的造型和"挑战地球引力"的结构，引起了巨大争议。两个塔楼从一个共同的平台升起，在上部汇合，形成三维体，突破了摩天楼常规的竖向特征的表现。其中的两栋全钢结构的楼是倾斜的，一个朝东，一个朝西，名副其实的"东倒西歪"。专家认为这一方案不仅能树立 CCTV 的标志性形象，也将翻开中国建筑界新的一页。中央电视大楼建筑面积达 50 多万 m^2，可容纳 10 多万人在此工作，可以播送 250 个频道，成为世界上最大的建筑之一。

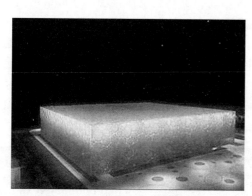

图 1.18 "水立方"——国家游泳中心

图 1.19 中央电视台新楼

1.2 建筑的构成要素和我国建筑方针

1.2.1 建筑的构成要素

构成建筑的基本要素是指建筑功能、建筑的物质技术条件和建筑形象。

1. 建筑功能

建筑功能即房屋的使用要求，它体现着建筑物的目的性，在建筑构成要素中起主导作用。建筑功能又可分为基本功能和使用功能。基本功能是指建筑物具有蔽风雨和防寒暑的功能；使用功能是指建造建筑物的主要目的，如建设工厂是为了生产，建造住宅是为了居住、生活和休息，修建影剧院是为了满足人们文化生活的需求。因此，满足生产、居住和观赏的要求，就分别是工业建筑、居住建筑、影剧院建筑的使用功能。所有建筑的基本功能是相似的，而使用功能是千差万别的。

各类房屋的建筑功能不是一成不变的，随着科学技术的发展，经济的繁荣，物质和文化水平的提高，人们对建筑功能的要求也将日益提高。因此，建筑设计中应充分重视使用功能的可持续性以及建筑物在使用过程中的可改造性。

2. 物质技术条件

建筑的物质技术条件是实现建筑的手段。包括建筑材料、结构与构造、施工技术和设备技术等相关内容。其中，建筑材料是建造房屋必不可少的物质基础；结构是构成建筑空间环境的骨架；设备（含水、电、通风、空调、通信、消防等）是保证建筑物达到某种要求的技术条件；施工技术则是实现建筑生产的过程和方法。因此说建筑是多门技术科学的综合产物，是建筑发展的重要因素。

建筑水平的提高，离不开物质技术水平的发展，而后者的发展，又与社会生产力的水平、科学技术的进步有关。以高层建筑在西方的发展为例，19世纪中叶以后，由于金属框架结构和升降机的出现，高层建筑才有了实现的可能性。建筑技术的进步、建筑设备的完善、新材料的出现、新结构的产生，为高层建筑和大跨建筑的建设与发展奠定了物质基础。

3. 建筑形象

建筑形象是指建筑的体型、立面形式、室内外空间的组织、建筑色彩与材料质感、细部与重点的处理、光影和装饰处理等。建筑形象是功能和技术的综合反映。建筑形象处理得当，就能产生良好的艺术效果，给人以感染力和美的享受。例如不同建筑使人感受到或是庄严雄伟，或是朴素大方，或是简洁明朗等，这就是建筑艺术形象的魅力。

不同社会和时代、不同地域和民族的建筑都有不同的建筑形象，它反映了时代的生产水平、文化传统、民族风格等特点。

构成建筑的三个基本要素之间是辩证统一的关系，既相互依存，又有主次之分：第一是功能，是起主导作用的因素；第二是物质技术条件，是达到目的手段，同时技术对功能具有约束和促进作用；第三是建筑形象，是功能和技术在形式美方面的反映。在一定功能和技术条件下，充分发挥设计者的主观作用，可以使建筑形象更加美观。

1.2.2 我国建筑方针

1986年原建设部提出了"建筑的主要任务是全面贯彻适用、安全、经济、美观的方针"作为我国建筑工作者进行工作的指导方针，又是评价建筑优劣的基本准则。

适用是指根据建筑功能的需要，恰当地确定建筑面积和体量，合理的布局，必需的技术设备，良好的设施及卫生条件，并满足保温、隔热、隔声等要求。

安全是指结构的安全度，建筑物耐火等级及防火设计，建筑物的耐久年限等。

经济主要是指建筑的经济效益、社会效益和环境效益。建筑的经济效益是指建筑造价材料和能源消耗、建设周期、投入使用后的日常运行和维修管理费用等综合经济效益。要防止片面强调降低造价、节约材料，使建筑质量低、性能差、能耗高、污染环境。建筑的社会效益是指建筑在投入使用前后，对人口素质、国民收入、文化福利、社会安全等方面产生的影响；建筑环境效益是指建筑在投入使用前后，环境质量发生的变化，例如日照、噪声、生态平衡、景观等方面的变化。

美观是指在适用、安全、经济的前提下，把建筑美和环境美作为设计的重要内容。美观是建筑造型、室内装修、室外景观等综合艺术处理的结果。建筑物既是物质产品，又具有一定的艺术形象，它必然随着社会生产生活方式的发展变化而发展变化，并且总是深受科学技术、政治经济和文化传统的影响。对城市和环境有重要影响的建筑物要特别强调美观因素，使其为整个城市及环境增色。对住宅建筑要注意群体艺术效果，实现多样化和具有地方风格的特点。对风景区和古建筑保护区，要特别注意保护原有景观特色和古建筑环境。建筑艺术形式和风格应多样化，设计者应进行多种探索，繁荣建筑创作。

1.3 建筑的分类和分级

1.3.1 建筑的分类

建筑物可以从多方面进行分类，常见的分类方法有以下几种。

1. 按使用性质分类

（1）民用建筑：供人们工作、学习、生活、居住等类型的建筑。

① 居住建筑：供人们居住、生活的建筑。如住宅、宿舍、招待所等。

② 公共建筑：供人们进行各种公共活动的建筑。如办公建筑、科研建筑、托幼建筑、商业建筑、医疗建筑、通讯建筑、旅游建筑、体育建筑、纪念建筑、通信建筑、医疗建筑、娱乐建筑等。

（2）工业建筑：各类生产用房和为生产服务的附属用房。

（3）农业建筑：各类供农业生产使用的房屋，如种子库、农机站、温室、粮仓、畜禽饲养场等。

2. 按建筑层数或建筑高度分类

按建筑层数或建筑高度分为单层建筑、多层建筑、高层建筑和超高层建筑。建筑高度大于 27 m 的住宅建筑和建筑高度大于 24 m 的非单层厂房、仓库和其他民用建筑称为高层建筑，建筑高度超过 100 m 时称为超高层建筑。高层民用建筑根据其建筑高度、使用功能和楼层的建筑面积可分为一类和二类。民用建筑的分类应符合《建筑设计防火规范》（GB 50016—2014)表 5.1.1 的规定(表 1-1)。

表1-1 民用建筑的分类

名称	高层民用建筑		单、多层民用建筑
	一类	二类	
住宅建筑	建筑高度大于54 m的住宅建筑（包括设置商业服务网点的住宅建筑）	建筑高度大于27 m，但不大于54 m的住宅建筑（包括设置商业服务网点的住宅建筑）	建筑高度不大于27 m的住宅建筑（包括设置商业服务网点的住宅建筑）
公共建筑	1. 建筑高度大于50 m的公共建筑 2. 建筑高度24 m以上部分任一楼层建筑面积大于1 000 m²的商店、展览、电信、邮政、财贸金融建筑和其他多种功能组合的建筑 3. 医疗建筑、重要公共建筑 4. 省级及以上的广播电视和防灾指挥调度建筑、网局级和省级电力调度建筑 5. 藏书超过100万册的图书馆、书库	除一类高层公共建筑外的其他高层公共建筑	1. 建筑高度大于24 m的单层公共建筑 2. 建筑高度不大于24 m的其他公共建筑

建筑高度按《建筑设计防火规范》（GB 50016—2014)附录 A 规定确定。

当为坡屋面时，应为建筑物室外设计地面至其檐口与屋脊的平均高度；当为平屋面（包括有女儿墙的平屋面）时，应为建筑物室外设计地面到其屋面面层的高度；当同一座建筑物有多种屋面形式时，建筑高度应按上述方法分别计算后取其中最大值。局部突出屋顶的瞭望塔、冷却塔、水箱间、微波天线间或设施、电梯机房、排风和排烟机房以及楼梯出口小间等辅助用房占屋面面积不大于1/4者，可不计入建筑高度。

3．按建筑规模和数量分类

（1）大量性建筑：指建筑规模不大，但修建数量多，与人们生活密切相关的分布面广的建筑，如住宅、中小学教学楼、医院、中小型影剧院、中小型工厂等。

（2）大型性建筑：指规模大、耗资多的建筑，如大型体育馆、大型剧院、航空港、站、博览馆、大型工厂等。与大量性建筑相比，其修建数量是很有限的，这类建筑在一个国家或一个地区具有代表性，对城市面貌的影响也较大。

4．按主要承重结构的材料分类

（1）砌体结构：建筑物的竖向承重构件是砖、砌块等砌筑的墙体，水平承重构件为钢筋混凝土楼板及屋面板，墙体既是承重构件，又起着围护和分隔室内外空间的作用。砌体结构易于就地取材，构造简单，造价较低。

（2）钢筋混凝土结构：指以钢筋混凝土作承重结构的建筑，具有坚固耐久、防火和可塑性强等优点，故应用很广泛，发展前途大，是目前房屋建筑中应用最广泛的一种结构形式。

（3）钢结构：以型钢作为房屋承重骨架的建筑，塑性好，适用于高层、大跨度的建筑。钢结构力学性能好，强度高，韧性好，便于制作和安装，结构自重轻，适宜在超高层和大跨度建筑中采用。随着我国高层、大跨度建筑的发展，采用钢结构的趋势正在增长。

（4）钢-钢筋混凝土结构：建筑物的主要承重构件是用钢、钢筋混凝土建造，以钢筋混凝土作受压构件，以钢材作为受拉构件，充分发挥两种材料的受力特点。

（5）木结构建筑：以木材作房屋承重骨架的建筑。我国古代建筑大多采用木结构。木结构具有自重轻、构造简单、施工方便等优点，但木材易腐、易燃，又因我国森林资源少，现已很少采用。

（6）其他结构建筑如生土建筑、充气建筑、塑料建筑等。

5. 按建筑的结构类型分类

（1）混合结构：由两种或两种以上材料作为主要承重构件的建筑，如有砖（砌块）墙加钢筋混凝土楼板的砖混结构建筑；钢屋架和钢筋混凝土墙（或柱）的钢混结构建筑。其中砖混结构在居住建筑中应用较广，钢混结构多用于大跨度建筑。

（2）框架结构：建筑物的承重部分由钢筋混凝土或钢材制作的梁、板、柱形成骨架，墙体是填充墙，只起围护和分隔作用。框架结构的特点是能为建筑提供灵活的使用空间，适应于大房间的教学楼、商场等，但抗震性能差。

（3）抗震墙结构：建筑物的竖向承重构件和水平承重构件均采用钢筋混凝土制作。墙体可承担各类荷载引起的内力，并能有效控制结构的水平力，这种用钢筋混凝土墙板来承受竖向和水平力的结构称为抗震墙结构。这种结构在高层建筑中被大量运用。

（4）框架-抗震墙结构：在框架结构中适当布置一定数量的抗震墙，建筑的竖向荷载由框架柱和抗震墙共同承担，而水平荷载主要由刚度较大的抗震墙来承担。框架-抗震墙结构既有框架结构布置灵活的特点，又能承受水平推力，是目前高层建筑常采用的结构形式。

（5）筒体结构：由一个或几个筒体作为竖向结构，并以各层楼板将井壁四周相互连接起来而形成的空间结构体系，称为筒体结构，包括框架-筒体结构、筒中筒结构、成束筒结构等，适用于平面或竖向布置繁杂、水平荷载大的高层、超高层建筑。

（6）空间结构：当建筑物跨度较大（超过 30 m）时，中间不放柱子，用特殊结构解决的称作空间结构。包括悬索、网架、拱、壳体等结构形式，空间结构能更好地发挥材料的力学性能，经济效果好，建筑形象具有一定的表现力，多用于大跨度的体育馆、剧院等公共建筑中。

1.3.2 建筑的分级

建筑物的等级包括耐久等级、耐火等级等。

1. 耐久等级

建筑物耐久等级的指标是使用年限。使用年限的长短是依据建筑物的性质决定的。影响建筑寿命长短的主要因素是结构构件的选材和结构体系。民用建筑的设计使用年限应符合表 1-2 的规定。

表 1-2 设计使用年限分类

类别	设计使用年限/年	示 例	类别	设计使用年限/年	示 例
1	5	临时性建筑	3	50	普通建筑和构筑物
2	25	易于替换结构构件的建筑	4	100	纪念性建筑和特别重要的建筑

国家标准《民用建筑设计通则》(GB 50352—2005)中指出：民用建筑等级划分因行业不同而有所不同，在市场经济体制下，不宜在本通则内作统一规定。在专用建筑设计规范中都结合行业主管部门要求来划分。如交通建筑中一般按客运站的大小划分为一级至四级，体育场馆按举办运动会的性质划分为特级至丙级，档案馆按行政级别划分为特级至乙级，有的只按规模大小划分为特大型至小型来提出要求，而无等级之分。因此，本通则不能统一规定等级划分标准，设计时应符合有关标准或行业主管部门的规定。

2. 耐火等级

建筑物的耐火等级是由其组成构件的燃烧性能和耐火极限来确定。各级耐火等级建筑物构件的燃烧性能和耐火极限按现行《建筑设计防火规范》(GB 50016—2014)的规定。

构件的耐火极限是指对任一建筑构件按时间-温度标准曲线进行耐火试验，从受到火的作用时起，到失去支持能力或完整性被破坏或失去隔火作用时为止的这段时间，用小时表示。

构件的燃烧性能可分为三类，即非燃烧体、难燃烧体、燃烧体。

非燃烧体：用非燃烧材料做成的构件。非燃烧材料是指在空气中受到火烧或高温时不起火、不微燃、不碳化的材料，如金属材料和无机矿物材料。

难燃烧体：用难燃烧材料做成的构件，或用燃烧材料做成而用非燃烧材料作保护的构件。难燃烧材料是指在空气中受到火烧或高温作用时难起火、难微燃、难碳化，当移走后燃烧或微燃立即停止的材料，如沥青混凝土、经过防火处理的木材等。

燃烧体：用燃烧材料做成的构件。燃烧材料是指在空气中受到火烧或高温作用时起火或微燃，且火源移走后仍继续燃烧或微燃的材料，如木材。

建筑物的耐火等级取决于房屋的主要构件的耐火极限和燃烧性能。一个建筑物的耐火等级属于几级，取决于该建筑物的层数、建筑长度、建筑面积和使用性质。

建筑的耐火等级按《建筑设计防火规范》(GB 50016—2014)5.3.1(表 1-1)确定，见表 1-3。

表 1-3 民用建筑不同耐火等级建筑的允许建筑高度或层数、防火分区最大允许建筑面积

名称	耐火等级	允许建筑高度或层数	防火分区的最大允许建筑面积/m²	备注
高层民用建筑	一、二级	按本规范第5.1.1条确定	1 500	对于体育馆、剧场的观众厅，防火分区的最大允许建筑面积可适当增加
单、多层民用建筑	一、二级	按本规范第5.1.1条确定	2 500	
	三级	5 层	1 200	
	四级	2 层	600	
地下或半地下建筑（室）	一级	—	500	设备用房的防火分区最大允许建筑面积不应大于1 000 m²

注：1. 表中规定的防火分区最大允许建筑面积，当建筑内设置自动灭火系统时，可按本表的规定增加1.0倍；局部设置时，防火分区的增加面积可按该局部面积的1.0倍计算。

2. 裙房与高层建筑主体之间设置防火墙时，裙房的防火分区可按单、多层建筑的要求确定。

1.4 建筑设计的内容和程序

1.4.1 建筑设计的内容

一项建筑工程从拟订计划到建成使用要经过编制工程设计任务书、选择建设用地、设计、施工、工程验收及交付使用等几个阶段。设计工作是其中重要环节，具有较强的政策性、技术性和综合性。

建筑工程设计一般包括建筑设计、结构设计、设备设计等几个方面的内容。

1. 建筑设计

建筑设计是在总体规划的前提下，根据设计任务书的要求，综合考虑基地环境、使用功能、材料设备、建筑经济及艺术等问题，着重解决建筑物内部各种使用功能和使用空间的合理安排，建筑物与周围环境、外部条件的协调配合，内部和外部的艺术效果，细部的构造方案等，创作出既符合科学性，又具有艺术性的生活和生产环境。

建筑设计在整个工程设计中是主导和先行专业，除考虑上述要求以外，还应考虑建筑与结构及设备专业的技术协调，使建筑物做到适用、安全、经济、美观。

建筑设计包括总体设计和单体设计两个方面，一般是由建筑师来完成。

2. 结构设计

结构设计主要是结合建筑设计选择切实可行的结构方案，进行结构计算及构件设计，完成全部结构施工图设计等，一般是由结构工程师来完成。

3. 设备设计

设备设计主要包括给水排出、电器照明、通信、采暖、空调通风、动力等方面的设计，由有关的设备工程师配合建筑设计来完成。

各专业设计既有分工，又密切配合，形成一个设计团队。汇总各专业设计的图纸、计算书、说明书及预算书，就完成一项建筑工程的设计文件，作为建筑工程施工的依据。

1.4.2 建筑设计的程序

设计权的取得：具有与该项工程的等级相适应的设计资质；通过设计投标来赢得承揽设计的资格；接受建设方的委托，并与之依法签订相关的设计合同。

在招投标的过程中，招标方提供工程的名称、地址、占地面积、建筑面积等，还提供已批准的项目建议书或可行性研究报告，工程经济技术要求，城市规划管理部门确定的规划控制条件和用地红线图，可供参考的工程地质、水文地质、工程测量等建设场地勘察成果报告，供水、供电、供气、供热、环保、市政道路等方面的基础材料。投标方则据此按投标文件的编制要求在规定的时间内提交投标文件。投标文件一般可能包含由建筑总平面图、各建筑主要层面平面图、建筑主要立面图和主要剖面图所组成的建筑方案，反映该方案设计特点的若干分析图和彩色建筑表现图或建筑模型，以及必要的设计说明。设计说明的内容以建筑设计的构思为主，也包括结构、设备各专业，环保、卫生、消防等各方面的基本设想和设计依据，同时还应提供设计方案的各项技术经济指标以及初步的经济估算。

建筑设计通常按初步设计和施工图设计两个阶段进行。大型建筑工程，在初步设计之前应进行方案设计。小型建筑工程，可用方案设计代替初步设计文件。对于技术复杂的大型工程，可增加技术设计阶段。

下面就建筑设计阶段的设计内容和要求加以说明。

1. 设计前的准备工作

建筑设计是一项复杂而细致的工作，涉及的学科较多，同时要受到各种客观条件的制约。为了保证设计质量，设计前必须做好充分准备，包括熟悉设计任务书，广泛深入地进行调查研究，收集必要的设计基础资料等几方面的工作。

（1）熟悉设计任务书。任务书的内容包括：拟建项目的要求、建筑面积、房间组成和面积分配；有关建设投资方面的问题；建设基地的范围，周围建筑、道路、环境和地形外供电、给排水、采暖和空调设备方面的要求，以及水源、电源等各种工程管网的接用许可文件；设计期限和项目建设进程要求等。

（2）收集设计基础资料。开始设计之前要搞清楚与工程设计有关的基本条件，掌握必要和足够的基础资料。这些资料包括国家和所在地区有关本设计项目的定额指标及标准；所在地的气温、湿度、日照、降雨量、积雪厚度、风向、风速以及土壤冻结深度等气象资料；基地地形及标高，地基种类及承载力；地下水位、水质及地震设防烈度等地形、地质、水文资料；基地地下的给水、排水、供热、煤气、通信等管线布置，以及基地地上架空供电线路等设备管线资料。

（3）调查研究。主要应调研的内容有：拟建建筑物的使用要求；当地建筑传统经验和生活习惯；建材供应和结构施工等技术条件；并根据当地城市建设部门所划定的建筑红线做现场踏勘，了解基地和周围环境的现状，考虑拟建建筑物的位置与总平面图的可能方案。

2. 初步设计

（1）任务与要求。初步设计是供建设单位选择方案，主管部门审批项目的文件，也是技术设计和施工图设计的依据。

初步设计的主要任务是提出设计方案。即根据设计任务书的要求和收集到的基础资料，结合基地环境，综合考虑技术经济条件和建筑艺术的要求，对建筑总体布置、空间组合进行可能与合理的安排，提出两个或多个方案供建设单位选择。在选定的方案基础上，进一步充分完善，综合成为较理想的方案，并绘制成初步设计文件，供主管部门审批。

初步设计文件的深度应满足确定设计方案的比较及选择需要，确定概算总投资，可以作为主要设备和材料的订货依据，根据已确定工程造价，编制施工图设计以及进行施工准备。

（2）初步设计的图纸和文件。

① 设计总说明：设计指导思想及主要依据，设计意图及方案特点，建筑结构方案及构造特点，建筑材料及装修标准，主要技术经济指标以及结构、设备等系统的说明。

② 建筑总平面图：比例 1：500、1：1 000，应表示用地范围，建筑物位置、大小、层数及设计标高、道路及绿化布置，标注指北针或风玫瑰图等。地形复杂时，应表示道路的竖向设计意图。

③ 各层平面图、剖面图、立面图：比例 1：50、1：100、1：200，应表示建筑物各主要控制尺寸，如总尺寸、开间、进深、层高等，同时应表示标高，门窗位置，室内固定设备及有特殊要求的厅、室的具体布置，立面处理，结构方案及材料选用等。

④ 工程概算书：建筑物投资估算，主要材料用量及单位消耗量。

⑤ 大型民用建筑及其他重要工程，根据需要可绘制透视图、鸟瞰图或制作模型。

3. 技术设计阶段

初步设计经建设单位同意和主管部门批准后，对于大型复杂项目需要进行技术设计。技术设计是初步设计的深化阶段，主要任务是在初步设计的基础上协调解决各专业之间的技术问题，经批准后的技术设计图纸和说明书，即为编制施工图、主要材料设备订货及工程拨款的依据文件。

技术设计的图纸和文件与初步设计大致相同，但更详细些。具体内容包括整个建筑物和各个局部的具体做法，各部分确切的尺寸关系，内外装修的设计，结构方案的计算和具体内容、各种构造和用料的确定，各种设备系统的设计和计算，各专业之间矛盾的合理解决，修订概算的编制等。这些工作都是在有关专业共同协商之下进行的，并应相互确认。

对于不太复杂的工程，技术设计阶段可以省略，把这个阶段的一部分工作纳入初步设计阶段，称为"扩大初步设计"，另一部分工作则留待施工图设计阶段进行。

4. 施工图设计阶段

(1) 任务与要求。施工图设计是建筑设计的最后阶段，是提交施工单位进行施工的设计文件，必须根据上级主管部门审批同意的初步设计(或技术设计)进行施工图设计。

施工图设计的主要任务是满足施工要求，即在初步设计或技术设计的基础上，综合建筑、结构、设备各专业，相互交底、确认核对，深入了解材料供应、施工技术、设备等条件，把满足工程施工的各项具体要求反映在图纸中，做到整套图纸齐全统一，准确无误。

(2) 施工设计的图纸和文件。施工图设计内容包括建筑、结构、水、电、采暖和空调通风等专业的设计图纸、工程说明书，结构及设备计算书和预算书。

① 设计说明书：包括施工图设计依据、设计规模、面积、标高定位、用料说明等。

② 建筑总平面图：比例 1：500、1：1 000、1：2 000。应表明建筑用地范围，建筑物及室外工程(道路、围墙、大门、挡土墙等)位置、尺寸、标高、建筑小品，绿化及环境设施的布置，并附必要的说明及详图，技术经济指标，地形及工程复杂时应绘制竖向设计图。

③ 建筑物各层平面图、剖面图、立面图：比例 1：50、1：100、1：200。除表达初步设计或技术设计内容以外，还应详细标出门窗洞口、墙段尺寸及必要的细部尺寸、详图索引。

④ 建筑构造详图：建筑构造详图包括平面节点、檐口、墙身、门窗、室内装修、立面装修等详图。应详细表示各部分构件关系、材料尺寸及做法、必要的文字说明。根据节点需要，比例可分别选用 1：20、1：10、1：5、1：2、1：1 等。

⑤ 各专业相应配套的施工图纸，如基础平面图、结构布置图，水、暖、电平面图及系统图等。

⑥ 工程预算书。

1.5 建筑设计的要求和依据

1.5.1 建筑设计的要求

1. 满足建筑功能要求

满足建筑物的功能要求，为人们的生活和生产活动创造良好的环境，是建筑设计的首要任务。例如设计学校：首先要考虑满足教学活动的需要，教室设置应分班合理，采光通风良好；然后还要合理安排教师备课、办公、储藏和卫生间等房间，并配置良好的体育场和室外活动场地等。

2. 采用合理的技术措施

根据建筑空间组合的特点，选择合理的结构、施工方案，正确选用建筑材料，使房屋坚固耐久、建造方便。例如近年来，我国设计建造的一些覆盖面积较大的体育馆，由于屋顶采用钢网架空间结构和整体提升的施工方法，既节省了建筑物的用钢量，也缩短了工期。

3. 具有良好的经济效果

建造房屋是一个复杂的物质生产过程，需要大量人力、物力和资金，在房屋的设计和建造中，要因地制宜、就地取材，尽量做到节省劳动力，节约建筑材料和资金。设计和建造房屋要有周密的计划和预算，重视经济规律，讲究经济效益。房屋设计的使用要求和技术措施，要和相应的造价、建筑标准统一起来。

4. 考虑建筑美观要求

建筑物是社会的物质和文化财富，它在满足使用要求的同时。还需要考虑人们对建筑物在美观方面的要求，考虑建筑物所赋予人们在精神上的感受。建筑设计要努力创造具有我国时代精神的建筑空间组合与建筑形象。历史上创造的具有时代印记和特色的各种建筑形象，往往是一个国家、一个民族文化传统宝库中的重要组成部分。

5. 符合总体规划要求

单体建筑是总体规划中的组成部分，单体建筑应符合总体规划提出的要求、建筑物的设计，还要充分考虑和周围环境的关系，例如原有建筑的状况，道路的走向，基地面积大小以及绿化等方面和拟建建筑物的关系。新设计的单体建筑，应使所在基地形成协调的室外空间组合、良好的室外环境。

1.5.2 建筑设计的依据

1. 使用功能

1）人体尺度和人体活动所需的空间尺度

建筑物中家具、设备的尺寸，踏步、窗台、栏杆的高度，门洞、走廊、楼梯的宽度和高度，以至各类房间的高度和面积大小，都和人体尺度以及人体活动所需的空间尺度直接或间接有关，因此人体尺度和人体活动所需的空间尺度，是确定建筑空间的基本依据之一。我国成年男子和女子的平均高度分别为 1 670 mm 和 1 560 mm。随着近年生活水平的提高，我国人口平均身高正逐步增长，设计时应予以考虑。人体尺度和人体活动所占的空间尺度如图 1.20 所示。

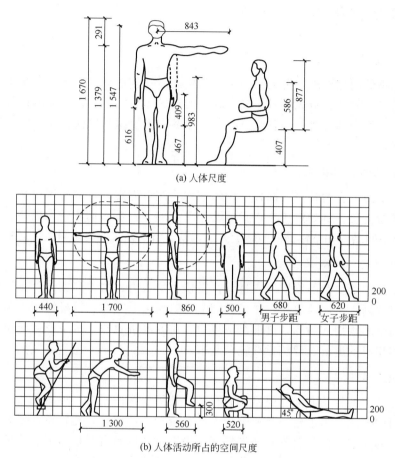

(a) 人体尺度

(b) 人体活动所占的空间尺度

图 1.20 人体尺度和人体活动所占的空间尺度

近年来在建筑设计中日益重视人体工程学的运用，人体工程学是运用人体计测、生理心理计测和生物力学等研究方法，综合地进行人体结构、功能、心理等问题的研究，用以解决人与物、人与外界环境之间的协调关系并提高效能。建筑设计中运用人体工程学，以人的生理、心理需要为研究中心，使空间范围的确定具有定量计测的科学依据。

2）家具、设备的尺寸和使用空间

家具、设备的尺寸，以及人们在使用家具和设备时必要的活动空间，是确定房间内部使用面积的重要依据。民用建筑中常用家具尺寸如图 1.21 所示。

2. 自然条件

1）气象条件

建设地区的温度、湿度、日照、雨雪、风向、风速等是建筑设计的重要依据，对建筑设

图 1.21　民用建筑中常用家具尺寸

计有较大的影响。如炎热地区的建筑应考虑隔热、通风、遮阳，建筑处理较为开敞，寒冷地区应考虑防寒保温，建筑处理较为封闭；雨量较大的地区要特别注意屋顶形式、屋面排水方案的选择以及屋面防水构造的处理；在确定建筑物间距及朝向时，应考虑当地日照情况及主导风向等因素。高层建筑、电视塔等设计中，风速是考虑结构布置和建筑体型的重要因素。

图 1.22 为我国部分城市的风向频率玫瑰图，即风玫瑰图。风玫瑰图上的风向是指由外吹向地区中心，比如由北吹向中心的风称为北风。玫瑰图是依据该地区多年统计的各个方向吹风的平均日数的百分数按比例绘制而成，一般用 16 个罗盘方位表示。

2）地形、水文地质及地震烈度

基地地形、地质构造、土壤特性和地耐力的大小，对建筑物的平面组合、结构布置、建筑构造处理和建筑体型都有明显的影响。坡度陡的地形，常使房屋结合地形采用错层、吊层或依山就势等较为自由的组合方式。复杂的地质条件，要求基础采用相应的结构与构造处理。

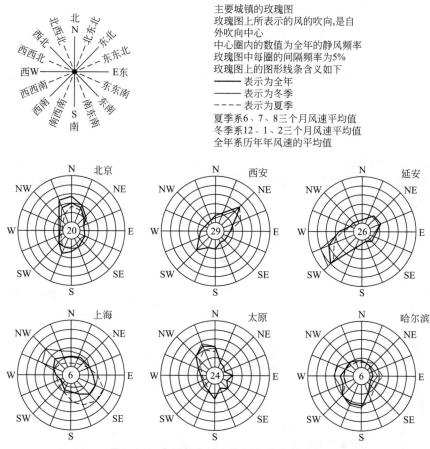

图 1.22　我国部分城市的风向频率玫瑰图

水文条件是指地下水位的高低及地下水的性质，直接影响建筑物基础及地下室。一般应根据地下水位的高低及地下水性质确定是否对建筑采用相应的防水和防腐蚀措施。

地震烈度表示当地震发生时，地面及建筑物遭受破坏的程度，分一至十二度。烈度在六度以下时，地震对建筑影响较小；九度以上地区，地震破坏力很大，一般应避免在此类地区建造房屋。因此，按国家标准《建筑抗震设计规范》(GB 50011—2010)及《中国地震烈度区规划图》的规定，地震烈度为六、七、八、九度地区均需进行抗震设计。

3. 建筑设计标准、规范、规程

建筑"标准"、"规范"、"规程"及"通则"是以建筑科学技术和建筑实践经验的结合成果为基础，由国务院有关部门批准后颁发为"国家标准"，在全国执行，对于提高建筑科学管理水平，保证建筑工程质量，统一建筑技术经济要求，加快基本建设步伐等都起着重要的作用，是必须遵守的准则和依据，体现着国家的现行政策和经济技术水平。

建筑设计必须根据设计项目的性质、内容，依据有关的建筑标准、规范完成设计工作。常用的标准、规范如下。

《民用建筑设计通则》(GB 50352—2005)。

《建筑制图标准》(GB/T 50104—2010)。

《住宅设计规范》(GB 50096—2011)。

《建筑设计防火规范》(GB 50016—2014)。

4. 建筑模数

为了建筑设计、构件生产以及施工等方面的尺寸协调，从而提高建筑工业化的水平，降低造价并提高房屋设计和建造的质量和速度，建筑设计应遵守国家规定的建筑统一模数制。

建筑模数是选定的标准尺度单位，作为建筑物、建筑构配件、建筑制品以及有关设备尺寸相互间协调的基础。

1) 基本模数

建筑模数的协调统一标准采取的基本模数的数值为 100 mm。其符号为 M，即 1 M＝100 mm，整个建筑物或其中的一部分以及建筑组合件的模数化尺寸，应是基本模数的倍数。

2) 扩大模数

基本模数的整数倍。扩大模数的基数为 2 M、3 M、6 M、9 M、12 M，其相应尺寸为 200 mm、300 mm、600 mm、900 mm、1 200 mm。

3) 分模数

基本模数除以整数。分模数的基数为 M/10、M/5、M/2，其相应的数值分别为 10 mm、20 mm、50 mm。

4) 模数适用范围

(1) 基本模数主要用于门窗洞口，建筑物的层高、构配件断面尺寸。

(2) 扩大模数主要用于建筑物的开间、进深、柱距、跨度、建筑物高度、层高、构件标志尺寸和门窗洞口尺寸。

(3) 分模数主要用于缝宽、构造节点、构配件断面尺寸。

1.5.3　民用建筑定位轴线

建筑平面定位轴线是确定房屋主要结构构件位置和尺寸的基准线，是施工放线的依据。确定建筑平面定位轴线的原则是：在满足建筑使用功能要求的前提下统一与简化结构、构件的尺寸和节点构造，减少构件类型和规格，扩大预制构件的通用互换性，提高施工装配化程度。定位轴线的具体位置，因房屋结构体系的不同而有差别，定位轴线之间的距离应符合模数制。

1. 混合结构的定位轴线

混合结构的定位轴线(图 1.23)按下列情况标定。

(1) 承重外墙的定位轴线一般自建筑物顶层墙身距墙内缘半砖或半砖的倍数处通过，也可自顶层墙厚度的一半处通过。

(2) 对内墙，不论承重与否，一般定位轴线均自顶层墙身中心线处通过。

(3) 对楼梯间和中走廊两侧墙体，当墙体上下厚度不一致时，为保证楼梯及走廊在底层应有的宽度，定位轴线也可自顶层楼梯或走廊一侧墙半砖处通过。

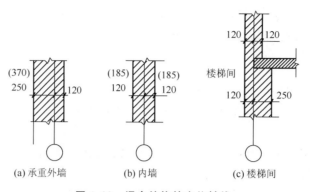

(a) 承重外墙　　(b) 内墙　　(c) 楼梯间

图 1.23　混合结构的定位轴线

2. 框架结构的定位轴线

框架结构中间柱的定位轴线一般与顶层柱中心相重合。边柱定位轴线除可同中柱外 [图 1.24（a）]，为了减少外墙挂板规格，也可沿边柱外表面即外墙内缘处通过 [图 1.24(b)]。

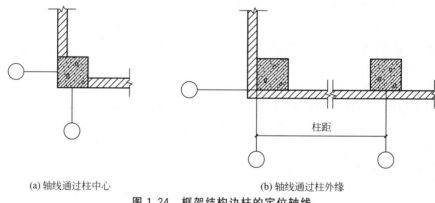

(a)轴线通过柱中心　　　　　　(b)轴线通过柱外缘

图 1.24　框架结构边柱的定位轴线

本 章 小 结

1. 建筑是建筑物与构筑物的总称，是人工创造的空间环境，直接供人使用的建筑称作建筑物，不直接供人使用的建筑称作构筑物。

2. 建筑功能、物质技术条件和建筑形象构成建筑的三个基本要素，三者之间是辩证统一的关系。

3. 建筑物可按照使用性质、层数、主要承重结构的材料、建筑的结构类型进行分类。建筑按耐久年限、耐火等级分均为四级。建筑物的工程等级以其复杂程度为依据分为六级。

4. 《建筑模数协调统一标准》是为了实现建筑工业化大规模生产，推进建筑工业化的发展。其主要内容包括建筑模数、基本模数、导出模数、模数数列以及模数数列的适用范围。

5. 建筑工程设计一般包括建筑设计、结构设计、设备设计等几方面的内容，建筑设计由建筑师完成，建筑工程是龙头，常常处于主导地位。

6. 建筑设计须按照设计程序和设计要求做好设计的全过程工作，对收集资料、初步方案、初步设计、技术设计、施工图设计等几个阶段，应根据工程规模大小和难易程度而定。

7. 建筑设计的依据是做好建筑设计的关键，既满足使用功能，体现以人为本的原则，同时又是创造良好的室内外空间环境、满足合理技术经济指标的基础。

知识拓展——日常生活中常见的专业名词

横向：指建筑物的宽度方向。

纵向：指建筑物的长度方向。

横向轴线：沿建筑物宽度方向设置的轴线。用以确定墙体、柱、梁、基础的位置。其编号方法采用阿拉伯数字注写在轴线圆内。

纵向轴线：沿建筑物长度方向设置的轴线。用以确定墙体、柱、梁、基础的位置。其编号方法采用汉语拼音字母注写在轴线圆内。但 I、O、Z 不用作轴线编号。

开间：房间相邻两横墙内横向定位轴线之间距。

进深：房间相邻两纵墙内纵向定位轴线之间距。

层高：上下两层楼面或楼面与地面之间的垂直距离。

净高：指房间的净空高度。即楼、地面至吊顶下皮(或结构层下表面的)高度。它等于层高减去结构层厚度和吊顶棚高度。

建筑面积：指建筑物外包尺寸的乘积再乘以层数，以 m^2 为单位。它由使用面积、交通面积和结构面积组成。对于居住建筑，我们日常所说的建筑面积通常是指套内建筑面积(自有面积)和公摊面积(共有面积)之和。

使用面积：指主要使用房间和辅助使用房间的净面积。

交通面积：指走道、楼梯间等交通联系设施的净面积。

结构面积：指墙体、柱子所占的面积。

体型系数：建筑物与室外大气接触的外表面积与其所包围的体积的比值。外表面积中，不包括地面和不采暖楼梯间隔墙和户门的面积。

本 章 习 题

1. 建筑的含义是什么？什么是建筑物和构筑物？

2. 建筑的基本构成要素是什么？怎样理解它们之间的关系？

3. 建筑工程设计包括哪几个方面的内容？各方面设计的主要内容是什么？

4. 施工图设计阶段的图纸及文件都有哪些？

5. 简要说明建筑设计的主要依据。

6. 为什么要执行建筑模数协调统一标准？在建筑模数协调中规定了哪几种尺寸？它们相互间的关系如何？

7. 建筑物如何分类？

8. 介绍一栋你喜欢的建筑物，并说明该建筑的设计特点。

第2章
建筑平面设计

【教学目标与要求】

- 熟悉房间的面积组成、平面形状和尺寸；掌握使用房间的平面设计
- 熟悉走廊、楼梯门厅的平面设计；掌握走廊、楼梯宽度要求
- 熟悉建筑平面组合设计的方式、方法

2.1 概　　述

每一幢建筑在总体设计时，都要从空间上去思维、去创造。将建筑简化为平面图、立面图、剖面图去工作不仅技术上更方便，而且从空间中抽出两个维度，尺度、比例和相互关系都容易被更正确、更精准地表达出来，这样更为直观，且条理性、工作步骤更容易被掌握。一幢建筑物的平、立、剖面图，是这幢建筑物在不同方向的外形及剖切面的投影，这几个面之间是有机联系的，平、立、剖面综合在一起，表达一幢三维空间的建筑整体。

建筑平面是表示建筑物在水平方向房屋各部分的组合关系。由于建筑平面通常较为集中地反映建筑功能方面的问题，一些剖面关系比较简单的民用建筑，它们的平面布置基本上能够反映空间组合的主要内容，因此，从学习和叙述的先后考虑，首先从建筑平面设计的分析入手。但是在平面设计中，始终需要从建筑整体空间组合的效果来考虑，紧密联系建筑剖面和立面，分析剖面、立面的可能性和合理性，不断调整修改平面，反复深入。也就是说，虽然我们从平面设计入手，但是要着眼于建筑空间的组合。

各种类型的民用建筑，从组成平面各部分的使用性质来分析，主要可以归纳为使用部分和交通联系部分两类。

1. 使用部分

使用部分是指人们日常使用活动的空间，又分主要使用活动空间和辅助使用活动空间，即各类建筑物中的使用房间和辅助房间。

（1）使用房间：人们经常使用活动的房间，是一幢建筑的主要功能房间。例如住宅中的起居室、卧室；学校中的教室、实验室；商店中的营业厅；剧院中的观众厅等。

（2）辅助房间：人们不经常使用，但又是生活活动必不可缺的房间，是一幢建筑辅助功能用房。例如住宅中的厨房、浴室、厕所；一些建筑物中的储藏室、厕所及各种电气、水暖等设备用房。

2. 交通联系部分

交通联系部分是指建筑物中各个房间之间、楼层之间和房间内外之间联系通行的空间，即各类建筑物中的走廊、门厅、过厅、楼梯、坡道，以及电梯和自动楼梯等(图 2.1)。

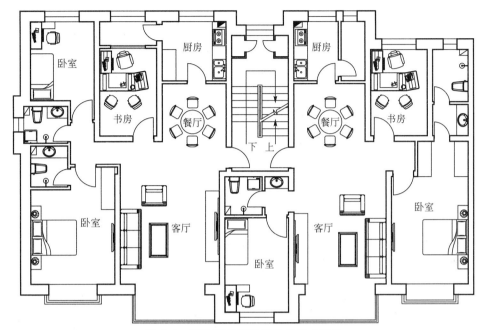

图 2.1 某住宅单元平面的各组成部分

2.2 使用部分的平面设计

建筑平面中各个使用房间和辅助房间，是建筑平面组合的基本单元。

本节先简要叙述使用房间的分类和设计要求，然后着重从房间本身的使用要求出发，分析房间面积大小、形状尺寸、门窗在房间平面的位置等，考虑单个房间平面布置的几种可能性，作为下一步综合分析多种因素进行建筑平面和空间组合的基本依据之一。

2.2.1 使用房间的分类和设计要求

1. 使用房间的分类

从使用房间的功能要求来分类，主要有以下几种。

（1）生活用房间：住宅的起居室、卧室、宿舍和招待所的卧室等。

（2）工作、学习用的房间：各类建筑中的办公室、值班室，学校中的教室、实验室等。

（3）公共活动房间：商场的营业厅、剧院、电影院的观众厅、休息厅等。

一般来说，生活、工作和学习用的房间要求安静，少干扰，由于人们在其中停留的时间相对较长，因此希望能有较好的朝向；公共活动房间的主要特点是人流比较集中，通常进出频繁，因此室内人们活动和通行面积的组织比较重要，特别是人流的疏散问题较为突出。使用房间的分类，有助于平面组合中对不同房间进行分组和功能分区。

2. 使用房间平面设计的要求

（1）房间的面积、形状和尺寸要满足室内使用活动和家具、设备合理布置的要求。

（2）门窗的大小和位置，应考虑房间的出入方便，疏散安全，采光通风良好。

（3）房间的构成应使结构构造布置合理，施工方便，也要有利于房间之间的组合，所用材料要符合相应的建筑标准。

（4）室内空间以及顶棚、地面、各个墙面和构件细部，要考虑人们的使用和审美要求。

2.2.2 使用房间的面积、形状和尺寸

1. 房间的面积

使用房间面积的大小，主要是由房间内部活动特点、使用人数的多少、家具设备的多少等因素决定的，例如住宅的起居室、卧室使用人数少、家具少，面积相对较小；剧院、电影院的观众厅，除了人多、座椅多外，还要考虑人流迅速疏散的要求，所需的面积就大；又如室内体育活动用房，由于使用活动的特点，要求有较大的面积。

为了深入分析房间内部的使用要求，把一个房间内部的面积，根据它们的使用特点分为以下几个部分。

（1）家具或设备所占的面积。

（2）人们在室内的使用活动面积(包括使用家具及设备所需的面积)。

（3）房间内部的交通面积。

图 2.2(a)、(b)分别是学校中一个教室和住宅中一间卧室室内使用面积分析示意。实际情况，室内使用面积和室内交通面积也可能有重合或互换，但是这并不影响对使用房间面积的基本确定。

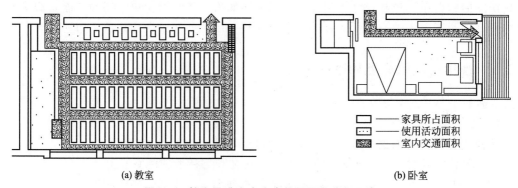

(a) 教室　　　　　　　　　　　　(b) 卧室

□——家具所占面积
□——使用活动面积
▨——室内交通面积

图 2.2　教室及卧室中室内使用面积分析示意

从图例中可以看到，为了确定房间使用面积的大小，除了需要掌握室内家具、设备的数量和尺寸外，还需要了解室内活动和交通面积的大小，这些面积的确定又都和人体活动

的基本尺度有关。例如教室中学生就座、起立时桌椅近旁必要的使用活动面积，入座、离座时通行的最小宽度，以及教师讲课时黑板前的活动面积等。图 2.3 为教室、卧室及商店营业厅中，人们使用各种家具时，家具近旁必要的尺寸举例。

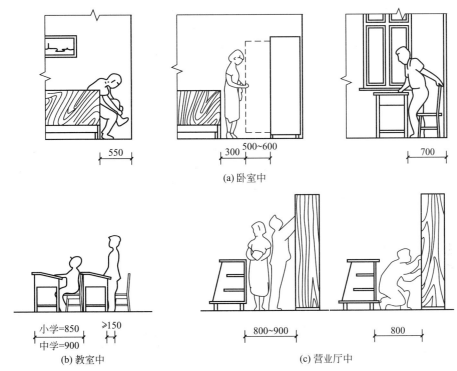

(a) 卧室中

(b) 教室中　　　　　　　　　　(c) 营业厅中

图 2.3　教室、卧室、营业厅中家具近旁必要尺寸

　　在一些建筑物中，房间使用面积大小的确定，并不像上例中教室平面的面积分配那样明显，例如商店营业厅中柜台外顾客的活动面积，剧院、电影院休息厅中观众活动的面积等，由于这些房间中使用活动的人数并不固定，也不能直接从房间内家具的数量来确定使用面积的大小，通常需要通过对已建的同类型房间进行调查，掌握人们实际使用活动的一些规律，然后根据调查所得的数据资料，结合设计房间的使用要求和相应的经济条件，确定比较合理的室内使用面积。一般把调查所得数据折算成和使用房间的规模有关的面积数据，例如教室中每个学生所占的面积，剧院休息厅以观众厅中每个座位需要多少休息面积等。

　　在实际设计工作中，国家或所在地区设计的主管部门，对住宅、学校、商店、医院、剧院等各种类型的建筑物，通过大量调查研究和设计资料的积累，结合我国经济条件和各地具体情况，编制出一系列面积定额指标，用以控制各类建筑中使用面积的限额，并作为确定房间使用面积的依据(参阅相应建筑设计规范)。

　　进行具体设计时，在已有面积定额的基础上，仍然需要分析各类房间中家具布置、人们的活动和通行情况，深入分析房间内部的使用要求，方能确定各类房间合理的平面形状和尺寸。

2. 房间的平面形状

初步确定使用房间面积的大小之后，还需要进一步确定房间平面的形状和具体尺寸。

房间平面的形状和尺寸，主要是由室内使用活动的特点，家具布置方式，以及采光、通风、音响等要求所决定的。在满足使用要求的同时，构成房间的技术经济条件，以及人们对室内空间的观感，也是确定房间平面形状和尺寸的重要因素。

民用建筑常见的房间形状有矩形、方形、多边形、圆形等。在具体设计中，应从使用要求、结构形式与结构布置、经济条件、美观等方面综合考虑，选择合适的房间形状。

一般功能要求的民用建筑房屋形状常采用矩形，其主要原因如下。

（1）矩形平面体型简单，墙体平直，便于家具和设备的安排，使用上能充分利用室内有效面积，有较大的灵活性。

（2）结构布置简单，便于施工。一般功能要求的民用建筑，常采用墙体承重的梁板构件布置。以中小学教室为例，矩形平面的教室由于进深和面宽较大，如采用预制构件，结构布置方式通常有两种：一种是纵墙搁梁，楼板支承在大梁和横墙上；另一种是采用长板直接支承在纵墙上，取消大梁。以上两种方式均便于统一构件类型，简化施工。对于面积较小的房间，则结构布置更为简单，可将同一长度的板直接支承在横墙或纵墙上。

（3）矩形平面便于统一开间、进深，有利于平面及空间的组合。如学校、办公楼、旅馆等建筑常采用矩形房间沿走道一侧或两侧布置，统一的开间和进深使建筑平面布置紧凑，用地经济。当房间面积较大时，为保证良好的采光和通风，常采用沿外墙长向布置的组合方式。

当然，矩形平面也不是唯一的形式。就中小学教室而言，在满足视、听及其他要求的条件下，也可采用方形及六角形平面(图2.9)。方形教室的优点是进深加大，长度缩短，外墙减少，相应交通线路缩短，用地经济。同时，方形教室缩短了最后一排的视距，视听条件有所改善，但为了保证水平视角的要求，前排两侧均不能布置课桌椅。

对于一些有特殊功能和视听要求的房间如观众厅、杂技场、体育馆等房间，它的形状则首先应满足这类建筑的单个使用房间的功能要求。如杂技场常采用圆形平面以满足演马戏时动物环绕场地的需要。观众厅要满足良好的视听条件，既要看得清也要听得好。观众厅的平面形状一般有矩形、钟形、扇形、六角形、圆形(图2.4)等多种。

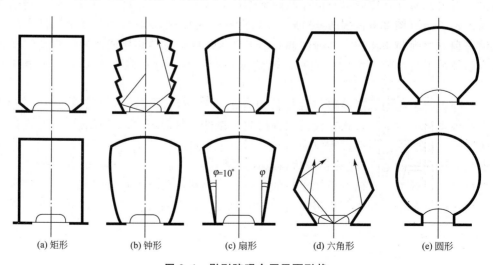

(a) 矩形　　(b) 钟形　　(c) 扇形　　(d) 六角形　　(e) 圆形

图 2.4　影剧院观众厅平面形状

　　房间形状的确定，不仅仅取决于功能、结构和施工条件，也要考虑房间的空间艺术效果，使其形状有一定的变化，具有独特的风格，在空间组合中，还往往将圆形、多边形及不规则形状的房间与矩形房间组合在一起，形成强烈的对比，丰富建筑造型。如图2.5所示的某中学平面图，为了使学生能生活在严肃又活泼的环境里，教室、阶梯教室、办公室等采用六边形平面，使整个建筑显得生动活泼，富有朝气，以利于学生的健康成长。

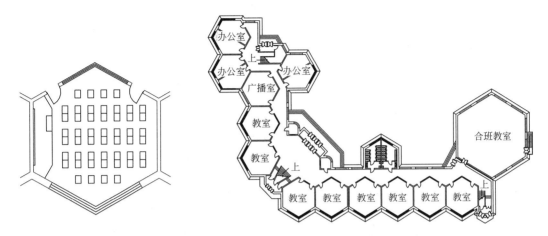

图2.5　某学校六边形的教室平面组合

3. 房间的平面尺寸

　　房间尺寸是指房间的开间和进深。在初步确定了房间面积和形状之后，确定合适的房间尺寸便是一个重要问题了。房间平面尺寸一般应从以下几方面进行综合考虑。

　　(1) 满足家具设备布置及人们活动要求。如卧室的平面尺寸应考虑床的大小、家具的相互关系，提高床位布置的灵活性。主要卧室要求床能两个方向布置，因此开间尺寸应保证床横放以后剩余的墙面还能开一扇门，开间尺寸常取≥3.30 m，深度方向应考虑床位之外再加两个床头柜或衣柜，进深尺寸常取3.90～4.50 m。小卧室开间考虑床竖放以后能开一扇门，开间尺寸常取2.70～3.00 m，深度方向应考虑床位之外再加一个学习桌，进深尺寸常取3.30～3.90 m (图2.6)。医院病房主要是满足病床的布置及医护活动的要求，3～4人的病房开间尺寸常取3.30～3.60 m，6～8人的病房开间尺寸常取5.70～6.00 m(图2.7)。

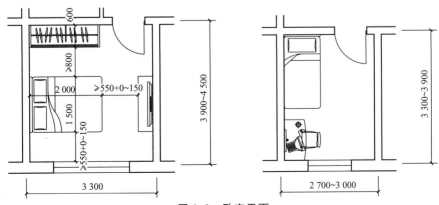

图2.6　卧室平面

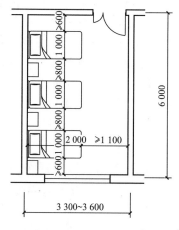
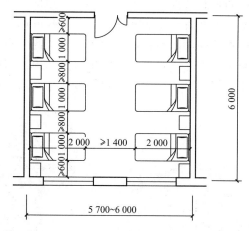

图 2.7　病房的开间和进深

（2）满足视听要求。有的房间如教室、会堂、观众厅等的平面尺寸除满足家具设备布置及人们活动要求外，还应保证有良好的视听条件。为使前排两侧座位不致太偏，后面座位不致太远，必须根据水平视角、视距、垂直视角的要求，充分研究座位的排列，确定适合的房间尺寸。

从视听的功能考虑，教室的平面尺寸应满足以下的要求(图 2.8)。

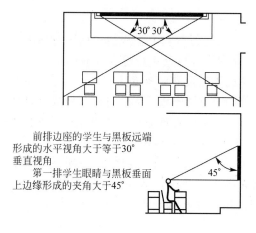
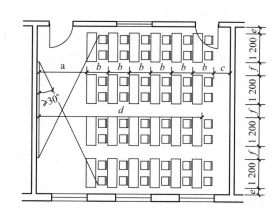

$a \geqslant 2\,200$ mm　　$b \geqslant$ 中小学$\geqslant 900$ mm
$c \geqslant 200$ mm　　　d 小学$\leqslant 8\,000$ mm,中学$\leqslant 9\,000$ mm
$e \geqslant 150$ mm　　　$f \geqslant 600$ mm

图 2.8　48 座矩形平面教室的布置

① 为防止第一排座位距黑板太近，垂直视角太小易造成学生近视，因此，第一排座位距黑板的距离必须$\geqslant 2.2$ m，以保证垂直视角大于 $45°$。

② 为防止最后一排座位距黑板太远，影响学生的视觉和听觉，后排距黑板的距离不宜大于 8.50 m。

③ 为避免学生过于斜视而影响视力，水平视角（即前排边座与黑板远端的视线夹角）应大于或等于 $30°$。

按照以上要求，并结合家具设备布置、学生活动要求、建筑模数协调统一标准的规定，中学教室平面尺寸常取 6.30 m×9.00 m、6.60 m×9.00 m、6.90 m×9.00 m 等。

图 2.9 是仅从视听要求考虑，教室平面形状的几种可能性。

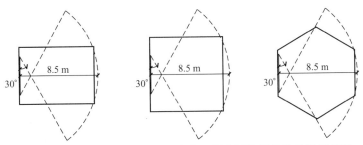

图 2.9　教室中基本满足视听要求的平面范围和形状的几种可能性

（3）良好的天然采光。民用建筑除少数特殊要求的房间，如演播室、观众厅等以外，均要求有良好的天然采光。一般房间多采用单侧或双侧采光，因此，房间的进深常受到采光的限制。为保证室内采光的要求，一般单侧采光时进深不大于窗上口至地面距离的 2 倍，双侧采光时进深可较单侧采光时增大一倍。图 2.10 为采光方式对房间进深的影响。

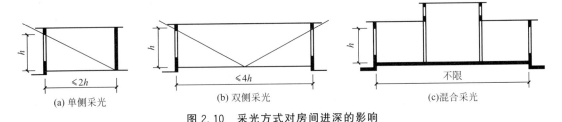

图 2.10　采光方式对房间进深的影响

（4）经济合理的结构布置。一般民用建筑常采用墙体承重的梁板式结构和框架结构体系。房间的开间、进深尺寸应尽量使构件标准化，同时使梁板构件符合经济跨度要求，所以较经济的开间尺寸是不大于 4.00 m，钢筋混凝土梁较经济的跨度是不大于 9.00 m。对于由多个开间组成的大房间，如教室、会议室、餐厅等，应尽量统一开间尺寸，减少构件类型。

（5）符合建筑模数协调统一标准的要求。为提高建筑工业化水平，必须统一构件类型，减少规格，这就需要在房间开间和进深上采用统一的模数，作为协调建筑尺寸的基本标准。按照建筑模数协调统一标准的规定，房间的开间和进深一般以 300 mm 为模数。如办公楼、宿舍、旅馆等以小空间为主的建筑，其开间尺寸常取 3.30～3.90 m，住宅楼梯间的开间尺寸常取 2.70 m 等。

2.2.3　门窗在房间平面中的布置

房间平面设计中，门窗的大小和数量是否恰当，它们的位置和开启方式是否合适，对房间的平面使用效果也有很大影响。同时，窗的形式和组合方式又和建筑立面设计的关系极为密切，门窗的宽度在平面中表示，它们的高度在剖面中确定，而窗和外门的组合形式又只能在立面中看到全貌。因此在平、立、剖面的设计过程中，门窗的布置需要多方面综合考虑，反复推敲。下面先从门窗的布置和单个房间平面设计的关系进行分析。

1. 门的宽度、数量和开启方式

房间平面中门的最小宽度，是由通过人流多少和搬进房间家具、设备的大小决定的。

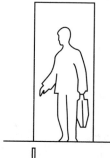

例如住宅中卧室、起居室等生活用房间，门的宽度常为 900 mm 左右，这样的宽度可使一个携带东西的人方便地通过，也能搬进床、柜等尺寸较大的家具(图 2.11)。住宅中厕所、浴室阳台的门，宽度只需 700 mm，即稍大于一个人通过宽度，这些较小的门扇，开启时可以少占室内的使用面积，这对平面紧凑的住宅建筑，尤其显得重要(表 2-1)。

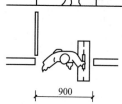

室内面积较大、活动人数较多的房间，应该相应增加门的宽度或门的数量，如办公室、教室门洞口宽度应大于或等于 1 000 mm，高度大于或等于 2 100 mm。当门宽大于 1 000 mm 时，为了开启方便和少占使用面积，通常采用双扇门，双扇门宽可为 1 200~1 800 mm；图 2.12 是小学自然教室和中学阶梯教室门的位置和开启方式。一些人流大量集中的公共活动房间，如会场、观众厅等，考虑疏散要求，门的总宽度按每 100 人 650 mm（平坡地面）宽计算，并应设置双扇的外开门。

900

图 2.11 住宅中卧室、起居室门的宽度图

表 2-1 住宅门洞最小尺寸

类 别	洞口宽度	洞口高度	类 别	洞口宽度	洞口高度
公用外门	1.20	2.00	厨房门	0.80	2.00
户(套)门	1.00	2.00	卫生间门	0.70	2.00
起居室(厅)门	0.90	2.00	阳台门(单扇)	0.70	2.00
卧室门	0.90	2.00			

注：1. 表中门洞高度不包括门上亮子高度。

2. 洞口两侧地面有高低差时，以高地面为起算高度。

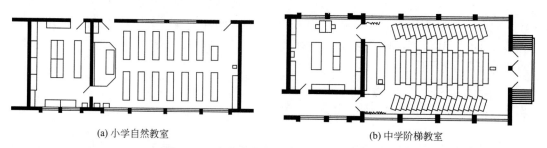

(a) 小学自然教室   (b) 中学阶梯教室

图 2.12 中小学教室门的位置和开启方式

房间平面中门的开启方式，主要根据房间内部的使用特点来考虑，如医院病房常采用

1 200 mm 的不等宽双扇门[图 2.13(a)]，平时出入可只开较宽的单扇门，当有病人的手推车通过或担架出入时，可以两扇门同时开启。又如商店的营业厅，进出人流连续、频繁，门扇常采用双向弹簧门，使用比较方便[图 2.13(b)]。

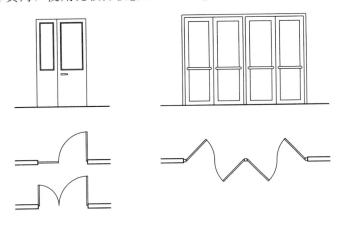

(a) 医院病房的不等宽双扇门　　　(b) 商场营业厅的双向弹簧门

图 2.13　房间的使用特点和门的开启方式

2. 房间平面中门的位置

房间平面中门的位置应考虑室内交通路线简捷和安全疏散的要求，门的位置还对室内使用面积能否充分利用、家具布置是否方便，以及组织室内穿堂风等关系很大。

对于面积大、人流活动多的房间，门的位置主要考虑通行简捷和疏散安全。如剧院观众厅一些门的位置，通常较均匀地分设，使观众能尽快到达室外(图 2.14)。

对于面积小、人数少，只需设一个门的房间，门的位置首先需要考虑家具的合理布置，图 2.15 是集体宿舍中床铺安排和门的位置关系。

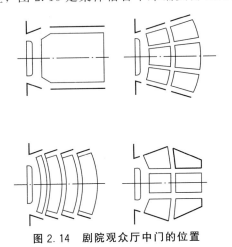

图 2.14　剧院观众厅中门的位置

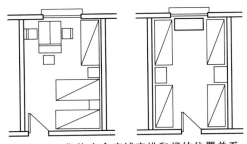

图 2.15　集体宿舍床铺安排和门的位置关系

当小房间中，门的数量不止一个时，门的位置应考虑缩短室内交通路线，保留较为完整的活动面积，并尽可能留有便于靠墙布置家具的墙面。图 2.16 是表示住宅卧室由于门的位置不同，给室内活动面积和家具布置带来的影响。

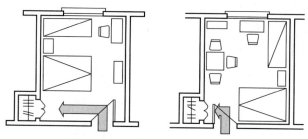

图 2.16　设有壁橱卧室门的布置

有的房间由于平面组合的需要，几个门的位置比较集中，并且经常需要同时开启，这时要注意协调几个门的开启方向，防止门扇相互碰撞和妨碍人们通行(图 2.17)。

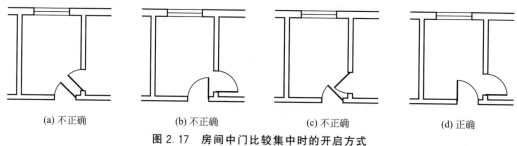

(a) 不正确　　　　　(b) 不正确　　　　　(c) 不正确　　　　　(d) 正确

图 2.17　房间中门比较集中时的开启方式

房间平面中门的位置在平面组合时，从整幢房屋的使用要求考虑也可能需要改变。如有的房间需要尽可能缩短通往房屋出入口或楼梯口的距离，有些房间之间联系或分隔的要求比较严密，都可能重新调整房间门的位置。

注：房间门按国家标准《建筑设计防火规范》(GB 50016—2014)的规定来确定。

5.3.8　公共建筑和通廊式非住宅类居住建筑中各房间疏散的数量应经计算确定，且不应少于 2 个，该房间相邻 2 个疏散门最近边缘之间的水平距离不应小于 5 m。当符合下列条件之一时，可设置 1 个。

(1) 房间位于 2 个安全出口之间，且建筑面积小于或等于 120 m²，疏散门的净宽度不小于 0.9 m。

(2) 除托儿所、幼儿园、老年人建筑外，房间位于走道尽端，且由房间内任一点到疏散门的直线距离小于或等于 15 m，其疏散门的净宽度不小于 1.4 m。

(3) 歌舞娱乐放映游艺场所内建筑面积小于或等于 50 m² 的房间。

5.3.9　剧院、电影院和礼堂的观众厅，其疏散门的数量应经计算确定，且不应少于 2 个。每个疏散门的平均疏散人数不应超过 250 人；当容纳人数超过 2 000 人时，其超过 2 000 人的部分，每个疏散门的平均疏散人数不应超过 400 人。

5.3.10　体育馆的观众厅，其疏散门的数量应经计算确定，且不应少于 2 个，每个疏散门的平均疏散人数不宜超过 400～700 人。

房间门还可按国家标准《高层民用建筑设计防火规范(2005 年版)》(GB 50045—1995)的规定来确定。

6.1.7　高层建筑内的观众厅、展览厅、多功能厅、餐厅、营业厅和阅览室等，其室内任何一点至最近的疏散出口的直线距离，不宜超过 30 m；其他房间内最远一点至房门的直线距离不宜超过 15 m。

6.1.8　公共建筑中位于两个安全出口之间的房间，当其建筑面积不超过 60 m² 时，可设置一个门，门的净宽不应小于 0.90 m。公共建筑中位于走道尽端的房间，当其建筑面积不超过 75 m² 时，可设置一个门，门的净宽不应小于 1.40 m。

3. 窗的大小和位置

房间中窗的大小和位置，要根据室内采光、通风要求来考虑。采光方面，窗的大小直接影响到室内照度是否足够，窗的位置关系到室内照度是否均匀。各类房间照度要求，是由室内使用上精确细密的程度来确定的。由于影响室内照度强弱的因素，主要是窗户面积的大小，因此，通常以窗口透光部分的面积与房间地面面积之比（即采光面积比），来初步确定或校验窗面积的大小。建筑采光等级分为Ⅰ～Ⅴ五个等级，《建筑采光设计标准》（GB 50033—2013）按照不同建筑类别对使用房间最低采光等级做出详细规定，见《建筑采光设计标准》（GB 50033—2013）4.0.5～4.0.13。在建筑方案设计时，对Ⅲ类光气候区的采光，窗地面积比和采光有效进深可按表2-2进行估算，其他光气候区的窗地面积比应乘以相应的光气候系数 K。

表 2-2　窗地面积比和彩光有效进深

采光等级	场所名称	侧面采光		顶部采光
		窗地面积比 (A_c/A_d)	采光有效进深 (b/h_s)	窗地面积比 (A_c/A_d)
Ⅰ	—	1/3	1.8	1/6
Ⅱ	设计室、绘图室	1/4	2.0	1/8
Ⅲ	专用教室、实验室、阶梯教室、办公室、会议室	1/5	2.5	1/10
Ⅳ	厨房、复印室、档案室	1/6	3.0	1/13
Ⅴ	走道、楼梯间、卫生间	1/10	4.0	1/23

注：1. 顶部采光指平天窗采光，锯齿形天窗和矩形天窗可分别按平天窗的1.5倍和2倍窗地面积比进行估算。

2. 窗地面积比：窗洞口面积与地面面积之比。对于侧面采光，应为参考平面以上的窗洞口面积。

3. 采光有效进深：侧面采光时，可满足采光要求的房间进深。本标准用房间进深与参考平面至窗上沿高度的比值来表示。

窗的平面位置，主要影响到房间沿外墙（开间）方向来的照度是否均匀、有无暗角和眩光。如果房间的进深较大，同样面积的矩形窗户竖向设置，可使房间进深方向的照度比较均匀。中小学教室在一侧采光的条件下，窗户应位于学生左侧；窗间墙的宽度从照度均匀考虑，一般不宜过大（具体窗间墙尺寸的确定需要综合考虑房屋结构或抗震要求等因素）；同时，窗户和挂黑板墙面之间的距离要适当，这段距离太近会使黑板上产生眩光，距离太远又会形成暗角（图2.18）。

建筑物室内的自然通风，除了和建筑朝向、间距、平面布局等因素有关外，房间中窗的位置，对室内通风效果的影响也很关键，通常利用房间两侧相对应的窗户或门窗之间组织穿堂风，门窗的相对位置采用对面通直布置时，室内气流

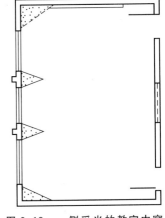

图 2.18　一侧采光的教室中窗在平面中的位置

通畅（图 2.19），同时也要尽可能使穿堂风通过室内使用活动部分的空间。图 2.20(a)所示教室平面中，常在靠走廊一侧开设高窗，以改善教室内通风条件。图 2.20(b)为一有天井的住宅卧室，夏季利用储藏室的门，调节出风通路，改善通风。

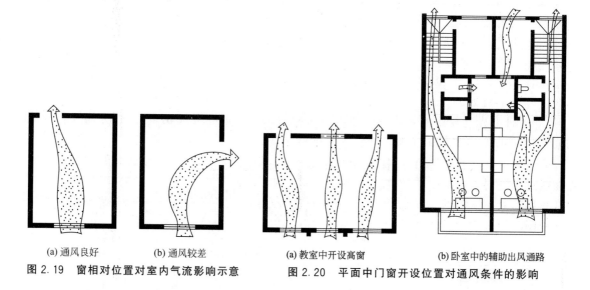

(a) 通风良好　　(b) 通风较差

图 2.19　窗相对位置对室内气流影响示意

(a) 教室中开设高窗　　(b) 卧室中的辅助出风通路

图 2.20　平面中门窗开设位置对通风条件的影响

2.2.4　辅助房间的平面设计

各类民用建筑中辅助房间的平面设计，和上述使用房间的设计分析方法基本相同。厕所、盥洗室等辅助房间通常根据各种建筑物的使用特点和使用人数的多少，先确定所需设备的个数（表 2-3）。公共建筑中商场可按照营业面积确定设备数量，详见《城市公共厕所设计标准》（CJJ14—2005）。根据计算所得的设备数量，考虑在整幢建筑物中厕所、盥洗室的分间情况，最后在建筑平面组合中根据整幢房屋的使用要求适当调整并确定这些辅助房间的面积、平面形式和尺寸。

表 2-3　办公、商场、工厂和其他公共建筑为职工配置的卫生设施

适合任何种类职工使用的卫生设施		
数量/人	大便器数量/个	洗手盆数量/个
1～5	1	1
6～25	2	2
26～100	按 25 人比例增加设施	
>100	增建卫生间或按 25 人比例增加设施	
其中男职工的卫生设施		
男性人数/人	大便器数量/个	小便器数量/个
1～15	1	1

续表

其中男职工的卫生设施		
16～30	2	1
31～45	2	2
46～60	3	2
61～75	3	3
76～90	4	3
91～100	4	4
＞100	增建卫生间或按50人比例增加设施	

建筑物中公共服务的厕所应设置前室，这样使厕所较隐蔽，又有利于改善通向厕所的走廊或过厅处的卫生条件。有盥洗室的公共服务厕所，为了节省交通面积并使管道集中，通常采用套间布置，以节省前室所需的面积，图2.21为附有前室的男女厕所的平面和室内透视图。图2.22是住宅中的厨房、浴厕等辅助用房的平面和室内透视图。

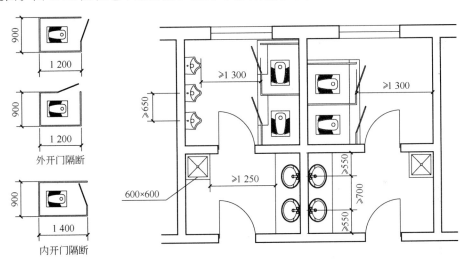

外开门隔断

内开门隔断

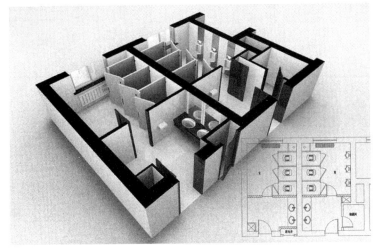

图2.21 卫生隔断及卫生间平面

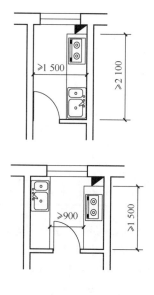

(a) 住宅厨房

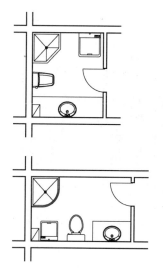

(b) 住宅卫生间

图 2.22　住宅中的厨房、卫生间

2.3 交通联系部分的平面设计

一幢建筑物除了有满足使用要求的各种房间外，还需要有交通联系部分把各个房间之间以及室内外之间联系起来。

（1）建筑物内部的交通联系部分可以分为如下几种。

① 水平交通联系部分：走廊、过道等。

② 垂直交通联系部分：楼梯、坡道、电梯、自动扶梯等。

③ 交通联系枢纽部分：门厅、过厅等。

交通联系部分的面积，在一些常见的建筑类型如宿舍、教学楼、医院或办公楼中，约占建筑面积的1/4。这部分面积设计得是否合理，除了直接关系到建筑物中各部分的联系通行是否方便外，它也对房屋造价、建筑用地、平面组合方式等许多方面有很大影响。

（2）交通联系部分设计的主要要求有如下几种。

① 交通路线简捷明确，联系通行方便。

② 人流通畅，紧急疏散时迅速安全。

③ 满足一定的采光通风要求。

④ 力求节省交通面积，同时考虑空间处理等造型问题。

进行交通联系部分的平面设计，首先需要具体确定过道、楼梯等通行疏散要求的宽度，具体确定门厅、过厅等人们停留和通行所必需的面积，然后结合平面布局考虑交通联系部分在建筑平面中的位置以及空间组合等设计问题。

以下分述各种交通联系部分的平面设计。

2.3.1 过道（走廊）

过道（走廊）是联结各个房间、楼梯和门厅等各部分，解决房屋中水平联系和疏散空间的问题。

过道的宽度应符合人流通畅和建筑防火要求，通常单股人流的通行宽度550～600 mm。在通行人数少的住宅过道中，考虑到两人相对通过和搬运家具的需要，过道的最小宽度也不宜小于1 100～1 200 mm[图2.23(a)]。在通行人数较多的公共建筑中，按各类建筑的使用特点、建筑平面组合要求、通过人流的多少及根据调查分析或参考设计资料确定过道宽度。公共建筑门扇开向过道时，过道宽度通常不小于1 500 mm[图2.23(b)]。中小学教学楼中过道宽度，根据过道连接教室的多少，外廊不应小于1 800 mm，内廊不应小于2 100 mm，办公部分不应小于1 500 mm。设计过道的宽度，应根据建筑物的耐火等级、层数和过道中通行人数的多少，进行防火要求最小宽度的校核，见表2-4。过道从房间门到楼梯间或外门的最大距离，以及袋形过道的长度，从安全疏散考虑也有一定的限制，见表2-5。办公建筑过道宽度和过道长度及房间布置见表2-6。

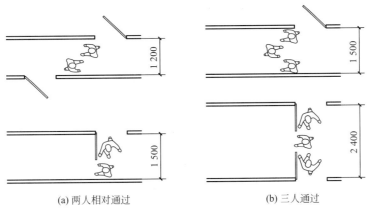

(a) 两人相对通过   (b) 三人通过

图2.23　人流通行和过道的宽度

表 2-4 疏散走道、安全出口、疏散楼梯和房间疏散门每 100 人的净宽度　　单位：m

楼 层 位 置	耐 火 等 级		
	一、二级	三级	四级
地上一、二层	0.65	0.75	1.00
地上三层	0.75	1.00	—
地上四层及四层以上各层	1.00	1.25	—
与地面出入口地面的高差不超过 10 m 的地下建筑	0.75	—	—
与地面出入口地面的高差超过 10 m 的地下建筑	1.00	—	—

注：根据《建筑设计防火规范》(GB 50016—2014)。

表 2-5 直接通向疏散走道的房间疏散门至最近安全出口的直线距离　　单位：m

名 称		位于两个安全出口之间的疏散门			位于袋形走道两侧或尽端的疏散门		
		一、二级	三级	四级	一、二级	三级	四级
托儿所、幼儿园、老年人建筑		25	20	15	20	15	10
歌舞、娱乐、放映、游艺场所		25	20	15	9	—	—
医疗建筑	单、多层	35	30	25	20	15	10
	高层 病房部分	24			12		
	高层 其他部分	30			15		
教学建筑	单、多层	35	30	25	22	20	10
	高层	30	—	—	15	—	—
高层旅馆、展览建筑		30			15		
其他建筑	单、多层	40	35	25	22	20	15
	高层	40	—	—	20	—	—

注：根据《建筑设计防火规范》(GB 50016—2014)。

1. 建筑内开向敞开式外廊的房间疏散门至最近安全出口的直线距离可按本表的规定增加 5m。

2. 直通疏散走道的房间疏散门至最近敞开楼梯间的直线距离，当房间位于两个楼梯间之间时，应按本表的规定减少 5m；当房间位于袋形走道两侧或尽端时，应按本表的规定减少 2m。

3. 建筑物内全部设置自动喷水灭火系统时，其安全疏散距离可按本表的规定增加 25%。

表 2-6 办公建筑走道宽度　　单位：m

走 道 长 度	走 道 净 宽	
	单 面 布 房	双 面 布 房
≤40	1.30	1.50
>40	1.50	1.80

注：高层内筒结构的回廊式走道净宽最小值同单面布房走道。

根据不同建筑类型的使用特点，过道除了交通联系外，也可以兼有其他的使用功能，如学校教学楼中的过道，兼有学生课间休息活动的功能；医院门诊部分的过道，兼有病人候诊的功能等(图 2.24)，这时过道的宽度和面积相应增加。可以在过道边上的墙上开设高窗或设置玻璃隔断以改善过道的采光通风条件(图 2.25)。为了遮挡视线，隔断可用磨砂玻璃。图 2.26 所示是住宅建筑中厨房与餐室的既可分隔又可兼用的布置，也是在交通面积中结合会客、进餐等使用功能，以提高建筑面积的利用率。

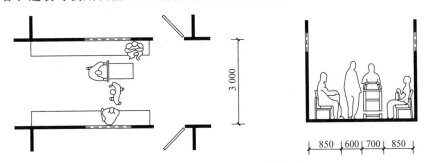

图 2.24　兼有候诊功能的过道宽度

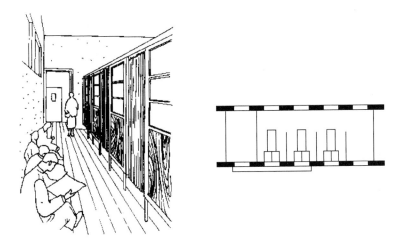

图 2.25　设置玻璃隔断的候诊过道

(a) 住宅平面图　　　　　　　　　(b) 厅和厨房透视

图 2.26　住宅中交通面积结合会客、进餐等使用功能的布置

　　有的建筑类型如展览馆、画廊、浴室等，由于房屋中人流活动和使用的特点，也可以把过道等水平交通联系面积和房间的使用面积完全结合起来，组成套间式的平面布置（图2.27）。

图 2.27　展览馆中的套间布置

　　以上例子说明，建筑平面中各部分面积使用性质的分类，也不是绝对的，根据建筑物具体的功能特点，使用部分和交通联系部分的面积，也有可能相互结合，综合使用。

2.3.2　楼梯和坡道

　　楼梯是房屋各层间的垂直交通联系部分，是楼层人流疏散必经的通路。楼梯设计主要根据使用要求和人流通行情况确定梯段和休息平台的宽度；选择适当的楼梯形式；考虑整幢建筑的楼梯数量；以及楼梯间的平面位置和空间组合。

　　楼梯的宽度，也是根据通行人数的多少和建筑防火要求决定的。梯段的宽度和过道一样，考虑两人相对通过，通常不小于1 100～1 200 mm[图2.28(b)]；考虑三人通过，通常不小于1 500～1 650 mm [图2.28（c）]。一些辅助楼梯，从节省建筑面积出发，把梯段的宽度设计得小一些，考虑到同时有人上下时能有侧身避让的余地，梯段的宽度也不应小于850～900 mm[图2.28(a)]。所有梯段宽度的尺寸，也都需要以防火要求的最小宽度进行校核，防火要求宽度的具体尺寸和对过道的要求相同(表2-4)。楼梯平台的宽度，除了考虑人流通行外，还需要考虑搬运家具的方便，平台的宽度不应小于梯段的宽度[图2.28(d)]。由梯段、平台、踏步等尺寸所组成的楼梯间的尺寸，在装配式建筑中还须结合建筑模数制的要求适当调整，如单元式住宅，楼梯间的开间常采用2 400 mm或2 700 mm。

　　楼梯形式的选择，主要以房屋的使用要求为依据。两跑楼梯由于面积紧凑，使用方便，是一般民用建筑中最常采用的形式。当建筑物的层高较高，或利用楼梯间顶部天窗采光时，常采用三跑楼梯。一些旅馆、会场、剧院等公共建筑，经常把楼梯的设置和门厅、休息厅等结合起来。这时，楼梯可以根据室内空间组合的要求，采用比较多样的形式，如会场门厅中显得庄重的先合后分式楼梯，剧院门厅中开敞的不对称楼梯，以及旅馆门厅中比较轻快的圆弧形楼梯等(图2.29)。

　　对层高较低的使用室内楼梯的二层小住宅，结合建筑平面组合，把楼梯平台和室内过

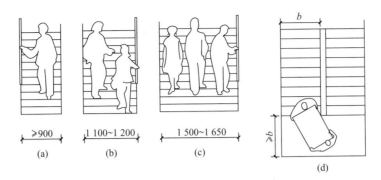

图 2.28　楼梯梯段和平台的通行宽度

图 2.29　不同的楼梯形式

道面积结合起来，采用直跑楼梯也有可能得到比较紧凑的平面(图 2.30)。多层房屋中直跑楼梯通常占用面积较多。

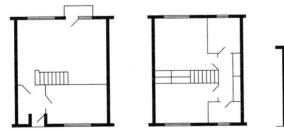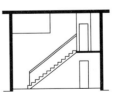

图 2.30　住宅中直跑楼梯的布置

平面设计中，楼梯间分为开敞楼梯、封闭楼梯间、防烟楼梯间三种形式。

开敞楼梯指的是楼梯不封闭，与走道或大厅等直接相通，分为室内和室外两种形式。

室内开敞楼梯可作为多层建筑安全疏散设施。

室外楼梯符合下列规定时可作为疏散楼梯。

（1）栏杆扶手的高度不应小于 1.1 m，楼梯的净宽度不应小于 0.9 m。

（2）倾斜角度不应大于 45°。

（3）楼梯段和平台均应采取不燃材料制作。平台的耐火极限不应低于 1.00 h，楼梯段的耐火极限不应低于 0.25 h。

（4）通向室外楼梯的门宜采用乙级防火门，并应向室外开启。

（5）除疏散门外，楼梯周围 2 m 内的墙面上不应设置门窗洞口。疏散门不应正对楼梯段。

封闭楼梯间指的是用建筑构配件分隔，能防止烟和热气进入的楼梯间。封闭楼梯间适用于多层和高层建筑。

下列多层公共建筑的疏散楼梯，除与敞开式外廊直接相连的楼梯间外，均应采用封闭楼梯间。

（1）医疗建筑、旅馆、老年人建筑及类似使用功能的建筑。

（2）设置歌舞、娱乐、放映、游艺场所的建筑。

（3）商店、图书馆、展览建筑、会议中心及类似使用功能的建筑。

（4）6 层及以上的其他建筑。

裙房和建筑高度不大于 32 m 的二类高层公共建筑，其疏散楼梯应采用封闭楼梯间。当裙房与高层建筑主体之间设置防火墙时，裙房的疏散楼梯可分别按有关单、多层建筑的要求确定。

防烟楼梯间指的是在楼梯间入口处设有防烟前室，或设有专供排烟用的阳台、凹廊等，且通向前室和楼梯间的门均为乙级防火门的楼梯间。

一类高层公共建筑和建筑高度超过 32 m 的二类高层公共建筑，均应设防烟楼梯间。防烟楼梯间的设置应符合下列规定。

（1）楼梯间入口处应设前室、阳台或凹廊。

（2）前室的面积，公共建筑不应小于 6.00 m²，居住建筑不应小于 4.50 m²。

（3）前室和楼梯间的门均应为乙级防火门，并应向疏散方向开启。

住宅建筑的疏散楼梯设置应符合下列规定。

（1）建筑高度不大于 21 m 的住宅建筑可采用敞开楼梯间；与电梯井相邻布置的疏散楼梯应采用封闭楼梯间，当户门采用乙级防火门时，仍可采用敞开楼梯间。

（2）建筑高度大于 21 m、不大于 33 m 的住宅建筑应采用封闭楼梯间；当户门采用乙级防火门时，可采用敞开楼梯间。

（3）建筑高度大于 33 m 的住宅建筑应采用防烟楼梯间。户门不宜直接开向前室，确有困难时，每层开向同一前室的户门不应大于 3 樘且应采用乙级防火门。

楼梯在建筑平面中的数量和位置，是交通联系部分的设计和建筑平面组合中比较关键的问题，它关系到建筑物中人流交通的组织是否通畅安全，建筑面积的利用是否经济合理。

楼梯的数量主要根据楼层人数多少和建筑防火要求来确定。当建筑物中，楼梯和远端房间的距离超过防火要求的距离（表 2-5）、面积、层数超过防火规范规定时，都需要布置 2 个或 2 个以上的楼梯。

《建筑设计防火规范》（GB 50016—2014）规定：公共建筑内每个防火分区或一个防火

分区的每个楼层，其安全出口的数量应经计算确定，且不应少于 2 个。符合下列条件之一的公共建筑，可设置 1 个安全出口或 1 部疏散楼梯。

（1）除托儿所、幼儿园外，建筑面积不大于 200 m² 且人数不超过 50 人的单层公共建筑或多层公共建筑的首层。

（2）除医疗建筑，老年人建筑，托儿所、幼儿园的儿童用房，儿童游乐厅等儿童活动场所和歌舞、娱乐、放映、游艺场所等外，符合表 2-7 规定的公共建筑。

表 2-7 可设置 1 部疏散楼梯的公共建筑

耐火等级	最多层数	每层最大建筑面积/m²	人 数
一、二级	3 层	200	第二层和第三层的人数之和不超过 50 人
三级	3 层	200	第二层和第三层的人数之和不超过 25 人
四级	2 层	200	第二层人数不超过 15 人

一些公共建筑物，通常在主要出入口处，相应的设置一个位置明显的主要楼梯；在次要出入口处，或者房屋的转折和交接处设置次要楼梯供疏散及服务用。这些楼梯的宽度和形式，根据所在平面位置，使用人数多少和空间处理的要求，也应有所区别。图 2.31 为一学校平面中，楼梯位置的布置示意。位于走廊中部不封闭的楼梯，为了减少走廊中人流和上下楼梯人流的相互干扰，这些楼梯的楼段应适当从走廊墙面后退。由于人们只是短暂地经过楼梯，因此楼梯间可以布置在房屋朝向较差的一面，但应有自然采光。

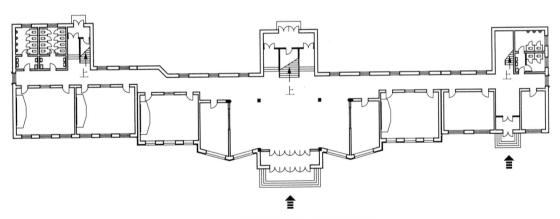

图 2.31 某学校平面中楼梯布置示意

垂直交通联系部分除楼梯外，还有坡道、电梯和自动扶梯等。室内坡道的特点是上下比较省力（楼梯的坡度在 30°～40°，室内坡道的坡度通常小于 10°），通行人流的能力几乎和平地相当（人群密集时，楼梯由上往下人流通行速度为 10 m/min，坡道人流通行速度接近于平地的 16 m/min），但是坡道的最大缺点是所占面积比楼梯面积大得多。一些医院为了病人上下和手推车通行的方便可采用坡道；为儿童上下的建筑物，也可采用坡道；有些人流大量集中的公共建筑，如大型体育馆的部分疏散通道，也可用坡道来解决垂直交通联系（图 2.32）。电梯通常使用在多层或高层建筑中，一些有特殊使用要求的建筑，如医院病房部分也常采用。自动扶梯适用于具有频繁而连续人流的大型公共建筑中，如商场、展览馆、游乐场、火车站、地铁站、航空港等建筑物中(图 2.33)。

图 2.32　某幼儿园的坡道

2.3.3　门厅、过厅和出入口

　　门厅是建筑物主要出入口处的内外过渡、人流集散的交通枢纽。在一些公共建筑中，门厅除了交通联系外，还兼有适应建筑类型特点的其他功能要求，如旅馆门厅中的服务台、问询处或小卖部，门诊所门厅中的挂号、取药、收费等部分，有的门厅还兼有展览、陈列等使用要求。图 2.34 为兼有会客、休息功能的旅馆门厅。

图 2.33　一些公共建筑中设置的自动扶梯

图 2.34　兼有会客、休息功能的某旅馆门厅

　　和所有交通联系部分的设计一样，疏散出入安全也是门厅设计的一个重要内容，门厅对外出入口的总宽度，应不小于通向该门厅的过道、楼梯宽度的总和，人流比较集中的公共建筑物，门厅对外出入口的宽度，一般按每 100 人 600 mm 计算。外门的开启方式应向外开启或采用弹簧门扇。

　　门厅的面积大小，主要根据建筑物的使用性质和规模确定，在调查研究、积累设计经验的基础上，根据相应的建筑标准，不同的建筑类型都有一些面积定额可以参考，例如中小学的门厅面积为 $0.06 \sim 0.08 \ \text{m}^2$/人，甲等电影院的门厅面积，按每一观众不小于 $0.50 \ \text{m}^2$ 计算，一些兼有其他功能的门厅面积，还应根据实际使用要求相应地增加。

　　导向性明确，避免交通路线过多的交叉和干扰，是门厅设计中的重要问题。门厅的导向明确，即要求人们进入门厅后，能够比较容易地找到各过道口和楼梯间，并易于辨别这些过道或楼梯的主次，以及它们通向房屋各部分使用性质上的区别。根据不同建筑类型平面组合的特点，以及房屋建造所在基地形状、道路走向对建筑中门厅设置的要求，门厅的布局通常有对称和不对称的两种。对称的门厅有明显的轴线，如果起主要交通联系作用的过道或主要楼梯沿轴线布置，主导方向较为明确[图2.35(a)]。不对称的门厅[图2.35(b)]，由于门厅中没有明显的轴线，交通联系主次的导向，往往需要通过对走廊口门洞的大小、墙面的透空和装饰处理以及楼梯踏步的引导等设计手法，使人们易于辨别交通联系的主导方向。图2.36是在基本对称的宾馆门厅中，楼梯设在一侧作不对称布置，并以宽阔的楼梯踏步，引导人流通往楼上。

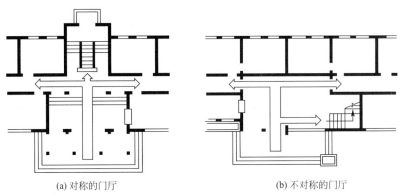

(a) 对称的门厅　　　　　　　　　　(b) 不对称的门厅

图2.35　建筑中门厅平面示意

门厅中还应组织好各个方向的交通路线，尽可能减少来往人流的交叉和干扰。对一些兼有其他使用要求的门厅，更需要分析门厅中人们的活动特点，在各使用部分留有尽少穿越的必要活动面积。如图2.37所示门诊所和旅馆的门厅中，分别在挂号、药房和接待、小卖处留有必要的活动余地，使这些活动部分和厅内的交通路线尽少干扰。

由于门厅是人们进入建筑物首先到达、经常经过或停留的地方，因此门厅的设计，除了要合理地解决交通枢纽等功能要求外，

图2.36　门厅中楼梯踏步引导人流

门厅内的空间组合和建筑造型要求，也是一些公共建筑中重要的设计内容之一。

过厅通常设置在过道和过道之间，或过道和楼梯的连接处，它起到交通路线的转折和过渡的作用，有时为了改善过道的采光、通风条件，也可以在过道的中部设置过厅（图2.38）。

建筑物的出入口处，为了给人们进出室内外时有一个过渡的地方，通常在出入口前设置雨篷、门廊或门斗等，以防止风雨或寒气的侵袭。雨篷、门廊、门斗的设置，也是突出建筑物的出入口，进行建筑重点装饰和细部处理的设计内容，图2.39(a)、(b)、(c)分别是一医院入口处设有停车的门廊、一机场入口处和一商场入口处的雨篷示意。

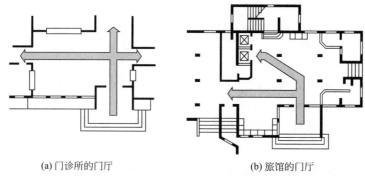

(a) 门诊所的门厅　　　　　　　　　　(b) 旅馆的门厅

图 2.37　兼有其他使用要求的门厅平面布置

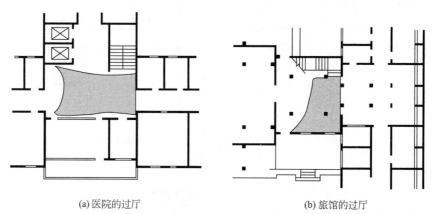

(a) 医院的过厅　　　　　　　　　　(b) 旅馆的过厅

图 2.38　建筑平面中的过厅布置

(a) 医院设有停车的门廊

(c) 商场内凹的入口

(b) 机场入口的雨篷

图 2.39　建筑物的出入口

2.4 建筑平面的组合设计

在本章的前2节中，着重学习和分析了组成建筑平面的各个房间和交通联系部分。建筑平面的组合设计，一方面，是在熟悉平面各组成部分的基础上，进一步从建筑整体的使用功能、技术、经济和建筑艺术等方面来分析对平面组合的要求；另一方面，还必须考虑总体规划、基地环境对建筑单体平面组合的要求。即建筑平面组合设计需要综合分析建筑本身提出的以及总体环境对单体建筑提出的内外两方面的要求。

建筑平面的组合，实际上是建筑空间在水平方向的组合，这一组合必然导致建筑物内外空间和建筑形体，在水平方向予以确定，因此在进行平面组合设计时，可以及时勾画建筑物形体的立体草图，考虑这一建筑物在三维空间中可能出现的空间组合及其形象，即本章开始叙述时着重指出的——从平面设计入手，但是着眼于建筑空间的组合。

建筑平面组合设计的主要任务如下。

（1）根据建筑物的使用和卫生等要求，合理安排建筑各组成部分的位置，并确定它们的相互关系。

（2）组织好建筑物内部以及内外之间方便和安全的交通联系。

（3）考虑到结构布置、施工方法和所用材料的合理性，掌握建筑标准，注意美观要求。

（4）符合总体规划的要求，密切结合基地环境等平面组合的外在条件，注意节约用地和环境保护等问题。

本节将着重叙述建筑平面组合的功能分析，平面组合和结构布置的关系以及基地环境对平面组合的影响等内容。有关平面组合中要考虑的建筑艺术问题，将结合在第4章中叙述。

2.4.1 建筑平面组合的设计要求

1. 功能合理紧凑

合理的功能分区是将建筑物若干部分按不同的功能要求进行分类，将性质相近、联系紧密、大小接近的空间组合在一起，形成不同的功能分区。并根据它们之间的密切程度加以划分，使之分区明确，又联系方便。在分析功能关系时，常借助于功能分析图来形象地表示各类建筑的功能关系及联系顺序(图2.40)。

具体设计时，可根据建筑物不同的功能特征，从以下四个方面进行分析。

1）各类房间的主次关系

一幢建筑物，根据它的功能特点，平面中各个房间相对来说总是有主有次，如学校教学楼中，满足教学的教室、实验室等，应是主要的使用房间，其余的管理、办公、储藏、厕所等属次要房间；住宅建筑中，生活用的起居室、卧室是主要的房间，厨房、卫生间、储藏室等属次要房间。同样，商店中的营业厅、体育馆中的比赛大厅，也属于主要房间。平面组合时，要根据各个房间使用要求的主次关系，合理安排它们在平面中的位置，上述

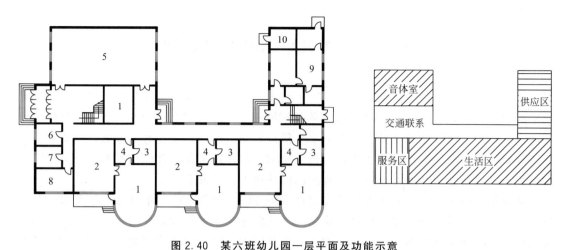

图 2.40　某六班幼儿园一层平面及功能示意

1—活动室；2—卧室；3—盥洗室；4—衣帽间；5—音体室；6—值班室；
7—办公室；8—医务室；9—厨房；10—洗衣间

教学、生活用主要房间，应考虑设置在朝向好、比较安静的位置，以取得较好的日照、采光、通风条件；公共活动的主要房间，应设置在出入和疏散方便、人流导向比较明确的部位(图 2.41 和图 2.42)。

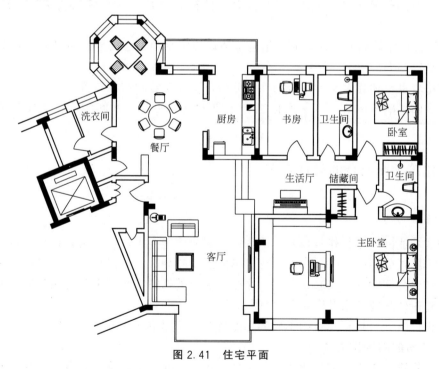

图 2.41　住宅平面

2) 各类房间的内外关系

建筑物中各类房间或各个使用部分，有的对外来人流联系比较密切、频繁，如商店的营业厅，门诊所的挂号、问询，食堂的餐厅等房间，它们的位置需要布置在靠近人流来往的地方或出入口处。有的主要是内部活动或内部工作之间的联系，如商店的行政办公、生

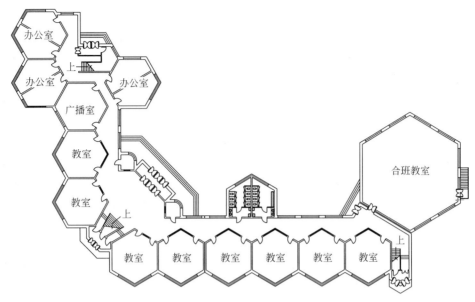

图 2.42 某学校教学楼一层平面

活用房,门诊所的药库、化验室,食堂的更衣、主副食加工、库房等,这些房间主要考虑内部使用时和有关房间的联系(图 2.43)。

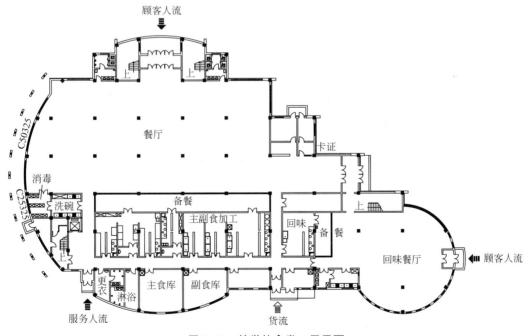

图 2.43 某学校食堂一层平面

在建筑平面组合中,分清各个房间使用上的主次、内外关系,有利于确定各个房间在平面中的具体位置。

3）功能分区以及它们的联系和分隔

当建筑物中房间较多，使用功能又比较复杂的时候，这些房间可以按照它们的使用性质以及联系的紧密程度，进行分组分区。通常借助于功能分析图(图2.40)，能够比较形象地表示建筑物的各个功能分区部分，它们之间的联系或分隔要求以及房间的使用顺序。建筑物的功能分区，首先把使用性质相同或联系紧密的房间组合在一起，以便平面组合时，能从几个功能分区之间大的关系来考虑，同时还需要具体分析各个房间或各区之间的联系、分隔要求，以确定平面组合中各个房间的合适位置。如学校建筑，可以分为教学活动、行政办公以及生活后勤等几部分，教学活动和行政办公部分既要分区明确，避免干扰，又要考虑分属两个部分的教室和教师办公室之间的联系方便，它们的平面位置应适当靠近一些；对于使用性质同样属于教学活动部分的普通教室和音乐教室，由于音乐教室上课时对普通教室有一定的声响干扰，它们虽属同一个功能区中，但是在平面组合中却又要求有一定的分隔(图2.42)。又如医院建筑中，通常可以分为门诊、住院、辅助医疗和生活服务用房等几部分[图2.44(a)]，其中门诊和住院两个部分，都和包括化验、理疗、放射、药房等房间的辅助医疗部分关系密切，需要联系方便；但是门诊部比较嘈杂，住院部需要安静，它们之间又需要有较好的分隔，如图2.44(b)所示是考虑了功能分区和联系、分隔要求的某医院平面。

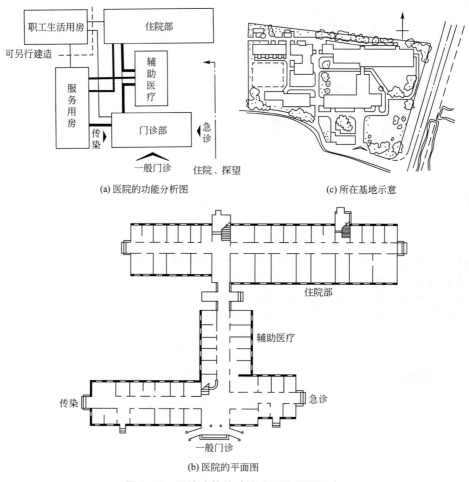

(a) 医院的功能分析图

(c) 所在基地示意

(b) 医院的平面图

图 2.44　医院建筑的功能分区和平面组合

以上例子说明，建筑平面组合需要在功能分区的基础上，深入分析各个房间或各个部分之间的联系、分隔要求，使平面组合更趋合理。

4）房间的使用顺序和交通路线组织

建筑物中不同使用性质的房间或各个部分，在使用过程中通常有一定的先后顺序，如门诊部分中从挂号、候诊、诊疗、记账或收费到取药的各个房间；车站建筑中的问询、售票、候车、检票、进入站台上车，以及出站时由站台经过检票出站等，平面组合时要很好考虑这些前后顺序(图2.45)。有些建筑物对房间的使用顺序没有严格的要求，但是也要安排好室内的人流通行面积，尽量避免不必要的往返交叉或相互干扰。

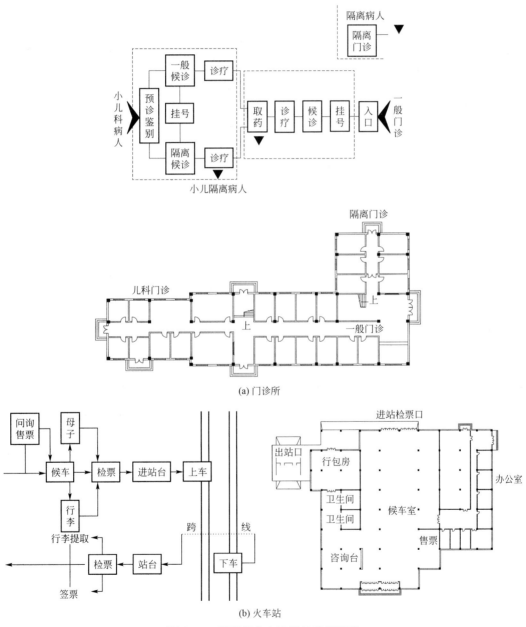

(a) 门诊所

(b) 火车站

图 2.45 平面组合中房间的使用顺序

房间的使用顺序和它们的联系与分隔要求，主要通过房间位置的安排以及组织一定方

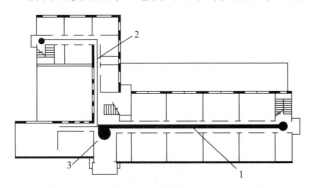

图 2.46　教学楼平面中交通路线分析示意
1—主要交通路线；2—次要交通路线；
3—起连接作用的门厅、过厅

式的交通路线来实现。平面组合中要考虑交通路线的分工、连接或隔离。通常联系主要出入口和主要房间的是主要交通路线，人流较少的部分（如工作人员内部位用、辅助供应）可用次要交通联系，门厅或过厅作为交通路线连接的枢纽。图 2.46 为教学楼平面中，交通路线的主次分工和连接方式的分析示意。

2. 结构经济合理

根据建筑功能分析初步考虑的几种平面组合方式，由于房间面积大小、开间进深以及组合方式的不同，相应采用的结构布置方式也不尽相同。

1）混合结构

走廊式和套间式的平面组合，当房间面积较小，建筑物为多层或低层时，通常采用砖、砌块等墙体承重，钢筋混凝土梁板等水平构件构成的混合结构系统，主要有以下三种布置方式。

（1）横墙承重的结构布置：房间的开间大部分相同，开间的尺寸符合钢筋混凝土板经济跨度的时候，常采用横墙承重的结构布置[图 2.47(a)]。在一些房间面积较小的宿舍、门诊所和住宅建筑中采用得较多(图 2.48)。横墙承重的结构布置，房屋的横向刚度好，各开间之间房屋的隔声效果也好，但是房间的面积大小受开间尺寸的限制，横墙中也不宜开设较大的门洞。

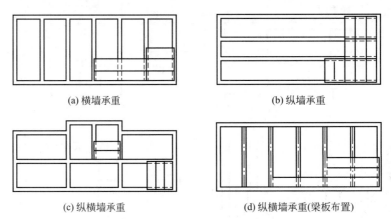

(a) 横墙承重　　　　　　　　　(b) 纵墙承重

(c) 纵横墙承重　　　　(d) 纵横墙承重(梁板布置)

图 2.47　墙体承重的结构布置

（2）纵墙承重的结构布置：房间的进深基本相同，进深的尺寸符合钢筋混凝土板的经济跨度时，常采用纵向承重的结构布置[图 2.47(b)]。这种布置方式常在一些开间尺寸比较多样的办公楼，以及房间布置比较灵活的住宅建筑中采用(图 2.49)。纵墙承重的主要特点是平面布置时房间大小比较灵活，房屋在使用过程中，可以根据需要改变横向隔断的位置，以调整使用房间面积的大小。由于纵墙承重，房屋的横向刚度较差，因此平面布置时，应在一定的间隔距离设置保证房屋横向刚度的刚性隔墙。

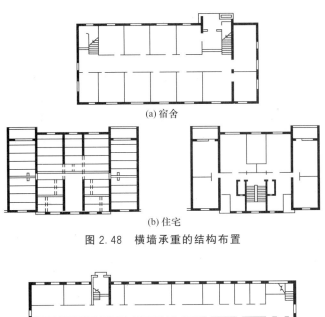

(a) 宿舍

(b) 住宅

图 2.48　横墙承重的结构布置

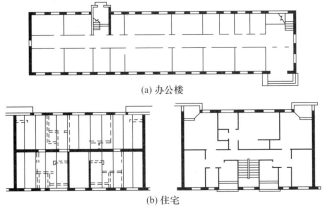

(a) 办公楼

(b) 住宅

图 2.49　纵墙承重的结构布置

（3）纵横墙承重的结构布置：当房屋的平面组合中，一部分房间的开间尺寸和另一部分房间的进深尺寸符合钢筋混凝土板的经济跨度时，房屋平面可以采用纵横墙承重的结构布置［图 2.47(c)］。这种布置方式，平面中房间安排比较灵活，房屋刚度相对也较好，但是由于楼板铺设的方向不同，平面形状常较复杂，因此施工时比上述两种布置方式麻烦。一些开间进深都较大的教学楼的教室部分，也采用有梁板等水平构件的纵横墙承重的结构布置［图 2.47(d)和图 2.50］。

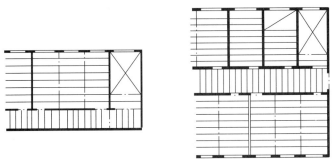

图 2.50　纵横墙承重的结构布置

墙体承重的混合结构系统，对建筑平面的要求主要有以下几方面。

（1）房间的开间或进深基本统一，并符合钢筋混凝土板的经济跨度（非预应力板，通常为4 m左右），上、下层承重墙的墙体对齐重合。

（2）承重墙的布置要均匀、闭合，以保证结构布置的刚性要求，较长的独立墙体，应设置壁柱以加强稳定性。

（3）承重墙上的门窗洞口的开启应符合墙体承重的受力要求（地震区还应符合抗震要求）。

（4）个别面积较大的房间，应设置在房屋的顶层，或单独的附属体中，以便结构上另行处理。

2）框架结构

走廊式和套间式的平面组合，当房间的面积较大、层高较高、荷载较重，或建筑物的层数较多时，通常采用钢筋混凝土或钢的框架结构。它是以钢筋混凝土或钢的梁、柱连接的结构布置。框架结构常用于实验楼、大型商店、多层或高层旅馆等建筑物的结构布置（图2.51）。框架结构布置的特点是梁柱承重，墙体只起分隔、围护的作用，房间布置比较灵活，门窗开置的大小、形状都较自由，但钢及水泥用量大，造价比混合结构高。

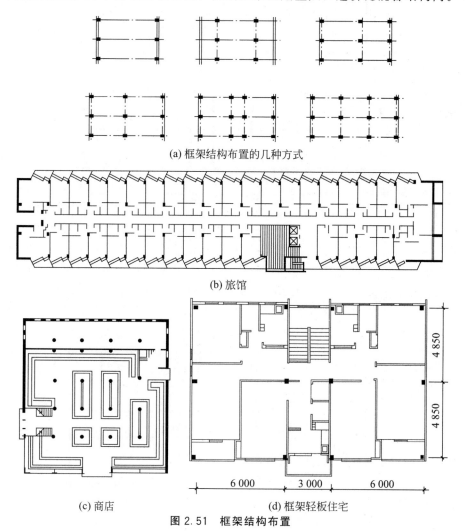

(a) 框架结构布置的几种方式

(b) 旅馆

(c) 商店

(d) 框架轻板住宅

图 2.51　框架结构布置

框架结构系统对建筑平面组合的要求主要有以下几方面。

(1) 建筑体型齐整、平面组合应尽量符合柱网尺寸的规格、模数以及梁的经济跨度的要求 [当以钢筋混凝土梁板布置时,通常柱网的经济尺寸为(6～8)m×(4～6)m]。

(2) 为保证框架结构的刚性要求,在房屋的端墙和一定的间隔距离内应设置必要的刚性墙,或梁、柱的连接采用刚性节点处理。

(3) 楼梯间和电梯间在平面的位置,应均匀布置,选择有利于加强框架结构整体刚度的部位。

3) 空间结构

大厅式平面组合中,对面积和体量都很大的厅室,它的覆盖和围护问题是大厅式平面组合结构布置的关键。如剧院的观众厅、体育馆的比赛大厅等。

当大厅的跨度较小、平面为矩形时,可以采用柱(或墙墩)和屋架组成的排架结构系统(常用钢木屋架的跨度为 12～18 m,非预应力或预应力的钢筋混凝土屋架可为 12～36 m)。

当大厅的跨度较大、平面形状为矩形或其他形状时,可采用各种形式的空间结构。由于空间结构更好地发挥了材料的力学性能,因此常能取得较好的经济效果,并使建筑物的形象具有一定的表现力。空间结构系统有各种形状的折板结构、壳体结构、网架壳体结构以及悬索结构等(图 2.52)。

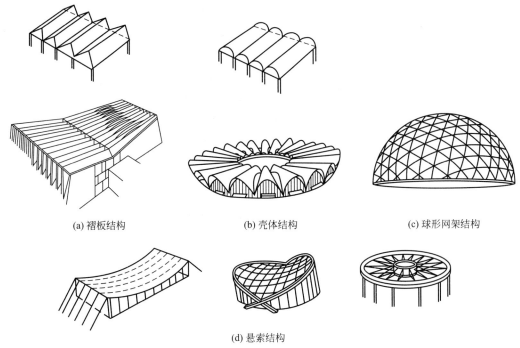

(a) 褶板结构 (b) 壳体结构 (c) 球形网架结构

(d) 悬索结构

图 2.52 各种空间结构系统示意

上述各种结构布置方式的选用,都需要考虑到结构构件对建筑物使用上和造型上的空间效果,如梁板的高度、厚度和排列方式、空间结构所占的体积和形象对房间或整幢房屋在使用和造型方面的影响,以及当地的施工技术条件等。

由于建筑物的功能要求、技术经济条件和美观要求,既有主次,又是辩证统一的,因此房屋的平面组合虽然主要根据功能要求来考虑，但是房屋结构选型的合理性、经济性，也是影响平面组合的重要因素。房屋平面中房间的开间、进深和组合关系，也都需要根据结构布置的要求进行必要的调整和修改。

　　3. 设备管线布置简捷集中

民用建筑中的设备管线主要包括给水排水、空气调节以及电气照明等所需的设备管线，它们都占有一定的空间。在满足使用要求的同时，应尽量将设备管线集中布置、上下对齐，方便使用，有利施工和节约管线(图 2.53)。

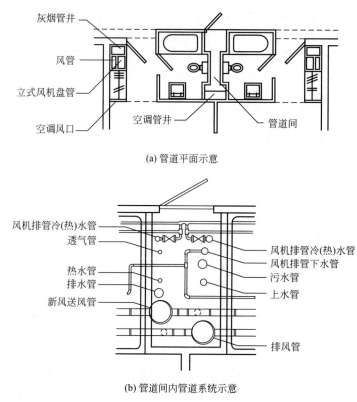

(a) 管道平面示意

(b) 管道间内管道系统示意

图 2.53　旅馆卫生间管线集中布置

　　4. 体型简洁、构图完整

建筑造型也影响到平面组合。当然造型本身是离不开功能要求的，它一般是内部空间的直接反映，但是简洁、完美的造型要求以及不同建筑的外部性格特征又会反过来影响到平面布局及平面形状。

2.4.2　建筑平面组合的几种方式

建筑物的平面组合，是综合考虑房屋设计中内外多方面因素，反复推敲所得的结果。建筑功能分析和交通路线的组织，是形成各种平面组合方式内在的主要根据，通过功能分析初步形成的平面组合方式，大致可以归纳为以下几种。

1. 走廊式组合

走廊式组合是沿走廊的一侧或两侧布置房间的组合方式，房间的相互联系和房屋的内外联系主要通过走廊。走廊式组合能使各个房间不被穿越，较好地满足各个房间单独使用的要求。这种组合方式，常见于单个房间面积不大、同类房间多次重复的平面组合，如办公楼、学校、旅馆、宿舍等建筑类型中，工作、学习或生活等使用房间的组合（图 2.54）。

走廊两侧布置房间的为内廊式[图 2.54(b)]，这种组合方式平面紧凑，走廊所占面积较小，房屋进深大，节省用地，但是有一侧的房间朝向差，走廊较长时，采光、通风条件较差，需要开设高窗或设置过厅以改善采光、通风条件。

走廊一侧布置房间的为外廊式[图 2.54(a)、(c)]。房间的朝向、采光和通风都较内廊式好，但是房屋的进深较浅，辅助交通面积增大，故占地较多，相应造价增加。敞开设置的外廊，较适合于气候温暖和炎热的地区，加窗封闭的外廊，由于造价较高，一般以用于疗养院、医院等医疗建筑为主。

外廊的南向或北向布置，需要结合建筑物的具体使用要求和地区气候条件来考虑。北向外廊，可以使主要使用房间的朝向、日照条件较好，但当外廊开敞时，房间的北入口冬季常受寒风侵袭。一些住宅，由于从外廊到居室内，通常还有厨房、前厅等过渡部分，为保证起居室、卧室有较好的朝向和日照条件，常采用北向外廊布置[图 2.54(a)]。南向外廊的房屋，外廊和房间出入口处的使用条件较好，室内的日照条件稍差。南方地区的某些建筑，如学校、宿舍等，也有不少采用南向外廊的组合，这时外廊兼起遮阳的作用[图 2.54(c)]。

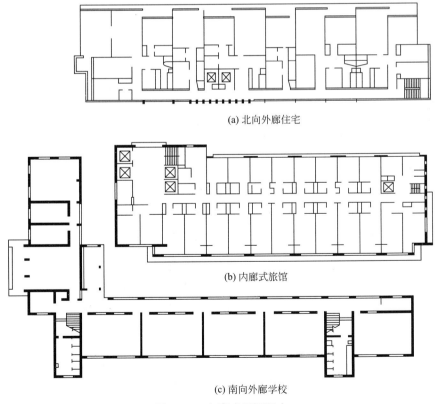

(a) 北向外廊住宅

(b) 内廊式旅馆

(c) 南向外廊学校

图 2.54 走廊式平面组合

2. 套间式组合

房间之间直接穿通的组合方式。套间式组合的特点是房间之间的联系最为简捷，把房屋的交通联系面积和房间的使用面积结合起来，通常是在房间的使用顺序和连续性较强，使用房间不需要单独分隔的情况下形成的组合方式，如展览馆、车站、浴室等建筑类型中主要采用套间式组合(图 2.55)；对于活动人数少，使用面积要求紧凑、联系简捷的住宅，在厨房、起居室、卧室之间也常采用套间布置。

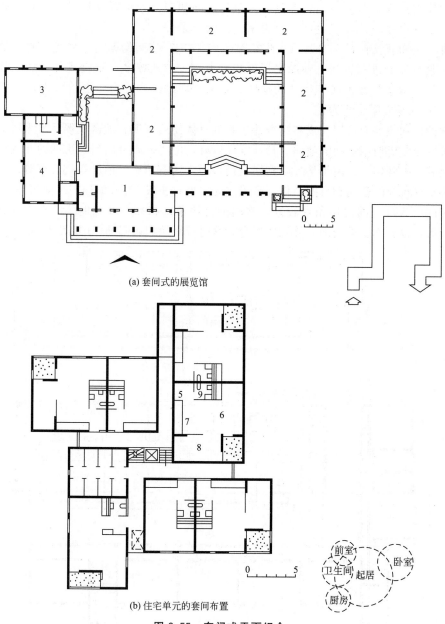

(a) 套间式的展览馆

(b) 住宅单元的套间布置

图 2.55 套间式平面组合

1—门厅；2—展览室；3—大接待室；4—小接待室；5—前室；

6—起居室；7—厨房；8—卧室；9—卫生间

3. 大厅式组合

大厅式组合是在人流集中、厅内具有一定活动特点并需要较大空间时形成的组合方式。这种组合方式常以一个面积较大、活动人数较多、有一定的视听等使用特点的大厅为主,辅以其他的辅助房间。如剧院、会场、体育馆等建筑类型的平面组合(图 2.56)。大厅式组合中,交通路线组织问题比较突出,应使人流的通行通畅安全、导向明确。同时,合理选择覆盖和围护大厅的结构布置方式也极为重要。

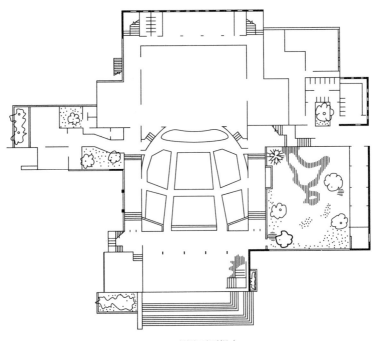

(a) 剧院平面组合

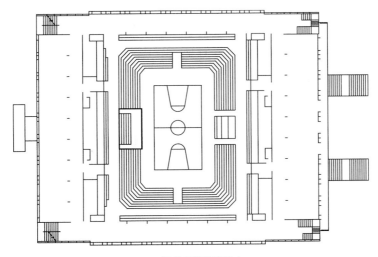

(b) 体育馆平面组合

图 2.56 大厅式平面组合

4. 单元式组合

单元式组合形式是以某些使用比较密切的房间，组合成相对独立的单元，用水平交通（走道）或垂直交通（楼梯、电梯）联系各个单元的组合形式。这种组合适用于住宅、托幼等类型建筑，如图 2.57 所示。

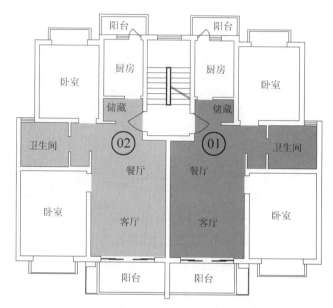

图 2.57 单元式组合

5. 庭院式组合

房间沿四周布置，中间形成庭院，庭院可作为绿化或交通场地。这种方式可用于民居、地方医院、机关办公及旅馆等建筑，如图 2.58 所示。

图 2.58 庭院式组合

6. 综合式组合

以上几种建筑平面的组合方式，在各类建筑物中，结合房屋各部分功能分区的特点，也经常形成以一种结合方式为主，局部结合其他组合方式的布置，即是综合式组合布局。

2.4.3 基地环境对建筑平面组合的影响

以上是从房屋的功能要求和结构布置等内在因素，来分析它们对建筑平面组合的要求，但是房屋的设计还需要考虑总体规划、基地环境以及当地气候、地理条件等外界因素。通过综合考虑内外多方面的因素，包括建筑物可能呈现的艺术形象，才能具体确定房屋的基地位置、平面形状、室外用地以及室内外联系等各个方面的问题，使建筑物的平面组合能够切合当时、当地的具体条件，成为建筑群体有机的组成部分。

城市总体规划相对于单体建筑设计，是全局的、整体性的问题，因此单体建筑作为组成整体中的局部，应该符合总体规划的要求，这些要求必然关系到建筑平面的布局和组合。如一些城市的总体规划，从城市用地、建筑布点、改变城市面貌以及远景规划等全局考虑，常对一些地段新建房屋的用地范围、建筑类型、建造层数、建筑标准等都有明确的规定。有些大城市内新建的住宅，从节约用地，满足拆迁改建旧区的需要，常明确规定住宅的层数不低于四至五层。沿街的一些住宅建筑，为了方便居民生活，根据规划的要求，有的需要在底层设置商店并对沿街立面的街景规划和建筑标准也有一定的要求。

总体规划和基地环境等涉及的面很广，下面着重从基地大小形状和道路走向，建筑物的间距和朝向以及基地的地形条件等几方面扼要分析它们对建筑平面组合的影响。

1. 基地大小、形状和道路走向

基地的大小和形状，对房屋的层数、平面组合的布局关系极为密切。在同样能够满足使用要求的情况下，房屋功能分区的各个部分，可采用较为集中紧凑的布置方式，或采用分散的布置方式，这方面除了和气候条件、节约用地以及管道设施等因素有关外，还和基地大小与形状的现实可能性有关。基地内人流、车流的主要走向，又是确定建筑平面中出入口和门厅位置的重要因素。

图 2.59 是在不同的基地条件下，两所中学的教学楼、室外场地、绿化、大门等的总平面布置示意。如图 2.59(a)所示基地面积宽畅，形状方正；如图 2.59(b)所示基地狭窄，形状也不规则，结合基地的大小和形状，深入分析总平面中各功能分区以及人流走向对教学楼平面组合的要求，形成了两幢平面形状和布局迥然不同的教学楼。图 2.60 是一食堂设计时，结合基地条件，人流、车流的走向，逐步调整平面组合关系，确定平面位置和形状的示意。如图 2.60(a)所示餐厅朝向好，但离宿舍来的人流较远并需经过厨房，餐厅西北角处有一定的土石方工程量；如图 2.60(b)所示避免了土石方工程，餐厅较接近人流，但餐厅体型较长，厨房有西晒；如图 2.60(c)所示在避免土石方工程，餐厅接近用餐人流的情况下，进一步调整了餐厅的体型和厨房的朝向。

2. 建筑物的间距和朝向

在一定的基地条件下(如基地的大小、基地的朝向)，建筑物之间必要的间距和建筑朝

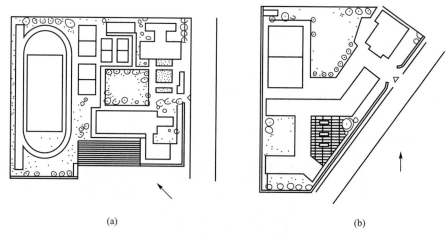

(a)　　　　　　　　　　　　　(b)

图 2.59　不同基地条件的中学教学楼平面组合

向，也将对房屋的平面组合方式、房间的进深等带来影响。

拟建房屋和周围房屋之间距离的确定，主要考虑以下一些因素。

（1）房屋的室外使用要求：房屋周围人行或车辆通行必要的道路面积，房屋之间对声响、视线干扰必要的间隔距离等(如教学楼为了保证教室的采光和防止声音、视线的干扰，间距要求应大于或等于 2.5H，而最小间距不小于 12 m)。

（2）日照、通风等卫生要求：主要考虑成排房屋前后的阳光遮挡情况及通风条件(如医院建筑，考虑卫生要求，间距应大于 2.0H，对于 1～2 层病房，间距不小于 25 m；3～4 层病房，间距不小于 30 m；对于传染病房与非传染病房的间距，应不小于 40 m)。

（3）防火安全要求：考虑火警时保证邻近房屋安全的间隔距离，以及消防车辆的必要通行宽度(如两幢一、二级耐火等级多层民用建筑之间的防火间距不应小于 6 m)。

（4）根据房屋的使用性质和规模，对拟建房屋的观瞻、室外空间要求，以及房屋周围环境绿化等所需的面积。

（5）拟建房屋施工条件的要求：房屋建造时可能采用的施工起重设备、外脚手架的地位，以及新旧房屋基础之间必要的间距等。

对于走廊式或套间式长向布置的房屋，如住宅、宿舍、学校、办公楼等，成排房屋前后的日照间距，通常是确定房屋间距的主要因素。这是因为这些房屋前后之间的日照间距通常大于它们在室外使用、防火或其他方面要求的间距，例如居住小区建筑物的用地指标，主要也和日照间距有关。

房屋日照间距的要求，是使后排房屋在底层窗台高度处，保证冬季能有一定的日照时间。房间日照的长短，是由房间和太阳相对位置的变化关系决定的，这个相对位置以太阳的高度角和方位角表示[图 2.61(a)]，它和建筑物所在的地理纬度、建筑方位以及季节、时间有关。通常以当地冬至日正午十二时太阳的高度角，作为确定房屋日照间距的依据[图 2.61(b)]，日照间距的计算式为

$$L = H/\tan\alpha$$

式中：L 为房屋间距；H 为前排房屋檐口与后排房屋底层窗台的高差；α 为冬至日正午的太阳高度角(当房屋正南向时)。在实际设计工作中，房屋的间距，通常是结合日

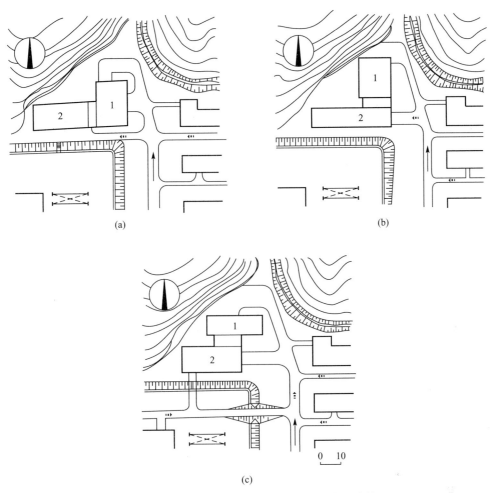

图 2.60　食堂平面组合和基地条件及人流走向的关系

1—厨房；2—餐厅

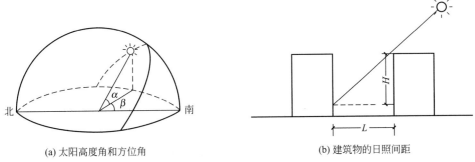

(a) 太阳高度角和方位角　　　　　　(b) 建筑物的日照间距

图 2.61　日照和建筑物的关系

α—高度角；β—方位角

照间距、卫生要求和地区用地情况，做出对房屋间距 L 和前排房屋的高度 H 比值的规定，如 $L/H=0.8$、1.2、1.5 等。

建筑物的朝向，除了根据建筑物内部房间的使用要求外，当地的主导风向、太阳辐射、基地周围的道路环境等情况，也是确定建筑物朝向的重要因素。我国许多地区由于夏暑冬寒，从室内日照、通风等卫生要求来考虑，一般希望建筑物朝南或朝南稍带偏角。根据地区纬度和主导风向的不同，适当调整建筑物的朝向，常能改善房屋的日照和通风条件。如上海地区，在房屋间距不变 $L/H = 1.5$ 的情况下，南偏东或偏西 $15°$ 的朝向，后排房屋底层房间冬至日的日照时间，都比正南朝向延长约 1h，结合该地区夏季多东南风，从日照、通风条件分析，以南偏东 $15°$ 左右的朝向较好。

一些人流比较集中的公共建筑，主要朝向通常和人流走向、街道位置和周围建筑的布置的关系密切。风景区的建筑一般又以山河景色、绿化条件作为考虑房屋朝向的主要因素。

3. 基地的地形条件

坡地建筑的平面组合应依山就势，结合坡度大小、朝向以及通风要求，使建筑物内部的平面组合、剖面关系结合具体的地形条件。坡地上房屋位置的选择，由于地形、地质条件比较复杂，需要进行详细的勘测调查，如滑坡、溶洞、地下水的分布情况等；房屋的位置和平面组等应考虑节省土石方，减少基础工程量，并和周围道路联系方便。地震区应尽量避免在陡坡段断层上建造房屋。

根据建筑物和等高线位置的相互关系，坡地建筑主要有下面两种布置方式。

1) 建筑物平行于等高线的布置

当基地坡度小于 25% 时，房屋可以平行于等高线布置。这样的布置使通往房屋的道路和入口的台阶容易解决，房屋建造的土方量和基础造价都较省。这种布置方式对外廊式房屋比较有利，对内廊式房屋靠坡一面的房间采光、通风条件较差，靠坡面的排水也需要专门处理。当房屋建造在 10% 左右的缓坡上时，可采用提高勒脚的方法，使房屋的前后勒脚调整到同一标高[图 2.62(a)]；或采用筑台的方法，平整房屋所在的基

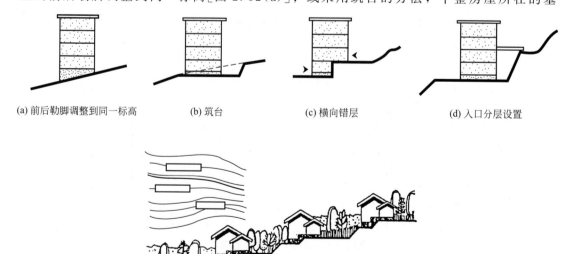

(a) 前后勒脚调整到同一标高　　(b) 筑台　　(c) 横向错层　　(d) 入口分层设置

(e) 平行于等高线布置示意

图 2.62　建筑物平行于等高线的布置

地[图 2.62(b)],当坡度在 25% 以上,根据基地朝向等条件,仍然需要房屋平行于等高线布置时,这时房屋单体的平、剖面设计应适当调整,以采用沿进深方向横向错层的布置方式比较合理[图 2.62(c)],这样的布置方式节省土方和基础工程量。结合基地的地形和道路分布,房屋的入口也有可能分层设置,对楼层的上下较方便[图 2.62(d)]。

2) 建筑物垂直或斜交于等高线的布置

当基地坡度大于 25%,房屋平行于等高线布置对朝向不利时,常采用垂直或斜交于等高线的布置方式。这种布置方式,在坡度较大时,房屋的通风、排水问题比平行于等高线时较容易解决,但是基础处理和道路布置比平行于等高线时复杂得多。如果基地的坡度大于 25%,房屋垂直于等高线时,以采用沿中间方向纵向错层的布置方式比较合理[图 2.63(a)],这时应利用房屋中间部分的楼梯间错层,以解决错层部分之间的垂直交通联系,单元式住宅也可以按住宅单元纵向错层。

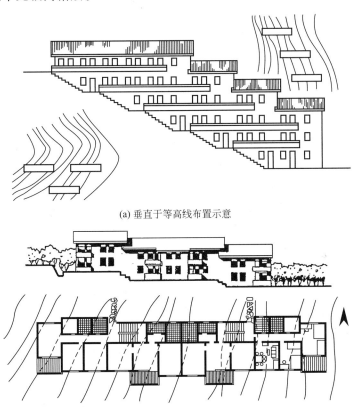

(a) 垂直于等高线布置示意

(b) 斜交于等高线布置示意

图 2.63 建筑物垂直或斜交于等高线布置

房屋斜交于等高线的布置,通常是在结合朝向要求或基地具体地形地质条件的情况下采用。这种布置方式,排水和道路布置比房屋垂直于等高线的容易处理,但房屋的基础工程较复杂,建筑用地面积也较大。采用斜交于等高线的布置方式,坡度较大时,房屋仍应采用错层布置[图 2.63(b)]。

坡地上房屋的日照间距,随坡地的朝向和坡度的大小而改变,向阳坡的日照间距比平地所需的间距小,坡度越大,相应所需的日照间距越小[图 2.64(a)],这时房屋前后排之间的间距，需要从房屋周围排水沟、挡土墙的位置和道路布置的要求来考虑。背阳坡的房屋日照间距比平地所需的间距大[图2.64(b)]，当背阳坡的坡度过大时，应采用前后房屋错开或改变房屋层数的方法，来满足房屋的日照要求。

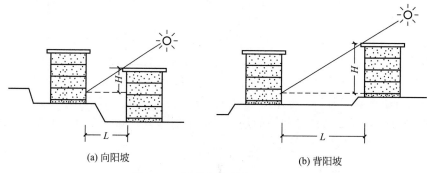

(a) 向阳坡   (b) 背阳坡

图2.64　坡地上房屋的日照间距

本 章 小 结

1. 民用建筑的平面设计包括房间设计和平面组合设计两部分。各种类型的民用建筑，其平面组成均可归纳为使用部分和交通联系部分两个基本组成部分。

2. 使用部分包括主要使用房间和辅助使用房间。主要使用房间设计涉及房间面积、形状、尺寸、朝向、采光、通风及疏散等问题，同时，还应符合建筑模数协调统一标准的要求。辅助使用房间设备管线较多，设计中要特别注意房间的布置和其他房间的位置关系。

3. 交通联系部分在满足疏散和消防要求的前提下，应具有足够的尺寸，流线简捷、明确，有明显的导向性，有足够的高度和舒适感。

4. 建筑平面组合设计时，应密切结合环境，满足不同类型建筑的功能需求是首要的原则，应做到功能分区合理，流线组织明确，平面布置紧凑，结构经济合理，设备管线布置集中。

5. 建筑组合设计时日照通风条件、防火安全、噪声、污染等，对确定建筑物之间的距离有很大的影响。然而，对于一般性建筑而言，日照间距是确定建筑物之间间距的主要依据。

知识拓展——某办公楼建筑平面设计分析

工程实例：某办公楼接建工程(图2.65)

由于原办公楼已不能满足使用要求，故在原办公楼一侧接建新办公楼。由于受场地所限，只能建成东西向建筑。新建建筑采用框架钢筋混凝土结构形式。新办公楼主要功能包括普通办公室、普通会议室、大要案指挥中心，电视、电话会议室等。这些房间属于主要使用房间，布置在建筑的明显部位。卫生间、开水间、设备房等属于辅助使用房间，布置在不明显的位置。房间平面形状主要为矩形，方便办公家具的布置。在新旧楼交接处采用弧形做法，形成了弧形的会议室和走道。由于是与原建筑接建，所以在内部只布置了一部楼梯和电梯。南侧疏散可通过原有建筑楼梯，北向由于疏散距离超过规范要求，故在北侧室外加设了一部室外消防楼梯。整个平面采用走道式组合，通过一条内走道将两侧的房间结合在一起，并通过弧形走道与原建筑连为一体。

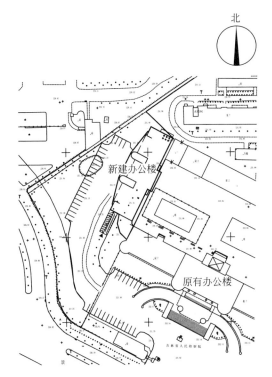

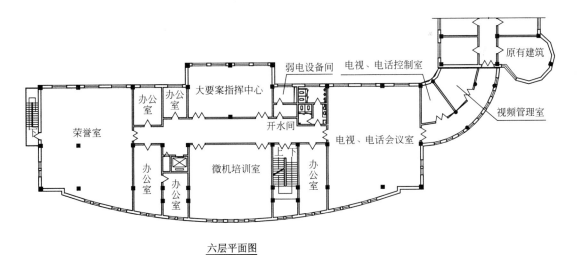

六层平面图

图 2.65 某办公楼接建工程平面图

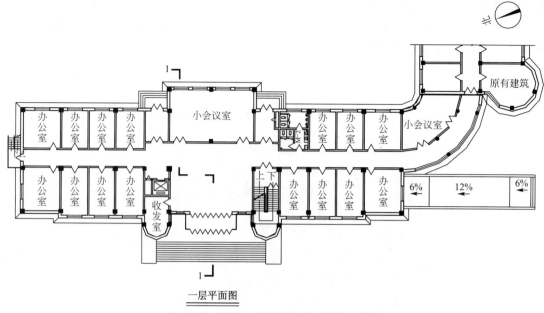

一层平面图

图 2.65 某办公楼接建工程平面图（续）

本 章 习 题

1. 平面设计包括哪些基本内容？

2. 确定房间面积大小时应考虑哪些因素？试举例说明。

3. 影响房间形状的因素有哪些？试举例说明为什么矩形房间被广泛采用。

4. 房间尺寸是指什么？确定房间尺寸应考虑哪些因素？

5. 如何确定房间门窗数量、面积大小、具体位置？

6. 辅助使用房间包括哪些房间？辅助使用房间设计应注意哪些问题？

7. 交通联系部分包括哪些内容？如何确定楼梯数量、宽度和选择楼梯形式？

8. 举例说明走道的类型、特点及适用范围。

9. 影响平面组合的因素有哪些？如何运用功能分析法进行平面组合？

10. 走道式、套间式、大厅式、单元式等各种组合形式的特点和使用范围是什么？

11. 基地环境对平面组合有什么影响？试举例说明。

12. 建筑物如何争取好朝向？建筑物之间的间距如何确定？

第**3**章
建筑剖面设计

【教学目标与要求】

● 熟悉各种房间的高度和剖面形状；掌握建筑各部分高度的确定
● 了解房屋层数的确定和剖面组合方式
● 了解建筑空间的组合和利用

3.1 概　　述

建筑剖面图表示建筑物在垂直方向房屋各部分的组合关系。剖面设计主要分析建筑物各部分应有的高度、建筑层数、建筑空间的组合和利用，以及建筑剖面中的结构、构造关系等。它和房屋的使用、造价和节约用地等有密切关系，也反映了建筑标准的一个方面。其中一些问题需要平、剖面结合在一起研究，才能具体确定下来。如平面中房间的分层安排、各层面积大小和剖面中房屋层数的通盘考虑，大厅式平面中不同高度房间竖向组合的平、剖面关系，以及垂直交通联系的楼梯间中层高和进深尺寸的确定等。图3.1为剧院的平、剖面图，由于观众厅的视线、音响和舞台箱的吊景等具有不同的空间高度和剖面形状的要求，形成了如图3.1(b)所示的剖面形状。

3.2 房屋各部分高度的确定

3.2.1 房间的高度和剖面形状的确定

房间剖面的设计，首先需要确定室内的净高，即房间内楼地面到顶棚或其他构件底面的距离(图3.2)。室内净高和房间剖面形状的确定主要考虑以下几个方面。

1. 室内使用性质和活动特点的要求

生活用的房间，如住宅的起居室、卧室等，由于室内人数少、房间面积小，从人体活动的尺度和家具布置等方面考虑，室内净高可以低一些[图3.3(a)]；宿舍的卧室也属生活用房，但是由于室内人数比住宅的居室稍多，又考虑到设置双层铺的可能性，因此房间所需的净高也比住宅的卧室稍高[图3.3(b)]；学校的教室等学习用房，由于室内使用人数较多，房间面积较大，根据房间的使用性质和卫生要求，房间的净高也更高一些[图3.3(c)]。与平面设计中房间的面积定额指标一样，许多大量建造的建筑类型，国家或地区设计主管部门，也常制定这些建筑类型主要使用房间的高度指标(表3-1)。

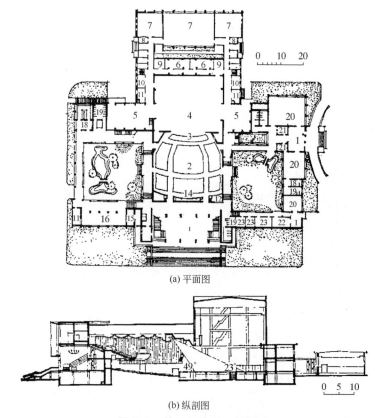

(a) 平面图

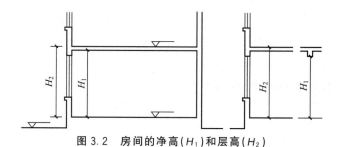

(b) 纵剖面

图 3.1 某剧场的平、剖面图

1—门厅；2—观众厅；3—乐池；4—舞台；5—侧台；6—化妆室；7—排练场；8—更衣室；
9—服装室；10—候演室；11—化妆室；12—实况转播室；13—导演室；14—翻译室；15—小卖部；
16—冷饮室；17—制冰室；18—男厕；19—女厕；20—接待室；21—服务室；22—会客室；23—办公室

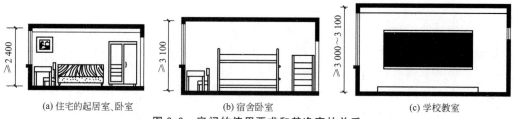

图 3.2 房间的净高(H_1)和层高(H_2)

图 3.3 房间的使用要求和其净高的关系
(a) 住宅的起居室、卧室   (b) 宿舍卧室   (c) 学校教室

表 3-1 主要使用房间的高度指标

建 筑 类 别	房 间 名 称		最小净高/m
住 宅	卧室、起居室		2.4
	厨房、卫生间		2.2
宿 舍	寝 室	单层床	3.0
		双层床	3.1
		高架床	3.35
旅 馆	客 房	设空调	2.4
		不设空调	2.6
	卫生间		2.2
	走廊		2.1
办 公	办 公 室	一类	2.7
		二类	2.6
		三类	2.5
	走廊		2.2
学 校	普通教室、史地、美术、音乐教室	小学	3.0
		中学	3.05
		高中	3.1
	实验室、计算机、合班教室		3.1
	舞蹈教室		4.5

一些室内人数较多、面积较大具有视听等使用特点的活动房间，如学校的阶梯教室、电影院、剧院的观众厅、会场等，这些房间的高度和剖面形状，需要综合许多方面的因素才能确定，如仅以视线要求为例来分析，对室内地坪的剖面形状就有一定的要求。为了在房间的剖面中保证有良好的视线质量，即从人们的眼睛到观看对象之间没有遮挡，需要进行视线设计，使室内地坪按一定的坡度变化升起(图 3.4)。地坪升起，可用按比例绘制的图解方法或计算方法求得。

观看对象的位置越低，即选定的设计视点越低，地坪坡度升起越高。图 3.5 是学校中普通教室和阶梯教室由于观看对象的高低、座椅排数的

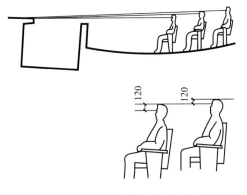

图 3.4 视线要求与地坪升起的关系

多少(排数少时，后排学生可以适当移动头部位置看到目的物)，所得的两种不同地坪；图 3.6(a)、(b)分别为剧院观众厅和体育馆比赛厅剖面中地坪升起的比较。设计视点要选择观看对象最不利的部位，否则地坪升起高度不够，将引起严重遮挡(图 3.7)。

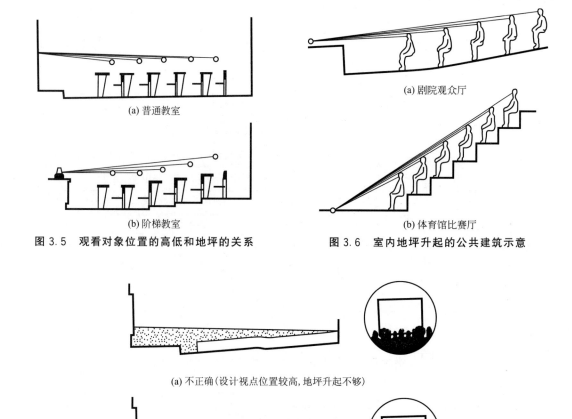

(a) 普通教室

(b) 阶梯教室

图 3.5　观看对象位置的高低和地坪的关系

(a) 剧院观众厅

(b) 体育馆比赛厅

图 3.6　室内地坪升起的公共建筑示意

(a) 不正确(设计视点位置较高, 地坪升起不够)

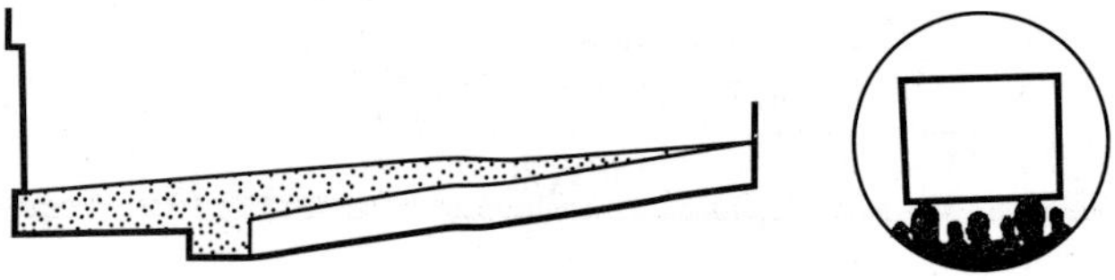

(b) 正确(设计视点在银幕下沿, 地坪升起恰当)

图 3.7　电影院观众厅的视线质量示意

　　同时，房间中由于音质方面的要求，以及对电影放映、体育活动等其他使用特点的考虑对房间的高度、体积和剖面形状都有一定的影响(图 3.8 和图 3.9)。

　　2. 采光、通风的要求

　　室内光线的强弱和照度是否均匀，除了和平面中窗户的宽度及位置有关外，还和窗户在剖面中的高低有关。房间里光线的照射深度，主要靠侧窗的高度来解决。进深越大，要求侧窗上沿的位置越高，即相应房间的净高也要高一些。房间采光有效进深 (图 3.10)。室内单侧采光时，沿房间进深方向照度变化的曲线(图 3.11)。需要指出，单侧采光的房间里，提高侧窗上沿高度，对改善室内照度的均匀性效果显著，如 6 m 进深单侧采光的教室，窗上沿每提高 100 mm，室内最不利位置的照度可提高 1%。对于普通教室，当房间采用单侧采光时，采光有效进深(b/h_s)为 2.5，当房间允许两侧开窗时，窗口上沿的高度不小于总深度的 1/5。

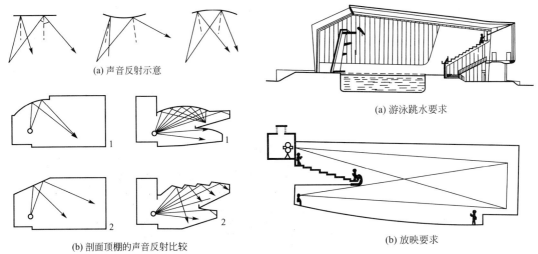

(a) 声音反射示意

(b) 剖面顶棚的声音反射比较

图 3.8 音质要求和剖面形状的关系

1—声音反射不均匀、有焦聚；2—声音反射较均匀

(a) 游泳跳水要求

(b) 放映要求

图 3.9 房间使用活动的特点和剖面形状的关系

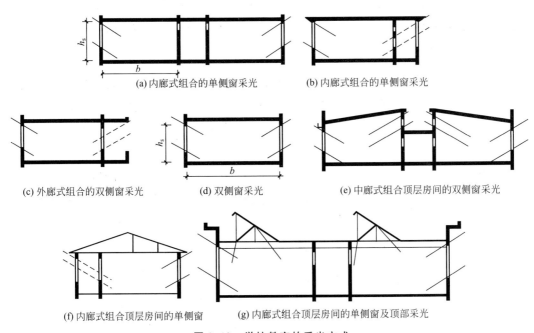

(a) 内廊式组合的单侧窗采光

(b) 内廊式组合的单侧窗采光

(c) 外廊式组合的双侧窗采光

(d) 双侧窗采光

(e) 中廊式组合顶层房间的双侧窗采光

(f) 内廊式组合顶层房间的单侧窗

(g) 内廊式组合顶层房间的单侧窗及顶部采光

图 3.10 学校教室的采光方式

为了避免在房间顶部出现暗角，窗户上沿到房间顶棚底面的距离，应尽可能留得小一些，但是需要考虑到房屋的结构、构造要求，即窗过梁或房屋圈梁等必要的尺寸。

窗台的高度主要根据室内的使用要求、人体尺度和家具或设备的高度来确定。一般民用建筑中生活、学习或工作用房，窗台的高度常采用 900 mm 左右，这

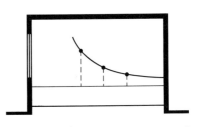

图 3.11 单侧采光室内照度变化示意

样的尺寸和桌子的高度(约 800 mm)、人坐时的视平线高度(约 1 200 mm)，相互的配合关系比较恰当(图 3.12)。幼儿园建筑结合儿童尺度，活动室的窗台高度常采用 700 mm 左右。对疗养建筑和风景区的一些建筑物，由于要求室内阳光充足或便于观赏室外景色，常降低窗台高度或做落地窗。一些展览建筑，由于室内利用墙面布置展品，常将窗台提高到 1 800 mm 以上，高窗的布置也对展品的采光有利(图 3.13)，这时相应也需要提高房间的净高。

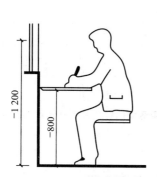

图 3.12 窗台高度和人体尺度、家具高度的关系

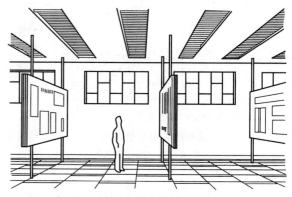

图 3.13 展览馆的高窗

单层房屋中进深较大的房间，从改善室内采光条件考虑，常在屋顶设置各种形式的天窗，使房间的剖面形状具有明显的特点，如大型展览厅、室内游泳池等建筑物，主要大厅常以天窗的顶光或顶光和侧光相结合的布置方式，以提高室内采光质量。图 3.14 是大厅中不同天窗的剖面形状，对室内照度分布的影响。

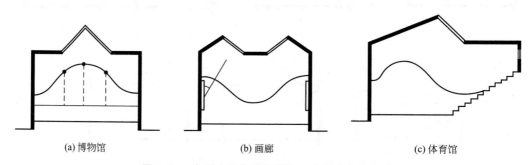

(a) 博物馆　　　　　　　(b) 画廊　　　　　　　(c) 体育馆

图 3.14 大厅中天窗的位置和室内照度分布关系

房间内的通风要求，室内进出风口在剖面上的高低位置，也对房间净高的确定有一定影响。温湿和炎热地区的民用房屋，经常利用空气的气压差，对室内组织穿堂风。如在内墙上开设高窗，或在门上设置亮子，使气流通过内外墙的窗户，组织室内通风[图 3.15(a)]。南方地区的一些商店，也常在营业厅外墙橱窗上下的墙面部分，加设通风铁栅和玻璃百页的进出风口以组织室内通风，从而改善营业厅内的通风和采光条件[图 3.15(b)]。

一些房间，如食堂的厨房部分，室内高度应考虑到操作时散发大量的蒸汽和热量，这些房间的顶部常设置气楼，图 3.16 是设有气楼的厨房剖面形状和室内通风排气路线示意。

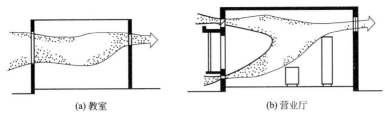

(a) 教室　　　　　　　　　　　(b) 营业厅

图 3.15　房间剖面中进出风口的位置和通风路线示意

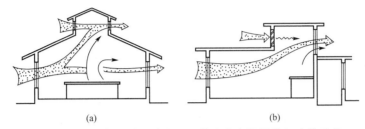

(a)　　　　　　　　　　　　(b)

图 3.16　设有气楼的厨房剖面形状和室内通风排气路线示意

3. 结构类型的要求

在平面设计中，已经根据房间的面积大小、跨度大小以及平面形状等方面，结合各种结构系统经济合理的跨度尺寸和布置要求，初步分析了平面组合和结构布置的关系。

在房间的剖面设计中，梁、板等结构构件的厚度，墙、柱等构件的稳定性，以及空间结构的形状、高度对剖面设计都有一定影响。

砌体结构中，钢筋混凝土梁的高度通常为跨度的1/12左右。如预制梁板的搭接，由于梁底下凸较多，楼板层结构厚度较大，相应房间的净高降低，如改用花篮梁的梁板搭接方式，楼板结构层的厚度减小，在层高不变的情况下，提高了房间的使用空间（图 3.17）。承重墙由于墙体稳定的高厚比要求，当墙厚不变时，对房间的高度也受到一定的限制。

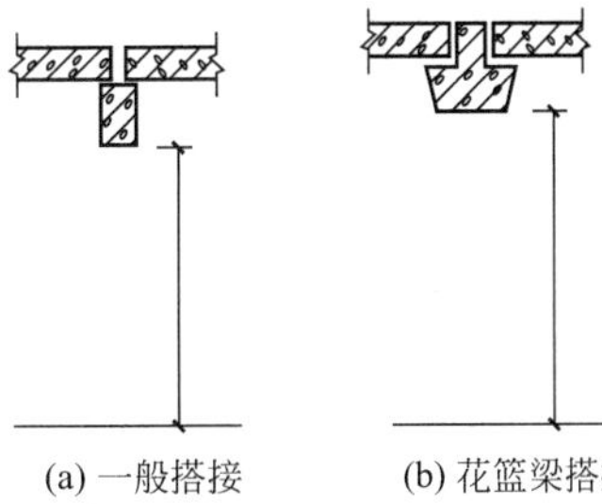

(a) 一般搭接　　　(b) 花篮梁搭接

图 3.17　梁板的搭接方式对
房间净高的影响

框架结构系统，由于改善了构件的受力性能，能适应空间较高要求的房间，但此时也要考虑柱子断面尺寸和高度之间的长细比要求。

空间结构是另一种不同的结构系统，它的高度和剖面形状是多种多样的。选用空间结构时，尽可能和室内使用活动特点所要求的剖面形状结合起来，图 3.18(a)为薄壳结构的体育馆比赛大厅，综合考虑了球类活动和观众看台所需要的不同高度；图 3.18(b)为悬索结构的电影观众厅，使电影放映、银幕、楼座部分的不同高度要求和悬索结构形成的剖面形状结合起来。

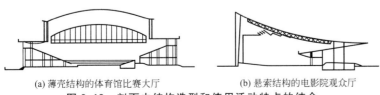

(a) 薄壳结构的体育馆比赛大厅　　　　　　(b) 悬索结构的电影院观众厅

图 3.18　剖面中结构选型和使用活动特点的结合

4. 设备设置的要求

在民用建筑中，对房间高度有一定影响的设备布置主要有顶棚部分嵌入或悬吊的灯具、顶棚内外的一些空调管道以及其他设备所占的空间地位。图 3.19 为具有下悬式无影灯时医院手术室内必要的净高；图 3.20(a) 为电视演播室顶棚部分的送风、回风管道以及天桥等设备所占的空间地位示意；图 3.20(b) 是剧院观众厅中面光要求和舞台吊景设备等所需要的观众厅和舞台箱的高度以及它们的剖面形状。

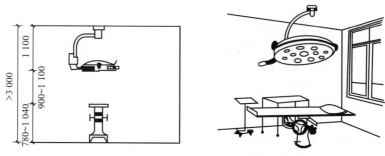

图 3.19　医院手术室中照明设备和房间净高的关系

(a) 电视演播室

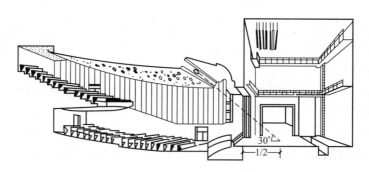

(b) 剧场的观众厅及舞台

图 3.20　照明、空调等设备布置对房间或大厅的高度和剖面形状的影响

5. 室内空间比例要求

室内空间长、宽、高的比例，常给人们精神上以一定的感受，宽而低的房间通常给人

压抑的感觉，狭而高的房间又会使人感到拘谨。同时，人们视觉上看到的房间高低，通常具有一定的相对性，即它和房间本身面积的大小、室内顶棚的处理方式，以及窗户的比例等有关。面积不大的生活房间，在满足室内卫生要求的前提下，高度低些使人觉得亲切，一些宽度较小的过道，降低高度后感到空间比例恰当（图3.21）；公共活动的房间，结合房屋的屋顶构造和使用要求，改变局部顶棚的高度，即使室内的空间高度有一定的对比，常使主要空间显得更加高一些（图3.22）。同样面积和高度的房间内，由于窗户的形式和比例不同，也给人们以室内空间高度不同的感觉（图3.23）。

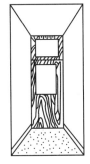
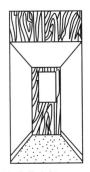

图 3.21　宽度较小的过道降低高度感到比例恰当

(a)　　　　　　　　　　　　　　(b)

图 3.22　改变房间局部顶棚的高度以取得对比效果

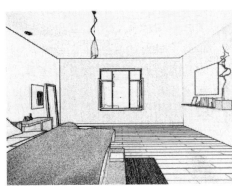

图 3.23　窗户的比例不同感到房间的高度不同

　　因此在确定房间净高的时候，要具有建筑空间观念，房间的高度除了要满足卫生条件和使用要求外，也要认真分析人们对建筑空间在视觉上、精神上的要求。

3.2.2　房屋其他部分高度的确定

　　建筑剖面中，除了各个房间室内的净高和剖面形状需要确定外，还需要分别确定房屋层高，以及室内地坪、楼梯平台和房屋檐口等标高。

1. 层高的确定

层高是该层的地坪或楼板面到上层楼板面的距离，即该层房间的净高加上楼板层的结构厚度(图 3.2)。在满足卫生和使用要求的前提下，适当降低房间的层高，从而降低整幢房屋的高度，对于减轻建筑物的自重，改善结构受力情况，节省投资和用地都有很大意义。以大量建造的住宅建筑为例，层高每降低 100 mm，可以节省投资 1%，由于减少间距可节约居住区的用地 2% 左右。但是房屋层高的最后确定，仍然需要综合功能、技术经济和建筑艺术等多方面的要求。

2. 底层地坪的标高

为了防止室外雨水流入室内，并防止墙身受潮，一般民用建筑常把室内地坪适当提高，如室内地坪高出室外地坪 450 mm 左右。根据地基的承载能力和建筑物自重的情况，房屋建成后总会有一定的沉降量，这也是考虑室内外地坪高差的因素。一些地区内防潮要求较高的建筑物，还需要参考有关洪水水位的资料以确定室内地坪标高。建筑物所在基地的地形起伏变化较大时，需要根据地段道路的路面标高、施工时的土方量以及基地的排水条件等因素综合分析后，选定合适的室内地坪标高。有的公共建筑，如纪念性建筑或一些大型会场等，从建筑物的造型要求考虑，常提高底层地坪的标高，以增高房屋外的台基和增多室外的踏步，从而使建筑物显得更加宏伟庄重。

一些建筑物，为了使在同一空间内不同的功能分区明确，也常采用改变地坪标高的方法。如图 3.24 所示为一旅馆底层的大厅，以不同标高区分公共活动和旅客休息部分的功能分区。

图 3.24　旅馆大厅以不同地面标高区分功能分区

建筑设计常取底层室内地坪相对标高为 ±0.000，低于底层地坪为负值，高于底层地坪为正值，逐层累计。对于一些易于积水或需要经常冲洗的地方，如开敞的外廊、阳台以及厨房等，地坪标高应稍低一些(低 20～50 mm)，以免溢水。

有关楼梯平台和檐口等部分标高的确定，和这些部分的构造关系密切，可参阅本书有关章节内容。

3.3　房屋层数的确定和剖面的组合方式

3.3.1　房屋层数的确定

影响确定房屋层数的因素很多，主要有房屋本身的使用要求、城市规划(包括节约用地)的要求、选用的结构类型以及建筑防火等。

建筑物的使用性质，对房屋的层数有一定要求，如幼儿园为了使用安全和便于儿童与室外活动场地的联系，应建低层。又如门诊所为方便病人上下也应建造低层。

城市总体规划从改善城市面貌和节约用地考虑，常对城市内各个地段、沿街部分或城市广场的新建房屋，明确规定建造的层数。城市航空港附近的一定地区，从飞行安全考虑也对新建房屋的层数和总高有所限定。

建筑物的耐火等级不同，相应对建筑层数也有一定限制。此外房屋建造时所用材料、结构体系、施工条件以及房屋造价等因素，对建筑物层数的确定也有一定影响。

大量性建造的房屋如住宅，在一定范围内，适当增加房屋层数，可以降低住宅的造价，图 3.25 为一般砖混结构住宅层数和造价关系的比值，从图中数字可见以层数为 5、6 层比较经济。如果地区不同，材料、施工机具等技术经济条件不同，房屋层数和造价的比值也会有所改变。

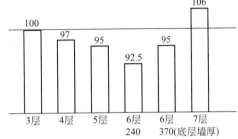

图 3.25　住宅造价与层数关系的比值(南京市)

3.3.2　建筑剖面的组合方式

建筑剖面的组合方式，主要是由建筑物中各类房间的高度和剖面形状、房屋的使用要求和结构布置特点等因素决定的，剖面的组合方式大体上可以归纳为以下几种。

1. 单层

单层剖面便于房屋中各部分人流或物品和室外直接联系，它适应于覆盖面及跨度较大的结构布置，一些顶部要求自然采光和通风的房屋，也常采用单层的剖面组合方式，如食堂、会场、车站、展览大厅等建筑类型都有不少单层剖面的例子(图 3.26)。单层房屋的主要缺点是用地很不经济。如把一幢五层住宅和五幢单层的平房相比，在日照间距相同的条件下，用地面积要增加 20 倍左右(图 3.27)。道路和室外管线设施也都相应增加。

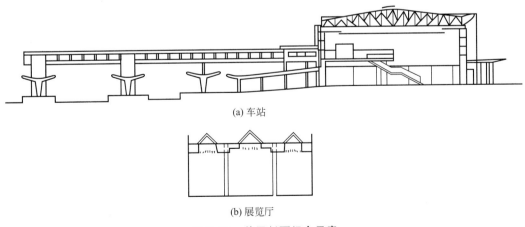

(a) 车站

(b) 展览厅

图 3.26　单层剖面组合示意

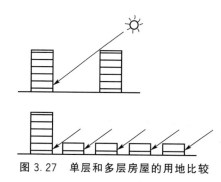

图 3.27　单层和多层房屋的用地比较

2. 多层和高层

多层剖面的室内交通联系比较紧凑，适应于有较多相同高度房间的组合，垂直交通通过楼梯联系。多层剖面的组合应注意上下层墙、柱等承重构件的对应关系，以及各层之间相应的面积分配。许多单元式平面的住宅和走廊式平面的学校、宿舍、办公、医院等房屋的剖面，较多采用多层组合方式，图 3.28 （a）、（b)分别为单元式住宅和内廊式办公楼的剖面组合示意。

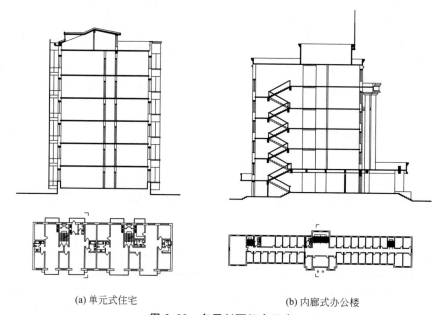

(a) 单元式住宅　　　　　　　　　(b) 内廊式办公楼

图 3.28　多层剖面组合示意

一些建筑类型如旅馆、办公楼等，由于城市用地、规划布局等因素，也有采用高层剖面的组合方式，大城市中有的居住区内，根据所在地段和用地情况考虑，也已建成了一些高层住宅，图 3.29 所示是高层办公和高层住宅的剖面示意。高层剖面能在占地面积较小的条件下，建造使用面积较多的房屋，这种组合方式有利于室外辅助设施和绿化等的布置。但是，高层建筑的垂直交通需用电梯联系，管道设备等设施也较复杂，使其费用较高。由于高层房屋承受侧向风力的问题比较突出，因此通常以框架结合剪力墙体或把电梯间、楼梯间和设备管线组织在竖向筒体中，以加强房屋的刚度(图 3.30)。

3. 错层和跃层

错层剖面是在建筑物纵向或横向剖面中房屋几部分之间的楼地面高低错开，它主要适应于结合坡地地形建造住宅、宿舍以及其他类型的房屋。

房屋剖面中的错层高差，通常有以下几种方法解决。

（1）利用室外台阶解决错层高差。图 3.31 为住宅垂直于等高线布置用室外台阶解决高差的实例。

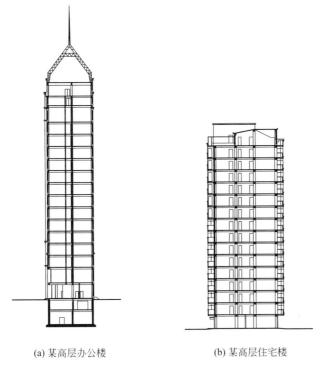

(a) 某高层办公楼　　　　(b) 某高层住宅楼

图 3.29　高层剖面组合示意

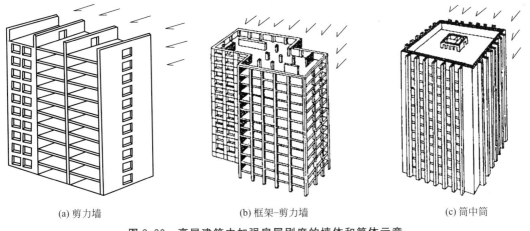

(a) 剪力墙　　　　(b) 框架-剪力墙　　　　(c) 筒中筒

图 3.30　高层建筑中加强房屋刚度的墙体和筒体示意

（2）利用楼梯间解决错层高差。即通过选用楼梯梯段的数量（如二梯段、三梯段、四梯段），调整梯段的踏步数，使楼梯平台的标高和错层楼地面的标高一致。这种方法能够较好地结合地形，灵活地解决纵横向的错层高差。图 3.32 是以楼梯间解决错层高差的住宅和教学楼实例。

跃层剖面的组合方式主要用于住宅建筑中，这些房屋的公共走廊每隔 1～2 层设置一条，每个住户可有前后相通的一层或上下层的房间，住户内部以小楼梯上下联系。跃层住宅的特点是节约公共交通面积，各住户之间的干扰较少，由于每户都有两个朝向，因此通风条件好，但跃层房屋的结构布置和施工比较复杂，通常每户所需的面积较大，居住标准要高一些(图 3.33)。

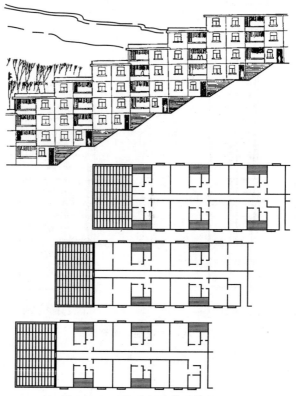

图 3.31　以台阶解决高差的住宅

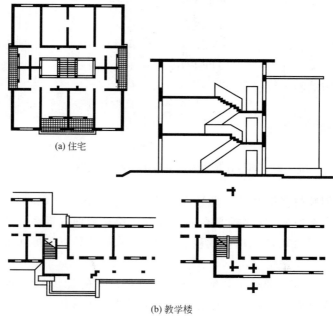

(a) 住宅

(b) 教学楼

图 3.32　以楼梯间解决错层高差的住宅和教学楼

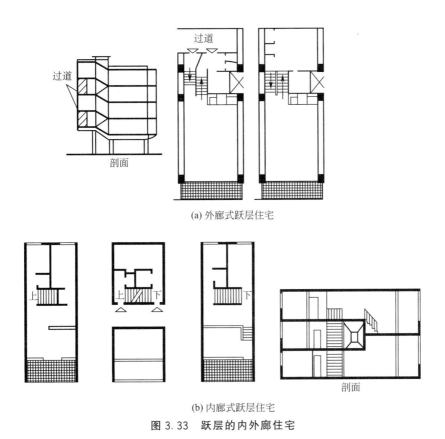

(a) 外廊式跃层住宅

(b) 内廊式跃层住宅

图 3.33 跃层的内外廊住宅

3.4 建筑空间的组合和利用

建筑平面设计中，我们已经初步分析了建筑空间在水平方向的组合关系以及结构布置等有关内容，剖面设计中将着重从垂直方向考虑各种高度房间的空间组合、楼梯在剖面的位置，以及建筑空间的利用等问题。

3.4.1 建筑空间的组合

1. 高度相同或高度接近的房间组合

高度相同、使用性质接近的房间，如教学楼中的普通教室和实验室，住宅中的起居室和卧室等，可以组合在一起。高度比较接近，使用上关系密切的房间，考虑到房屋结构构造的经济合理和施工方便等因素，在满足室内功能要求的前提下，可以适当调整房间之间的高差，尽可能统一这些房间的高度。如图 3.33 所示的教学楼平面方案，其中教室、阅览室、储藏室以及卫生间等房间，由于结构布置时从这些房间所在的平面位置考虑，要求组合在一起，因此把它们调整为同一高度；平面一端的阶梯教室，它和普通教室的高度相差较大，故采用单层剖面附建于教学楼主体；行政办公部分从功能分区考虑，平面组合上和教学活动部分有所分隔，这部分房间的高度可比教室部分略低，仍按行政办公房间所需要的高度进行组合，它们和教学活动部分的层高高差，通过踏步解决(图 3.34)，这样的空间组合方式，使用上能满足各个房间的要求，也比较经济。当房屋所在基地地形条件不同时，随着平面组合方案的改变，各个房间高度上的相互组合关系，也会有相应的改变(图 3.35)。

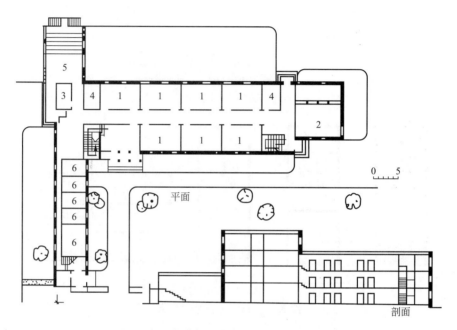

图 3.34　中学教学楼方案的空间组合关系

1—教室；2—阅览室；3—储藏室；4—卫生间；5—阶梯教室；6—办公室

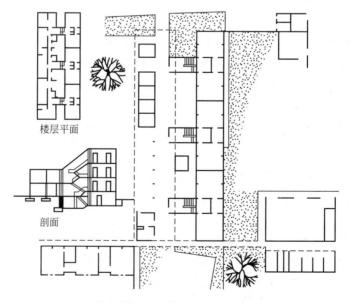

图 3.35　结合地形的中学教学楼平、剖面组合实例

2. 高度相差较大房间的组合

高度相差较大的房间，在单层剖面中可以根据房间实际使用要求所需的高度，设置不同高度的屋顶，图 3.36 为一单层剖面的食堂中，不同高度房间的组合示意，餐厅部分由于使用人数多、房间面积大，相应房间的高度高，可以单独设置屋顶；厨房、库房以及管理办公部分，各个房间的高度有可能调整在一个屋顶下，由于厨房部分有较高的通风要求，因此在厨房间的上部加设天窗，备餐部分使用人数少，房间面积小，房间的高度可以低些，从平面组合使用顺序和剖面中屋顶搭接的要求考虑，把这部分设计成餐厅和厨房间的一个连接体，房间的高度相应也可以低一些。

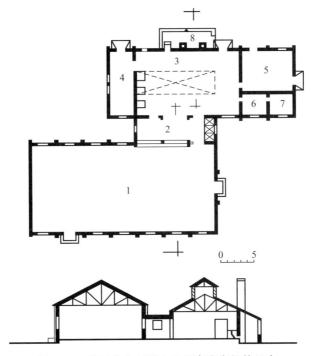

图 3.36　单层食堂剖面中不同高度房间的组合

1—餐厅；2—备餐室；3—厨房；4—主食库；
5—调味库；6—管理区；7—办公室；8—烧火间

如图 3.37 所示一体育馆的剖面中，由于比赛大厅和休息室、办公室以及其他各种辅助房间相比，在高度和体量方面相差极大，因此通常结合大厅看台升起的剖面特点，在看台以下和大厅四周，组织各种不同高度的使用房间，这种组合方式需要细致地安排各部分房间的地坪标高和室内净高，合理解决厅内大量人流的交通疏散路线以及各个房间之间的交通联系。

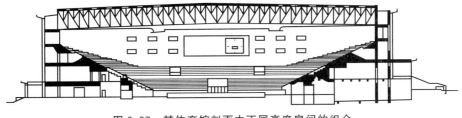

图 3.37　某体育馆剖面中不同高度房间的组合

在多层和高层房屋的剖面中，高度相差较大的房间可以根据不同高度房间的数量多少和使用性质，在房屋垂直方向进行分层组合。如旅馆建筑中，通常把房间高度较高的餐厅、会客、会议厅等部分组织在楼下的一、二层或顶层，旅馆的客房部分相对来说它们的高度要低一些，可以按客房标准层的层高组合。高层建筑中通常还把高度较低的设备房间组织在同一层，成为设备层(图 3.38)。

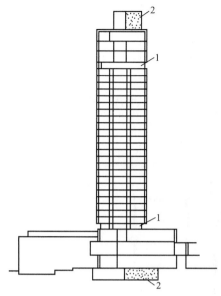

图 3.38　有设备层的高层建筑剖面

1—设备层；2—机房

多层和高层房屋中少量高度较大的房间，根据这些房间和房屋中各部分使用联系上的具体情况，可以把高度较大的房间设置在顶层或附设在房屋的端部(图 3.34 教学楼中梯形教室的组合)。如果基地条件允许，使用上也有可能，也可以把高度较大的房间单独设置或以走廊和主要房屋相连接。

在多层和高层房屋中，上下层的卫生间、浴室等房间应尽可能对齐，以便设备管道能够直通，使布置较为经济合理。

3. 楼梯在剖面中的位置

楼梯在剖面中的位置，是和楼梯在建筑平面中的位置以及建筑平面的组合关系紧密联系在一起的。

由于采光通风等要求，通常楼梯沿外墙设置。进深较大的外廊式房屋，由于采光通风容易解决，楼梯可在中部。在建筑剖面中，要注意梯段坡度和房屋层高进深的相互关系，也要安排好人们在楼梯下出入或错层搭接时的平台标高。

当楼梯在房屋剖面的中部时，需采取一定措施解决楼梯的采光通风问题。多层住宅为了节约用地，加大房屋的进深，当楼梯设置在房屋中部时，常在楼梯边安排小天井，以解决楼梯和中部房间的采光通风问题[图 3.33(a)]；低层房屋(如 4 层以下)也可以在楼梯上部的屋顶开设天窗，通过梯段之间留出的楼梯井采光(图 3.39)；住宅建筑户内联系的小楼梯或一些公共建筑大厅中的楼梯，常采用开敞式的楼梯(图 3.40)。

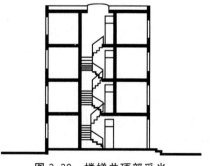

图 3.39　楼梯井顶部采光

3.4.2　建筑空间的利用

充分利用建筑物内部的空间，实际上是在建筑占地面积和平面布置基本不变的情况下，起到了扩大使用面积，充分发挥房屋投资的经济效果。

(a) 住宅户内楼梯

(b) 公建室内楼梯

图 3.40 室内开敞式楼梯

1. 房间内的空间利用

在人们室内活动和家具设备布置等必需的空间范围以外，可以充分利用房间内其余部分的空间。图 3.41(a)是住宅卧室中利用门上部过道的空间设置吊柜；图 3.41(b)是在厨房中设置搁板、壁龛和储物柜；图 3.42 是居室内设置到顶的组合柜，以充分利用室内空间。图 3.43 是图书馆中净高较高的阅览室内设置夹层，以增加开架书库的使用面积。

(a)卧室中的吊柜

(b)厨房中的搁板和储物柜

图 3.41 住宅内空间的利用

一些坡顶房屋，充分利用房间内坡屋顶部分的空间，可以扩大室内的实际使用面积。我国许多地方民居，常在坡屋顶部分布置搁板、阁楼、甚至把沿街的楼房局部出挑，以充分利用并争取使用空间(图 3.44)。这些优秀的传统设计手法，有许多值得我们借鉴的地方。

2. 走廊、门厅和楼梯间的空间利用

由于建筑物整体结构布置的需要，

图 3.42 居室内设置到顶的组合柜以充分利用室内空间

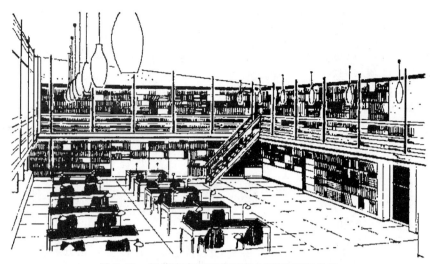

图 3.43　阅览室中利用夹层空间设置开架书库

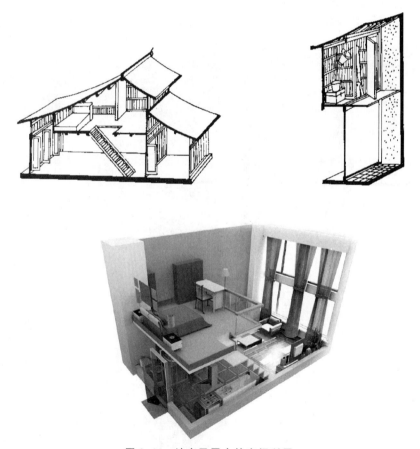

图 3.44　地方民居中的空间利用

房屋中的走廊，通常和层高较高的房间高度相同，这时走廊平顶的上部，可以作为设置通风、照明设备和铺设管线的空间(图 3.45)；一些公共建筑的门厅和大厅，由于人流集散和空间处理等要求，当厅内净高较高时，也可以在厅内的部分空间中设置夹层或走马廊(图 3.46)，这样既可以扩大门厅或大厅内的活动面积和交通联系面积，又便于暗设管线。

楼梯间的底部和顶部，通常都有可以利用的空间，当楼梯间底层平台下不作出入口用时，平台以下的空间可作储藏室或卫生间等辅助房间，楼梯间顶层平台以上的空间高度较大时，也能用

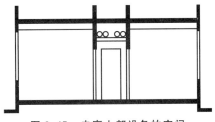
图 3.45　走廊上部设备的空间

作储藏室等辅助房间，但是须增设一个梯段，以通往楼梯间顶部的小房间(图 3.47)。

(a) 大厅中走马廊的设置

(b) 酒店大厅中夹层空间的利用

图 3.46　大厅设置走马廊和夹层空间的利用

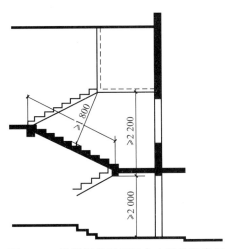
图 3.47　楼梯间的顶层平台上部设置房间

本 章 小 结

1. 剖面设计包括剖面造型、层数、层高及各部分高度的确定及建筑空间的组合与利用等。

2. 房间剖面形状的确定应考虑房间的使用要求、结构、材料和施工的影响，采光通风等因素。大多数房间采用矩形，这是因为矩形规整，对使用功能、结构、施工及工业化均有利。

3. 建筑物层数的确定应考虑使用功能的要求、结构、材料和施工的影响，城市规划及基地环境的影响，建筑防火及经济等的要求。

4. 层高和净高的确定应考虑使用功能、采光通风、结构类型、设备布置、空间比例、经济等主要因素的影响。窗台高度与房间使用要求、人体尺度、家具尺寸及通风要求有关。室内外地面高差应考虑内外联系方便，防水、防潮要求，地形及环境条件，建筑物性格特征等因素。

5. 剖面空间组合包括重复小空间组合，体量相差悬殊的空间组合、综合性空间组合、错层式空间组合等方式。充分利用空间的处理方式有：利用夹层空间，房间上部空间，楼梯间及过道空间，墙体空间等。

知识拓展——某办公楼建筑剖面设计分析

工程实例：某办公楼接建工程(图 3.48)

剖面设计上根据具体需要，确定不同的净高、层高，并确保新建建筑总高度不超过24 m。

新建建筑地下一层为车库，主要停放小型车车辆，净高要求不低于 2.2 m，考虑到结构要求和设备管线要求，层高确定为 3.3 m。一~五层为普通办公室和会议室，净高不小于 2.6 m，考虑结构要求及与原建筑层高相同，所以一层层高确定为 3.6 m，二层层高为 3.9 m；三~五层层高确定为 3.6 m。六层为大要案指挥中心及电视、电话会议室，由于人数相对较多，净高要求相对高一些，层高确定为 4.1 m。

竖向组合上充分考虑不同层高房间的组合，将层高相近的房间组合在一起，层高低的组合在建筑下部，层高高的组合在顶部，有利于日常使用和结构布置。由于一层层高较低门厅部分采用了回马廊的做法，使入口门厅显得高大、气派。卫生间、设备房、开水间等上下对位布置，节省了设备管线，避免了对其他房间的影响(见第 2 章图 2.65)。

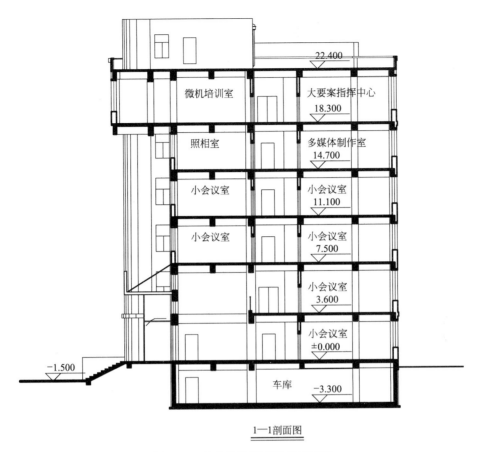

1—1剖面图

图 3.48 某办公楼接建工程剖面图

本 章 习 题

1. 如何确定房间的剖面形状? 试举例说明。
2. 什么是层高、净高? 确定层高与净高应考虑哪些因素? 试举例说明。
3. 房间窗台高度如何确定?
4. 室内外地面高差由什么因素确定?
5. 确定建筑物层数应考虑哪些因素? 试举例说明。
6. 建筑空间组合有哪几种处理方式? 试举例说明。
7. 建筑空间的利用有哪些处理手法? 试举例说明。
8. 你的课程设计中,室内外地面高差、房间窗台高度、层高、净高如何确定?

第**4**章
建筑体型和立面设计

【教学目标与要求】
- 了解建筑体型和立面设计的要求
- 了解建筑体型组合的一般规律
- 了解建筑立面设计的一些手法

4.1 概　　述

　　建筑物在满足使用要求的同时，它的体型、立面，以及内外空间组合等，还会给人们在精神上以某种感受。如我国古典建筑中故宫、天坛的雄伟壮丽，江南园林建筑的轻巧幽雅，以及一些地方民居的简洁亲切等；近期建造的建筑物，如庄严的毛主席纪念堂，明快的体育建筑，挺拔的高层旅馆以及成片建造朴素明朗的住宅建筑等都是范例。显然，建筑物除了要满足物质方面，即使用上的要求以外，还要考虑精神方面，即人们对建筑物的审美要求。建筑物的美观问题，还在一定程度上反映社会的文化生活、精神面貌和经济基础。

　　建筑物的美观问题，既在房屋外部形象和内部空间处理中表现出来，又涉及建筑群体的布局，它还和建筑细部设计有关。其中房屋的外部形象和内部空间处理，是单体建筑设计时，考虑美观问题的主要内容。

　　建筑物的体型和立面，即房屋的外部形象，必然受内部使用功能和技术经济条件所制约，并受基地环境群体规划等外界因素的影响。建筑物体型的大小和高低，体型组合的简单或复杂，通常总是先以房屋内部使用空间的组合要求为依据。立面上门窗的开启和排列方式，墙面上构件的划分和安排，主要也是以使用要求、所用材料和结构布置为前提的。

　　建筑物的外部形象，并不等于房屋内部空间组合的直接表现，建筑体型和立面设计，必须符合建筑造型和立面构图方面的规律性，如均衡、韵律、对比、统一等，把适用、经济、美观三者有机地结合起来。

　　有关内部空间的组织和处理，已在剖面设计中有所涉及，本章将结合建筑体型和立面设计，着重分析房屋外部形象的美观问题。

4.2 建筑体型和立面设计的要求

　　对房屋外部形象的设计要求，有以下几方面。

4.2.1 反映建筑功能要求和建筑类型的特征

不同功能要求的建筑类型，具有不同的内部空间组合特点，房屋的外部形象也相应地表现这些建筑类型的特征。如住宅建筑，由于内部房间较小、人流出入较少的特点，和一般公共建筑相比，通常体型上进深较浅，立面上常以较小的窗户和入口、分组设置的楼梯和阳台，反映住宅建筑的特征[图4.1(a)]；学校建筑中的教学楼，由于室内采光要求高，人流出入量大，立面上往往形成高大明快、成组排列的窗户和宽敞的入口[图4.1(b)]；大片玻璃的陈列橱窗和接近人流的明显入口，通常又是一些商业建筑立面的特征[图4.1(c)]；剧院建筑由于观演部分音响和灯光设施等要求，以及观众场间休息所需的空间，在建筑体型上，常以高耸封闭的舞台箱，和宽广开敞的休息厅形成对比[图4.1(d)]。

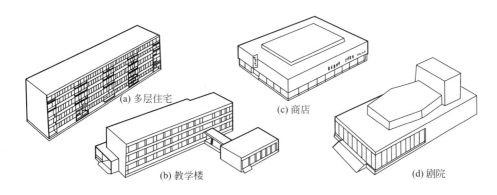

图4.1 不同建筑类型的外形特征

房屋外部形象反映建筑类型内部空间的组合特点，美观问题紧密地结合功能要求，正是建筑艺术有别于其他艺术的特点之一。脱离功能要求，片面追求外部形象的美观，违反适用、经济、美观三者的辩证统一关系，必然导致建筑形式和内容的分离。

4.2.2 结合材料性能、结构构造和施工技术的特点

建筑物的体型、立面和所用材料、选用的结构体系以及采用的施工技术、构造措施关系极为密切，这是由于建筑物内部空间组合和外部体型的构成，只能通过一定的物质技术手段来实现。中国传统建筑的形象和使用木材以及运用木构架系统分不开，希腊古典柱式又和使用石材以及采用梁柱布置密切相关，两种不同风格的建筑造型和立面处理，又都和当时手工生产为主的施工技术相适应。

墙体承重的砖混结构，由于构件受力要求，窗间墙必须保留一定宽度，窗户不能开得太大，这类结构的房屋外观形象，可以通过门窗的良好比例和合理组合，以及墙面材料质感和色彩的恰当配置，取得朴实、稳重的建筑造型效果[图4.2(a)]。

钢筋混凝土或钢框架的结构系统，由于墙体只起围护作用，立面上门窗的开启具有很大的灵活性，建筑物的整个柱间可以开设横向窗户[图4.2(b)]，也使房屋底层有可

(a) 砌体结构

(b) 框架结构

图 4.2　不同结构系统对建筑立面的影响

图 4.3　框架结构灵活开敞的底层布置

能采用灵活开敞的布置方式，以取得室内外空间相互渗透的效果(图4.3)。有些框架结构的房屋，立面上外露的梁柱构件，形成节奏鲜明的立面构图，显示出框架房屋的外形特点。

以高强度的钢材、钢筋混凝土或钢丝网水泥等不同材料构成的空间结构，不仅为室内各种大型活动提供了理想的使用空间。同时，各种形式的空间结构也极大地丰富了建筑物的外部形象，使建筑物的体型和立面，能够结合材料的力学性能，结合结构的特点，而具有很好的表现力。图 4.4（a）是筒壳结构的食堂，图 4.4(b)是鞍形悬索的体育馆，这些房屋根据室内使用要求由空间结构构成的屋顶形状，给建筑物带来了明显的造型特点。图 4.4(c)是钢筋混凝土网格结构的体育馆，其既是空间结构的构件本身，同时又是建筑外形和室内装饰有机的组成部分。

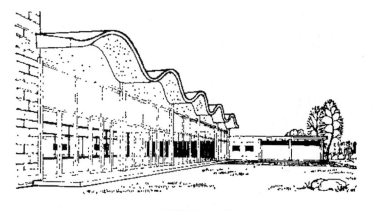

(a) 筒壳结构的食堂

图 4.4　空间结构建筑外形的造型特点

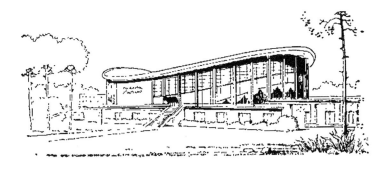

(b) 鞍形悬索的体育馆

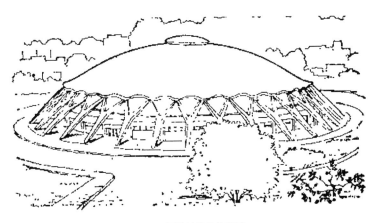

(c) 网格结构的体育馆

图 4.4　空间结构建筑外形的造型特点(续)

　　施工技术的工艺特点，同样也对建筑体型和立面以一定的影响，如滑动模板的施工工艺，由于模板的垂直滑动，要求房屋的体型和立面，以采用筒体或竖向线条为主比较合理。升板施工工艺，由于楼板提升时适当出挑对板的受力有利，建筑物的外形处理，以层层出挑横向线条为主比较恰当(图 4.5)。

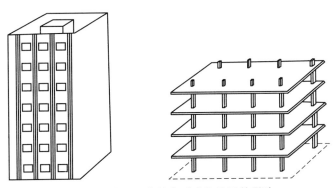

图 4.5　施工工艺特点对建筑外形的影响

　　大量性建造的民用建筑物，由于实行建筑工业化，如大型板材、盒子结构等，常以构件本身的形体、材料质感和立面上色彩的对比，使建筑体型和立面更趋简洁、新颖，显示工业化生产工艺的外形特点(参见本书第 13 章民用建筑工业化中的图例)。

房屋外形的美观问题除了功能要求外，还需要和建筑材料、工程技术密切结合，这是建筑艺术的又一特点。

4.2.3　掌握建筑标准和相应的经济指标

房屋建筑在国家基本建设的投资中占有很大比例，为了积累资金，加速实现我国社会主义现代化建设，房屋的设计和建造，始终需要坚持"勤俭建国"的方针。

建筑体型和立面设计，应该遵循设计方针政策，根据房屋的使用性质和规模，严格掌握国家规定的建筑标准和相应的经济指标。在建筑标准、所用材料、造型要求和装饰外观等方面，区别国家一级具有历史性、纪念性的重要建筑物，和省市一级或一般城镇公共建筑物之间的不同要求。同一城市中建筑物所在地区不同，以及少数大型公共建筑和大量性中小型民用建筑之间，在造型要求上也应有所区别。建筑外形设计的任务，应该在合理满足使用要求的前提下，用较少的投资建造起简洁、明朗、朴素、大方以及和周围环境协调的建筑物来。

4.2.4　适应基地环境和建筑规划的群体布置

单体建筑是规划群体中的一个局部，拟建房屋的体型、立面、内外空间组合以至建筑风格等方面，要认真考虑和规划中建筑群体的配合。同时，建筑物所在地区的气候、地形、道路、原有建筑物以及绿化等基地环境，也是影响建筑体型和立面设计的重要因素。

总体规划的要求以及基地的大小和形状，使房屋的体型受到一定制约。山区或丘陵地区，为了结合地形和争取较好的朝向，往往采用错层布置，从而产生多变的体型。炎热地带由于考虑阳光辐射和房屋的通风要求，立面上通常设置富有节奏感的遮阳和通透的花格，形成南方地区立面处理的特点(图4.6)。又如建筑物所在基地和周围道路相对方位的不同，对建筑物的体型和立面处理也带来一定影响。图4.7是附设商店的沿街住宅建筑由于基地和道路相对方位的不同，结合住宅的朝向要求，采用各种不同组合的体型。

图4.6　南方地区房屋立面上的遮阳

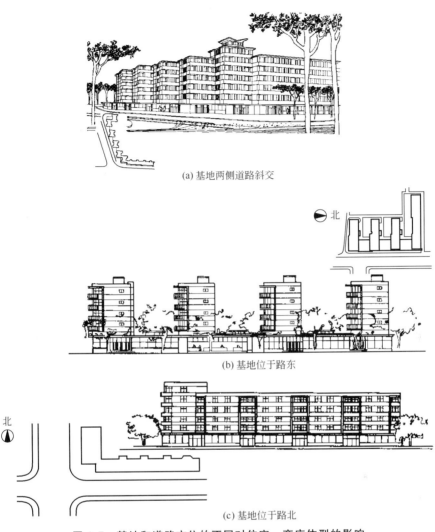

(a) 基地两侧道路斜交

北

(b) 基地位于路东

北

(c) 基地位于路北

图 4.7　基地和道路方位的不同对住宅、商店体型的影响

4.2.5　符合建筑造型和立面构图的一些规律

　　建筑体型和立面设计，除了要从功能要求、技术经济条件，以及总体规划和基地环境等因素考虑外，还必须符合建筑造型和立面构图的一些规律，如比例尺度、完整均衡、变化统一，以及韵律和对比等（详见本章第 3、4 节）。这些有关造型和构图的基本规律，同样也适用于建筑群体布局和室内外的空间处理。由于建筑艺术是和功能要求、材料以及结构技术的发展紧密地结合在一起，因此这些规律，也会随着社会政治文化和经济技术的发展而发展。

　　建筑作为社会物质文化的组成部分，它的外部形象的创作设计，也应本着"古为今用""洋为中用""推陈出新"的精神，有批判、有分析地吸取古代和外国优秀的设计手法和创作经验，为创造广大人民喜闻乐见、具有我国民族风格的社会主义新建筑所借鉴。

4.3 建筑体型的组合

建筑物内部空间的组合方式，是确定外部体型的主要依据。走廊式组合的大型医院，通常具有一个多组组合、比较复杂的外部体型[图 4.8(a)]；套间式组合的展览馆，由于内部空间不同的串套方式，外部体型也反映出它的组合特点；大厅式组合的体育馆，又有一个突出的、体量较大的外部体型[图 4.8(b)]。因此，在平、剖面的设计过程中，即房屋内部空间的组合中，就需要综合包括美观在内的多方面因素，考虑到建筑物可能具有外部形象的造型效果，使房屋的体型在满足使用要求的同时，尽可能完整、均衡。

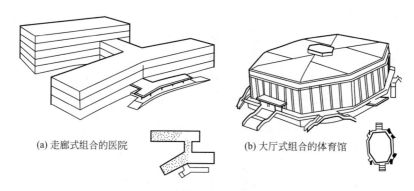

(a) 走廊式组合的医院　　　　　(b) 大厅式组合的体育馆

图 4.8　建筑物内部空间组合在体型上的反映

建筑体型反映建筑物总的体量大小、组合方式和比例尺度等，它对房屋外形的总体效果具有重要影响。根据建筑物规模大小、功能要求特点以及基地条件的不同，建筑物的体型有的比较简单，有的比较复杂，这些体型从组合方式来区分，大体上可以归纳为对称和不对称的两类。

对称的体型有明确的中轴线，建筑物各部分组合体的主从关系分明，形体比较完整，容易取得端正、庄严的感觉。我国古典建筑较多地采用对称的体型，一些纪念性建筑、大型会堂和政府办公楼等，为了使建筑物显得庄严、完整，也常采用对称的体型(图 4.10)。

不对称的体型，它的特点是布局比较灵活自由，对功能关系复杂，或不规则的基地形状较能适应。不对称的体型，容易使建筑物取得舒展、活泼的造型效果，不少医院、疗养院、园林建筑等，常采用不对称的体型(图 4.11)。

建筑体型组合的造型要求主要有以下几方面。

4.3.1　完整均衡、比例恰当

建筑体型的组合，首先要求完整均衡，这对较为简单的几何形体和对称的体型，通常比较容易达到。对于较为复杂的不对称体型，为了达到完整、均衡的要求，需要注意各组成部分体量的大小比例关系，使各部分的组合协调一致、有机联系，在不对称中取得均衡，如图 4.9 所示。

图 4.10 是对称体型的办公楼示意，以办公室、楼梯间和卫生间等几部分所组合，形

(a) 绝对对称平衡　　(b) 基本对称平衡　　(c) 不对称平衡　　(d) 不对称平衡

图 4.9　均衡的力学原理

成平面及立面上的对称。图 4.11 是一不对称体型组合的宾馆,右侧体型比较大,左侧体型小,左侧通过与大厅联合,在突出的楼梯间处与右侧取得平衡。

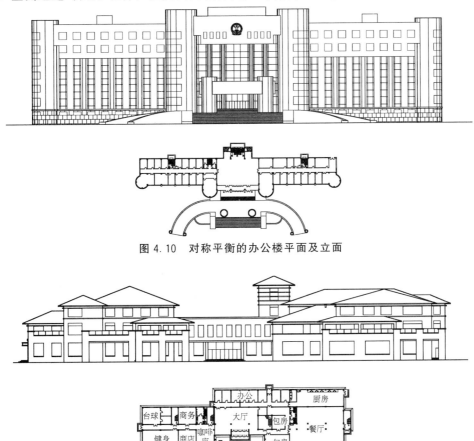

图 4.10　对称平衡的办公楼平面及立面

图 4.11　不对称平衡的宾馆平面及立面

4.3.2　主次分明、交接明确

　　建筑体型的组合,还需要处理好各组成部分的连接关系,尽可能做到主次分明、交接明确。建筑物有几个形体组合时,应突出主要形体,通常可以由各部分体量之间的大小、高低、宽窄、形状的对比,平面位置的前后,以及突出入口等手法来强调主体部分。

　　各组合体之间的连接方式主要有:几个简单形体的直接连接或咬接[图 4.12(a)、(b)],以廊或连接体连接[图 4.12(c)、(d)]。形体之间的连接方式和房屋的结构构造布置、地区的气候条件、地震烈度以及基地环境的关系相当密切。如寒冷地区或受基地面积

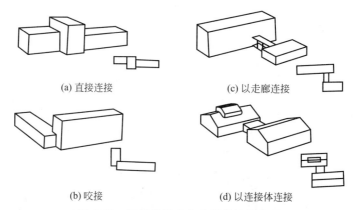

(a) 直接连接　　　　　　　　　　(c) 以走廊连接

(b) 咬接　　　　　　　　　　(d) 以连接体连接

图 4.12　房屋各组合体之间的连接方式

限制，考虑到室内采暖和建筑占地面积等因素，希望形体间的连接紧凑一些。地震区要求房屋尽可能采用简单、整体封闭的几何形体，如使用上必须连接时，应采取相应的抗震措施，避免采取咬接等连接方式。

交接明确不仅是建筑造型的要求，同样也是房屋结构构造上的要求。

图 4.13 是附设商店沿街住宅咬接组合的体型，既考虑了房屋朝向和内部的功能要求，又丰富了城市街景；图 4.14 是某旅馆建筑中客房和餐厅部分体型组合的主次和体量、形状对比，使建筑物整体的造型既简洁又活泼，给人们以明快的感觉。

图 4.13　附设商店沿街住宅咬接组合的体型

4.3.3　体型简洁、环境协调

简洁的建筑体型易于取得完整统一的造型效果，同时在结构布置和构造施工方面也比较经济合理。随着工业化构件生产和施工的日益发展，建筑体型也趋向于采用完整简洁的几何形体，或由这些形体的单元所组合，使建筑物的造型简洁而富有表现力（图 4.15）。

建筑物的体型还需要注意与周围建筑、道路相呼应配合，考虑和地形、绿化等基地环境的协调一致，使建筑物在基地环境中显得完整统一、配置得当(图 4.16)。

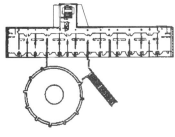

图 4.14 某旅馆建筑中客房和餐厅部分体型组合的主次和体量、形状对比

图 4.15 简洁而富有表现力的建筑体型实例

图 4.16 建筑体型与周围环境协调的实例

注：图 4.16 为美国建筑大师赖特设计的流水别墅：建于幽雅的山泉峡谷之中，建筑凌跃于奔泻而下的瀑布之上，与山石、流水、树林融为一体。

4.4 建筑立面设计

建筑立面是表示房屋四周的外部形象。立面设计和建筑体型组合一样，也是在满足房屋使用要求和技术经济条件的前提下，运用建筑造型和立面构图的一些规律，紧密结合平面、剖面的内部空间组合下进行的。

建筑立面可以看成是由许多构部件所组成：它们有墙体、梁柱、墙墩等构成房屋的结构构件，有门窗、阳台、外廊等和内部使用空间直接连通的部件，以及台基、勒脚、檐口等主要起到保护外墙作用的组成部分。恰当地确定立面中这些组成部分和构部件的比例和尺度，运用节奏韵律、虚实对比等规律，设计出体型完整、形式与内容统一的建筑立面，是立面设计的主要任务。

建筑立面设计的步骤，通常根据初步确定的房屋内部空间组合的平剖面关系，如房屋的大小、高低、门窗位置，构部件的排列方式等，描绘出房屋各个立面的基本轮廓，作为进一步调整统一、进行立面设计的基础。设计时首先应该推敲立面各部分总的比例关系，考虑建筑整体的几个立面之间的统一，相邻立面间的连接和协调，然后着重分析各个立面上墙面的处理、门窗的调整安排，最后对入口门廊、建筑装饰等进一步做重点及细部处理。完整的立面设计，并不只是美观问题，它和平、剖面的设计一样，同样也有使用要求、结构构造等功能和技术方面的问题，但是从房屋的平、立、剖面来看，立面设计中涉及的造型和构图问题，通常较为突出，因此本节将结合立面设计的内容，着重叙述有关建筑美观的一些问题。

进行立面处理，应注意以下两点。

（1）在推敲建筑立面时不能孤立地处理某个面，必须注意几个面的相互协调和相邻面的衔接以取得统一。

（2）建筑造型是一种空间艺术，研究立面造型不能只局限在立面的尺寸大小和形状，应考虑到建筑空间的透视效果。

建筑立面处理方法如下所述。

4.4.1 尺度和比例

尺度主要指建筑与人体之间的大小关系和建筑各部分之间的大小关系，而形成的一种大小感。建筑中有一些构件是人经常接触或使用的，人们熟悉它们的尺寸大小，如门扇一般高度为 2~2.5 m，窗台或栏杆一般高度为 900 mm 等。这些构件就像悬挂在建筑物上的尺子一样，人们会习惯地通过它们来衡量建筑物的大小。在建筑设计中，除特殊情况外，一般都应该使它的实际大小与它给人印象的大小相符合，如果忽略了这一点，任意地放大或缩小某些构件的尺寸，就会使人产生错觉，如实际大的看着"小"了（如天安门人民英雄纪念碑），或实际小的看着"大"了（如颐和园万寿山明湖碑）（图 4.17）。尺度正确和比例协调，是使立面完整统一的重要方面。建筑立面中的一些部分，如踏步的高低，栏杆和窗台的高度、大门拉手的位置等，由于这些部位的尺度相应的比较固定，如果它们的尺寸不符合要求，非但在使用上不方便，在视觉上也会感到不习惯。至于比例协调，既存在于立面各组成部分之间，也存在于构件之间，以及对构件本身的高宽等比例要求。一幢建筑物的体量、高度和出檐大小有一定比例，梁柱的高跨也有相应的比例，这些比例上的要求首先需要符合结构和构造的合理性，同时也要符合立面构图的美观要求。立面中门窗的高度，柱径和柱高等构件本身也都有一定的比例关系。

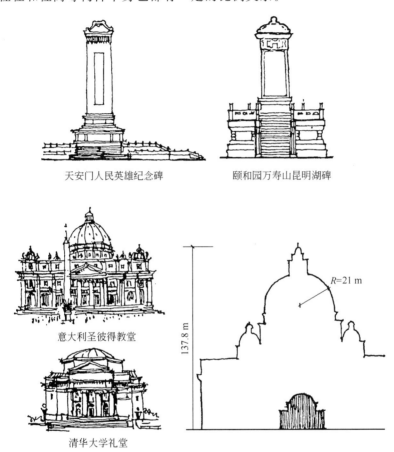

天安门人民英雄纪念碑　　　　颐和园万寿山昆明湖碑

意大利圣彼得教堂

清华大学礼堂

图 4.17　尺度和比例

4.4.2　节奏感和虚实对比

节奏韵律和虚实对比，是使建筑立面富有表现力的重要设计手法。建筑立面上，相同构件或门窗做有规律的重复和变化，给人们在视觉上得到类似音乐诗歌中节奏韵律的感受效果。立面的节奏感，在门窗的排列组合、墙面构件的划分中表现得比较突出（图 4.18）。门窗的排列，在满足功能技术条件的前提下，应

图 4.18　立面中窗及构件排列的节奏感

尽可能调整得既整齐统一又富有节奏变化。通常可以结合房屋内部多个相同的使用空间，对窗户进行分组排列，图 4.19 为教学楼立面中的窗户组合示意，以教室为单位的分组组合形式，立面上也反映了室内使用空间的内容和分间情况。

人民英雄纪念碑采用了我国传统的石碑形式但没有将它们简单的放大，而是仔细地处理了尺度问题——基座采用两重栏杆，加大碑身比例……因而显示了它的实际尺寸。人们不会想到它们的大小相差如此悬殊，圣彼得教堂把建筑中的构件按比例放大很多，以至显得比它的实际尺寸小了。

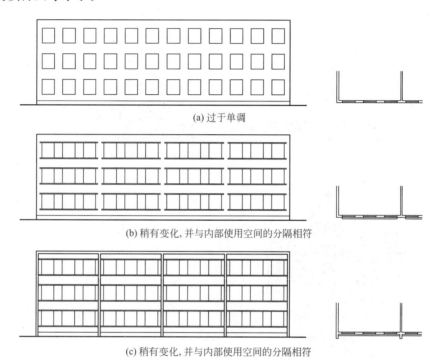

(a) 过于单调

(b) 稍有变化,并与内部使用空间的分隔相符

(c) 稍有变化,并与内部使用空间的分隔相符

图 4.19　教学楼立面中教室窗户的组合形式

一些建筑物的立面，经常结合门厅或楼梯间等内部空间组合的变化，对门窗排列做一定的变化，使立面外观既不琐碎零乱，又不致过于单调呆板(图 4.20)。

图 4.20　楼梯间及入口在立面中的变化

建筑立面的虚实对比通常是指由于形体凹凸的光影效果所形成的比较强烈的明暗对比

关系。如墙面实体和门窗洞口、栏板和凹廊、柱墩和门廊之间的明暗对比关系等。不同的虚实对比，给人们以不同的感觉。如实墙面较大，门窗洞口较小，常使人感到厚实和封闭；相反，门窗洞口较大，实墙面较小感到轻巧和开敞(图 4.21)。图 4.22 是某宾馆墙面和窗的虚实对比。

图 4.21　墙面虚实对比的造型效果

图 4.22　某宾馆墙面与门窗的虚实对比

应该指出，立面节奏感和虚实对比的处理，都不能脱离或损害房屋的基本使用要求，而成为片面追求的形式。

4.4.3　立面的线条处理

墙面中构件的竖向或横向划分，也能够明显地表现立面的节奏感和方向感，如柱和墙墩的竖向划分、通长的栏板、遮阳和飘板等的横向划分等。任何线条本身都具有一种特殊的表现力和多种造型的功能。从方向变化来看，垂直线具有挺拔、高耸、向上的气氛；水平线使人感到舒展与连续、宁静与亲切；斜线具有动态的感觉；网格线有丰富的图案效果，给人以生动、活泼而有秩序的感觉。从粗细、曲折变化来看，粗线条表现厚重、有力；细线条具有精致、柔和的效果；直线表现刚强、坚定；曲线则显得优雅、轻盈。

建筑立面上客观存在着各种线条，如立柱、墙垛、窗台、遮阳板、檐口、通长的栏板、窗间墙、分格线等(图 4.23)。

图 4.23　某高层住宅临街立面

4.4.4　材料质感和色彩配置

一幢建筑物的体型和立面，最终是以它们的形状、材料质感和色彩等多方面的综合，给人们留下一个完整深刻的外观印象。在立面轮廓的比例关系、门窗排列、构件组合以及墙面划分基本确定的基础上，材料质感和色彩的选择、配置是使建筑立面进一步取得丰富和生动效果的又一重要方面。根据不同建筑物的标准，以及建筑物所在地区的基地环境和气候条件，在材料和色彩的选配上，也应有所区别。

一般来说，粗糙的混凝土或砖石表面显得较为厚重；平整而光滑的面砖以及金属、玻璃的表面感觉比较轻巧(图 4.24)。

人们通常把蓝色、绿色、紫色称为冷色调。以这些冷色调为立面形象的建筑往往给人以统一冷静理智的感觉，这样的立面也总能营造出安定的氛围。因此，一些高层办公类及文化类建筑往往选择冷色调，标新立异，凸显建筑形象，注重强调建筑与人群、建筑与环境之间的距离，同时也加强了建筑物在社会空间环境中的地位。然而，在以冷色调为建筑立面的设计中，应适度权衡建筑与人群之间应有的比例尺度，以免造成建筑被孤立、割裂的现象。红色、橙色、黄色为暖色，使人联想到火焰、阳光和灯光等，能给人以身心温暖和心灵安慰。以暖色调为立面的建筑形象，无形中拉近了人与建筑的距离，因此，许多居住建筑、商业建筑等与人的关系较为密切的建筑类型，多以暖色调为立面形象，增强建筑的亲切感。与此同时，暖色调中的红色也被视为危险和灾难的标志，而橙、黄色搭配不好，似乎又是幼稚的表现。因此在对暖色调的使用时要认真考虑观者的视觉心理，合理配色，以免适得其反。色调的处理使建筑的立面乃至整个建筑形象在观者视觉感知上产生刺激效果，进而生成不同的视觉心理的物象。与冷、暖色调强烈、鲜明的形象形成对比的是中间色调，包括黑色、白色和灰色。中间色调在色彩体系中属于冷、暖色调的互补色。而在建筑立面色调的处理上，中间色调又有着一套独特的互补程式。黑色代表着庄重、严

图 4.24 不同的材料给人不同的感觉

肃；白色在中国过去被视为丧色，而现在却也和西方一样，被赋予了纯洁、光明的象征意义。灰色有沉闷、冷清之感，同时也具有安全感。建筑立面的灰色调可以用砖、石等材料为表面质地去表现，色调或深或浅，总能营造粗犷、奔放、磅礴大气的感觉。此外由于人们生活环境和气候条件的不同，以及传统习惯等因素，对色彩的感觉和评价也有差异。

4.4.5　重点及细部处理

根据功能和造型需要，在建筑物某些局部位置进行重点和细部处理，可以突出主体，打破单调感。突出建筑物立面中的重点，既是建筑造型的设计手法，也是房屋使用功能的需要。立面的重点处理常常是通过对比手法取得的。建筑物重点处理的部位如下。

（1）建筑物的主要出入口及楼梯间是人流最多的部位（图 4.25）。

图 4.25 建筑的入口处理

（2）根据建筑造型上的特点，重点表现有特征的部分，如体量中转折、转角、立面的突出部分及上部结束部分，如车站钟楼、商店橱窗、房屋檐口等(图4.26)。

图 4.26 建筑的转角处理

（3）为了使建筑统一中有变化，避免单调以达到一定的美观要求，也常在反映该建筑性格的重要部位，如住宅阳台、凹廊、公共建筑中的柱头、檐口等部位进行处理(图4.27)。

图 4.27 建筑的檐口处理

在立面设计中，对于体量较小或人们接近时才能看得清的部分，如墙面勒脚、花格、漏窗、檐口细部、窗套、栏杆、遮阳板、雨篷、花台及其他细部装饰等的处理称为细部处理。细部处理必须从整体出发，接近人体的细部应充分发挥材料色泽、纹理、质感和光泽度的美感作用。对于位置较高的细部，一般应着重于总体轮廓和注意色彩、线条等大效果，而不宜刻画得过于细腻。

满足人们对建筑物的审美要求，除了在建筑体型和立面设计中需要深入考虑外，建筑物的内外空间组织、群体规划以及环境绿化等方面，都是重要的设计内容。体型、立面、空间组织和群体规划应该是有机联系的整体，需要综合地、通盘地考虑和设计，以创造满足人们生产和生活活动需要，具有完美形象的新型建筑。

4.4.6 立面设计的模式

1. 古典模式

主要是利用古典的建筑元素重新构图和设计形成新的建筑形式，这一点在建筑的立面设计上表现得尤其突出，也是表现最明显、最直观的部分。利用古老的柱式、经典的三角形山花等对立面进行装饰处理，还有古希腊时期严格的比例关系，无不体现着现代建筑师对古代建筑美的理解和尊重。现代建筑追求的是历经千年的经典不变的美感，力求达到一种尊重历史、尊重传统的形态，体现一种充满艺术深厚感的象征。以古典模式为立面形象的建筑多数含有寓意，往往体现着鲜明的政治立场和精神信仰(图4.28)。

2. 现代模式

工业革命的影响延续到了今天，现代主义时期建筑立面形象，在材料上尽可能地彰显玻璃、钢材的优势，在形式上以简单、简洁为主旨，不论是密斯的"少就是多"，还是柯布西耶的新建筑五点都概莫能外，立面的功能性日趋突出。在现代建筑设计中，立面本身的创意似乎不能被看重，总是依附于建筑整体的功能处理上，达到内外沟通。往往从立面形象上便可探得建筑内部的功能或是建筑的性质所在。然而，这种普遍和一致的模式随着建筑的大量产生而出现的同时，过于程式化和过于理性化的设计似乎太令人乏味（在某种程度上也是一种倾向性感知），导致与人们丰富、多变的生活环境脱节，在注重规律性和过度强调完善性的过程中，似乎忘却了人类感情所在（图4.29）。

图4.28 建筑的古典模式

图4.29 建筑的现代模式

3. 后现代模式

一股兴起于20世纪70年代西方建筑界的建筑思潮——"后现代主义"。"后现代"在其他领域中有着不一样的解释和定义，而在建筑界，"后现代"代表的是一种风格、一种特征。在经过了现代主义的功能主义模式千篇一律的大生产后，建筑师们逐渐感到厌倦，开始重新关注历史建筑形式，诠释传统符号，探索内容与形式上的革命。在建筑语言上，更加注重细节的表现，以新的手段和方法将传统的语汇、经典的符号以全新的方式进行演绎，重新组合，给人以新奇、怪异、不可理喻的感觉，却贴近了环境，传承了文脉，注重整体区域的塑造，又满足了人的情感体验。这一风格的建筑作品中，立面的形象充满着象征性，同时也具有自身的矛盾性(图 4.30)。

图 4.30　建筑的后现代模式

本 章 小 结

1. 建筑体型和立面设计不能脱离物质技术发展的水平和特定的功能、环境而任意塑造，它在很大程度上受到使用功能、材料、结构、施工技术、经济条件及周围环境的制约。因此，每一幢建筑物都具有自己独特的形式和特点。

2. 一幢建筑物从整体到立面均由不同部分、不同材料组成，各部分既有区别又有内在联系。它们是通过一定的规律组合成为一幢完整统一的建筑物。这些规律包含有建筑物构图中统一与变化、均衡与稳定、韵律、对比、比例和尺度等法则。

3. 建筑体型的造型组合，包括单一体型、单元组合体型、复杂体型等不同的组合方式。

4. 立面设计中应注意：立面比例尺度的处理，立面虚实与凹凸处理，立面的线条处理，立面的色彩与质感处理，立面的重点与细部处理。

知识拓展——某办公楼建筑立面设计分析

工程实例：某办公楼接建工程(图 4.31)

体型设计上采用对称手法。利用大厅中轴对称，将办公室、会议室等房间两侧布置(见第 2 章图 2.65)。新建建筑与原建筑结合采用连接体结合，并将连接体做成了弧线变形，使两个建筑主次分明，交接明确。体型处理上简洁明快，利用半圆形的突出部位与原有建筑相呼应、协调，新旧建筑浑然一体。

立面设计上充分考虑尺寸的比例，一层做了高度达到 1.5 m 的室外台阶，使人感到庄严、气派。手法上采用虚实对比，大面积的玻璃幕墙与实体墙相对比，充分体现了建筑的结构特性和建筑的办公性质，庄严而不花哨。结合处部位采用横向的长条窗，打破了建筑的呆板，丰富了建筑的外观。整个建筑的外饰面采用石材，底部为粗犷的蘑菇石，上部为较细腻的花岗岩板，厚重、严肃；中间的玻璃幕墙轻巧活泼，材质的对比使整个建筑立面更加丰富，既庄严又使人容易接近。

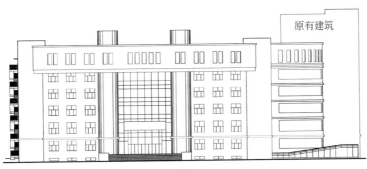

立面图

图 4.31 某办公楼接建工程立面图

本 章 习 题

1. 影响体型系数及立面设计的因素有哪些？

2. 建筑构图中的统一与变化、均衡与稳定、韵律、对比、比例、尺度等的含义是什么？并用图例加以说明。

3. 建筑体型组合有哪几种方式？并以图例进行分析。

4. 简要说明建筑立面的具体处理手法。

5. 体量的联系与交接有哪几种方式？试举例说明。

课程设计任务书

题目：单元式多层住宅商品楼

一、设计目的和要求

通过理论教学、参观和设计实践，使学生熟悉有关设计规范及相关标准图集，初步了解一般民用建筑的设计原理，初步掌握建筑设计的基本方法和步骤，培养综合应用所学理论知识分析问题和解决问题的能力，进一步训练和提高绘图技巧及识读施工图的技能。

二、设计条件

1. 拟于长春市某小区内建一单元式商品住宅楼。场地平坦，无高压电线和地下管线穿过，水电畅通。

2. 房间组成：要求设置 2～3 个单元，每个单元一梯两户或三户。套型及房间设计要求：每栋住宅必须有两种或两种以上套型，住宅套型分为一至四类，一类套型使用面积不小于 34 m²、居住空间不少于 2 个；二类套型使用面积不小于 45 m²、居住空间不少于 3 个；三类套型使用面积不小于 56 m²、居住空间不少于 3 个；四类套型使用面积不小于 68 m²、居住空间不少于 4 个。每套住宅应设有卧室、起居室(厅)、厨房、卫生间、储藏空间和阳台。要求套型恰当、使用方便、经济合理、造型美观。

3. 楼梯尺寸确定符合规范要求，应考虑管道井的设置。

4. 层数和层高：住宅层数为 6 层，层高不宜低于 2.80 m，净高不应低于 2.40 m，自定。室内外高差 600 mm。北向入口。

5. 结构形式按混合结构考虑，房间的开间和进深尺寸要求符合模数。

6. 屋面采用有组织外排水。屋面形式、檐口形式自定。

三、设计内容与深度

1. 首页图：总说明、门窗表、图纸目录、室内外装修及各个地面做法等。

2. 底层平面图(比例 1∶100)。

(1) 画出定位轴线并编号。

(2) 画出墙厚、门窗洞口位置。

(3) 画出台阶、散水、阳台并标出关系尺寸。

(4) 画出楼梯间的布置、踏步，标明上下行方向。

(5) 画出卫生间设备类型、数量及位置。

(6) 画出门的开启方向，并标出门窗代号。

(7) 注明房间名称并标注居室净面积、图名、比例。

(8) 标注剖面图的剖切详图索引标志及编号、指北针。

(9) 标注三道尺寸线：总尺寸、轴线尺寸、门窗洞口及墙段细部尺寸。

(10) 标注室外、台阶、地坪标高。

3. 标准层单元大样图比例(1∶50)。

4. 立面图(北立面)(比例 1∶100)。

(1) 表示外形轮廓、门窗、雨篷、台阶及雨水管等的位置。

(2) 标注外墙面各部位的材料做法，饰面分格线，详图索引标志等。

(3) 标注标高。

(4) 标出两端轴线及编号、图名、比例。

5. 剖面图(比例 1∶100)及墙身剖面图(比例 1∶20～1∶30)。

(1) 表明建筑内部构件部件的位置、关系及主要构件做法，用做法代号或构造层次进行标注。

(2) 标注内外部高度尺寸。

外部尺寸：标注两道，外侧为建筑总高度尺寸，自室外地坪到檐口顶部。里侧为窗洞口、墙段及檐部高度尺寸。

内部尺寸：标注门洞口。

（3）标注标高：标注室外地坪、室内地坪、各楼层、屋顶及檐部的标高。

（4）标注墙体的轴线及轴线间尺寸。

（5）标出详图索引标志、图名及比例。

6. 楼梯详图（比例 1∶50）。

（1）平面详图（底层平面图、二层平面图、标准层平面图、顶层平面图）和剖面图。

（2）表明踏步阶数、上下行方向、梯段宽度、梯井宽度、休息平台尺寸、踏步宽度及梯段水平投影长度尺寸。标注必要尺寸与标高。有出入口和储藏室的底层平面图中，应画出台阶、储藏室墙的位置。表示剖面图的剖切线及编号，标出详图索引标志。标出图名、比例。

7. 屋面排水图。比例 1∶200 及节点图（2～3 个）比例 1∶20 至 1∶30。如雨篷、入口台阶、不等高地面防潮做法等。

第5章
民用建筑构造概论

【教学目标与要求】
- 熟悉建筑构造研究的对象及其任务
- 掌握房屋基本构件的组成、作用及设计要求
- 了解影响建筑构造的各种因素，熟悉建筑构造设计原则

5.1 概　　述

5.1.1　建筑构造研究的对象及其任务

建筑构造研究的对象包括建筑物各组成部分的构造原理和构造方法，是建筑设计不可分割的一部分。它具有实践性强和综合性强的特点，在内容上是对实践经验的高度概括，并且涉及建筑材料、建筑物理、建筑力学、建筑结构、建筑施工以及建筑经济等有关方面的知识。因此，其研究的主要任务在于根据建筑物的功能要求，提供符合适用、安全、经济、美观的构造方案，以作为建筑设计中综合解决技术问题及进行施工图设计、绘制大样图等的依据。

一座建筑物是由许多部分所构成，这些构成部分在建筑工程上被称为构件或配件。

建筑构造原理就是综合多方面的技术知识，根据多种客观因素，以选材、选型、工艺、安装为依据，研究各种构配件及其细部构造的合理性(包括适用、安全、经济、美观)，以及更有效地满足建筑使用功能的理论。

建筑构造方法则是在理论指导下，进一步研究如何运用各种材料，有机地组合各种构配件，并提出解决各构、配件之间相互连接的方法和这些构配件在使用过程中的各种防范措施。

5.1.2　建筑物的组成及各组成部分的作用

一幢民用建筑，一般是由基础、墙、楼板层和地坪、楼梯、屋顶、门窗等几大部分构成的(图 5.1)。它们在不同的部位，发挥着各自的作用。

1. 基础

基础是位于建筑物最下部的承重构件。承受着建筑物的全部荷载，并将这些荷载传给地基。因此，作为基础，必须具有足够的强度，并能抵御地下各种因素的侵蚀。

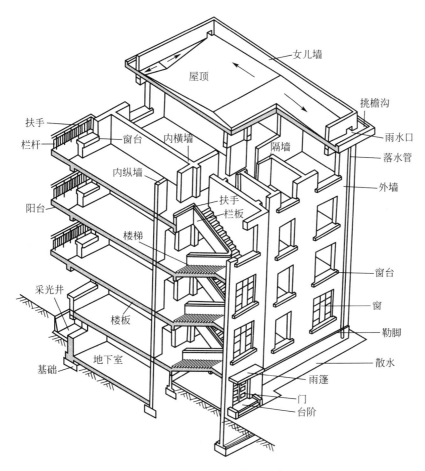

图 5.1 建筑物的基本组成

2. 墙

墙是建筑物的承重构件和围护构件。作为承重构件，承受着建筑物由屋顶或楼板层传来的荷载，并将这些荷载传给下层墙体或基础。作为围护构件，外墙起着抵御自然界各种因素对室内侵袭的作用；内墙起着分隔房间、创造室内舒适环境的作用。因此，要求墙体根据功能的不同分别具有足够的强度、稳定性、保温、隔热、隔声、防水、防火等能力，以及具有一定的经济性和耐久性。

3. 楼板层和地坪

楼板层是楼房建筑中水平方向的承重构件。按房间层高将整幢建筑物沿水平方向分为若干部分。楼板层承受着家具、设备和人体的荷载以及本身自重，并将这些荷载传给墙或梁。同时，还对墙身起着水平支撑的作用，增加建筑物的整体刚度。楼板层要具有足够的强度、刚度和隔声能力；对有水侵蚀的房间，楼板层还要具有防潮、防水的能力。

地坪是底层房间与土层相接触的部分，它承受底层房间内的荷载。不同的地坪要求具有耐磨、防潮、防水和保温等不同的性能。

4. 楼梯

楼梯是楼房建筑的垂直交通设施，供人们上下楼和紧急疏散之用。因此，要求楼梯具有足够的通行能力以及安全疏散能力，并具有防水、防滑等功能。

5. 屋顶

屋顶是建筑物顶部的外围护构件和承重构件。作为外围护构件，屋顶抵御着自然界雨、雪及太阳热辐射等对顶层房间的影响；作为承重构件，屋顶承受着建筑物顶部荷载，并将这些荷载传给垂直方向的承重构件。因此，屋顶必须具有足够的强度、刚度以及防水、保温、隔热等的能力。

6. 门窗

门主要供人们内外交通和隔离房间之用；窗则主要是采光和通风，同时也起分隔和围护作用。门和窗均属非承重构件。对某些有特殊要求的房间，则要求门、窗具有保温、隔热、隔声的能力。

一座建筑物除上述基本组成构件外，对不同使用功能的建筑，还有各种不同的构件和配件，如阳台、雨篷、烟囱、散水、垃圾井等。有关构件的具体构造将于后面各章详述。

5.2 影响建筑构造的因素

一座建筑物建成并投入使用后，要经受着自然界各种因素的检验。为了提高建筑物对外界各种影响的抵御能力，延长建筑物的使用寿命，以便更好地满足使用功能的要求，在进行建筑构造设计时，必须充分考虑到各种因素对它的影响，以便根据影响程度，来提供合理的构造方案。影响的因素很多，归纳起来大致可分为以下几方面，如图5.2所示。

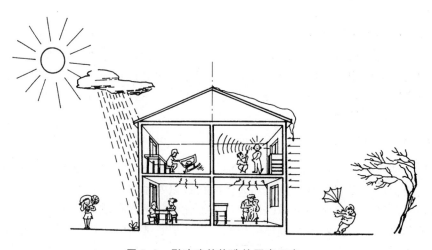

图5.2 影响建筑构造的因素示意

1. 外力作用的影响

作用到建筑物上的外力称为荷载。荷载有静荷载（如建筑物的自重）和动荷载之分。动荷载又称活荷载，如人流、家具、设备、风、雪以及地震荷载等。荷载的大小是结构设计的主要依据，也是结构选型的重要基础。它决定着构件的尺度和用料，而构件的选材、尺寸、形状等又与构造密切相关，所以在确定建筑构造方案时，必须考虑外力的影响。

在外荷载中，风力的影响不可忽视，风力往往是高层建筑水平荷载的主要因素，特别是沿海地区，影响更大。此外，地震是目前自然界中对建筑物影响最大也是最严重的一种因素。我国是多地震国家，地震分布也相当广，因此必须引起重视，在构造设计中，应该根据各地区的实际情况，予以设防。

2. 自然气候的影响

我国幅员辽阔，各地区地理环境不同，大自然的条件也多有差异。由于南北纬度相差较大，从炎热的南方到寒冷的北方，气候差别很大。因此，气温变化，太阳的热辐射，自然界的风、霜、雨、雪等均构成了影响建筑物使用功能和建筑构件使用质量的因素。有的因材料热胀、冷缩而开裂，严重的遭到破坏；有的出现渗、漏水现象；还有的因室内过冷或过热而影响工作等，总之均影响到建筑物的正常使用。为防止由于大自然条件的变化而造成建筑物构件的破坏和保证建筑物的正常使用，往往在建筑构造设计时，针对所受影响的性质与程度，对各有关部位采取必要的防范措施，如防潮、防水、保温、隔热，设变形缝、设隔蒸汽层等，以防患于未然。

3. 人为因素和其他因素的影响

人们所从事的生产和生活的活动，往往会造成对建筑物的影响，如机械振动、化学腐蚀、战争、爆炸、火灾、噪声等，都属于人为因素的影响。因此，在进行建筑构造设计时，必须针对各种可能的因素，从构造上采取隔振、防腐、防爆、防火、隔声等相应的措施，以避免建筑物和使用功能遭受不应有的损失和影响。

另外，鼠、虫等也能对建筑物的某些构配件造成危害，如白蚁等对木结构的影响等，因此，也必须引起重视。

4. 物质技术条件的影响

建筑材料、结构、设备和施工技术等物质技术条件是构成建筑的基本要素之一，建筑构造受其影响和制约。随着建筑事业的发展，新材料、新技术和新工艺的不断出现，建筑构造要解决的问题越来越多、越来越复杂。建筑工业化的发展也要求构造技术与之相适应。

5. 经济条件的影响

建筑构造设计是建筑设计中不可分割的一部分，必须考虑经济效益。在确保工程质量的前提下，既要降低建造过程中的材料、能源和劳动力消耗，以降低造价，又要有利于降低使用过程中的维护和管理费用。同时，在设计过程中还要根据建筑物的不同使用年限和质量要求，在材料选择和构造方式上给予区别对待。

5.3 建筑构造设计原则

建筑构造设计应遵循如下原则。

1. 满足建筑使用功能要求

由于建筑物使用性质和所处条件、环境的不同，则对建筑构造设计有不同的要求。如北方地区要求建筑在冬季能保温；南方地区则要求建筑能通风、隔热；对要求有良好声环境的建筑物则要考虑吸声、隔声等要求。总之，为了满足使用功能需要，在构造设计时，必须综合有关技术知识进行合理的设计，以便选择、确定最经济合理的构造方案。

2. 有利于结构安全

建筑物除根据荷载大小、结构的要求确定构件的必须尺度外，对一些零部件的设计，如阳台、楼梯的栏杆，顶棚、墙面、地面的装修，门窗与墙体的结合以及抗震加固等，都必须在构造上采取必要的措施，以确保建筑物在使用时的安全。

3. 适应建筑工业化的需要

为了提高建设速度，改善劳动条件，保证施工质量，在构造设计时，应大力推广先进技术，选用各种新型建筑材料，采用标准设计和定型构件，为构配件的生产工厂化、现场施工机械化创造有利条件，以适应建筑工业化的需要。

4. 讲求建筑经济的综合效益

在构造设计中，应该注意整体建筑物的经济效益问题，既要注意降低建筑造价，减少材料的能源消耗；又要有利于降低经常运行、维修和管理的费用，考虑其综合的经济效益。

另外，在提倡节约、降低造价的同时，还必须保证工程质量，绝不可为了追求效益而偷工减料，粗制滥造。

5. 注意美观

构造方案的处理还要考虑其造型、尺度、质感、色彩等艺术和美观问题。如有不当往往会影响建筑物的整体设计的效果。因此，也需事先周密考虑。

总之，在构造设计中，全面考虑坚固适用，技术先进，经济合理，美观大方，是最基本的原则。

本 章 小 结

1. 建筑构造研究的对象包括建筑物各组成部分的构造原理和构造方法，涉及建筑材料、建筑物理、建筑力学、建筑结构、建筑施工以及建筑经济等有关方面的知识。

2. 一幢民用建筑，一般是由基础、墙、楼板层、地坪、楼梯、屋顶和门窗等几大部分构成的，它们在不同的部位发挥着各自的作用。

3. 为了更好地满足使用功能的要求，在进行建筑构造设计时，必须充分考虑外力作用、自然气候、人为因素、物质技术条件和经济条件对建筑的影响。

4. 建筑构造应满足建筑使用功能要求、有利于结构安全、适应建筑工业化、讲求建筑经济的综合效益、美观的设计原则。

知识拓展——建筑构造学科历史与展望

历史： 中国先秦典籍《考工记》对当时营造宫室的屋顶、墙、基础和门窗的构造已有记述。唐代的《大唐六典》，宋代的《木经》和《营造法式》，明代成书的《鲁班经》和清代的清工部《工程做法》等，都有关于建筑构造方面的内容。公元前1世纪罗马维特鲁威所著《建筑十书》，文艺复兴时期的《建筑四论》和《五种柱式规范》等著作均有对当时建筑结构体系和构造的记述。在19世纪，由于科学技术的进步，建筑材料、建筑结构、建筑施工和建筑物理等学科的成长，建筑构造学科也得到充实和发展。

展望： 随着建筑业的发展，多层建筑、高层建筑、大跨度建筑以及各种特殊建筑都在构造上不断提出新的研究项目。例如建筑工业化的发展，对构配件提出既要标准化，又要高度灵活性的要求；为节约能源而出现的太阳能建筑、生土建筑、地下建筑等，提出太阳能利用和深层防水、导光、通风等技术和构造上的问题；核电站建筑提出有关防止核扩散和核污染的建筑技术和构造的问题；为了在室内创造自然环境而出现的"四季厅"、有遮盖的运动场，提出大面积顶部覆盖的技术和构造的有关问题等，都有待于深入研究。

本 章 习 题

1. 建筑构造研究的对象及其任务是什么？
2. 建筑物的组成及各组成部分的作用是什么？
3. 影响建筑构造的因素有哪些？
4. 建筑构造设计原则有哪些？

第6章
基础和地下室

【教学目标与要求】
- 掌握地基与基础的概念、作用及设计要求，了解人工加固地基的方法
- 掌握基础埋深的概念及影响基础埋深的因素
- 掌握基础的分类，熟悉基础的构造形式
- 掌握地下室的防潮、防水的原则、防水材料和构造方法

6.1 概 述

6.1.1 基础和地基的基本概念

在建筑工程中，建筑物与土层直接接触的部分称为基础，支承建筑物重量的土层称为

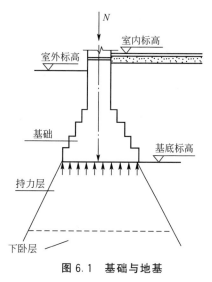

图 6.1 基础与地基

地基。基础是建筑物的组成部分，它承受着建筑物的全部荷载，并将其传给地基。而地基则不是建筑物的组成部分，它只是承受建筑物荷载的土壤层。其中，具有一定的地耐力，直接支承基础，持有一定承载能力的土层称为持力层；持力层以下的土层称为下卧层。地基土层在荷载作用下产生的变形，随着土层深度的增加而减少，到了一定深度则可忽略不计(图 6.1)。

6.1.2 基础的作用和地基土的分类

基础是建筑物的主要承重构件，处在建筑物地面以下，属于隐蔽工程。基础质量的好坏，关系着建筑物的安全问题。建筑设计中合理地选择基础极为重要。

地基按土层性质不同，分为天然地基和人工地基两大类。

凡天然土层具有足够的承载力，不需经过人工改良或加固，可直接在其上建造房屋的地基称为天然地基。一般呈连续整体状的岩石层或由岩石风化破碎成松散颗粒的土层可作为天然地基。天然地基根据土质不同可分为岩石、碎石土、砂土、粉土、黏性土和人工填土六大类。

当建筑物上部的荷载较大或地基土层的承载能力较弱，缺乏足够的稳定性，须预先对

土壤进行人工加固后才能在上面建造房屋的称人工地基。人工加固地基通常采用压实法、换土法、化学加固法和打桩法。压实法是利用人工方法挤压土壤，排走土壤中的空气，提高土的密实性，从而提高土的承载能力，如夯实法、重锤夯实法和机械碾压法；换土法是将基础下一定范围内的土层挖去，然后回填以强度较大的砂、碎石或灰土等，并夯至密实；打桩法一般是将钢筋混凝土桩、水泥土桩、石灰桩或灰土桩等打入或灌入土中，把土壤挤实或者把桩打入地下坚实的土壤层中，从而提高土壤的承载能力。

6.1.3 地基与基础的设计要求

地基与基础的设计应满足如下要求。

1. 基础应具有足够的强度和耐久性

基础处于建筑物的底部，是建筑物的重要组成部分，对建筑物的安全起着根本性作用，因此基础本身应具有足够的强度和刚度来支承和传递整个建筑物的荷载。

基础是埋在地下的隐蔽工程，建成后检查和维修困难，所以在选择基础材料和构造形式时，应考虑其耐久性与上部结构相适应。

2. 地基应具有足够的强度和均匀程度

地基直接支承着整个建筑物。对建筑物的安全使用起着保证作用，因此地基应具有足够的强度和均匀程度。建筑物应尽量选择地基承载力较高而且均匀的地段，如岩石、碎石等。

地基土质应均匀，否则基础处理不当，会使建筑物发生不均匀沉降，引起墙体开裂，甚至影响建筑物的正常使用。

3. 造价经济

基础工程占建筑总造价的 $10\% \sim 40\%$，因此选择土质好的地段，降低地基处理的费用，可以减少建筑的总投资。需要特殊处理的地基，也要尽量选用地方材料及合理的构造形式。

6.2 基础的埋置深度

6.2.1 基础的埋置深度概述

室外设计地面至基础底面的垂直距离称为基础的埋置深度，简称基础的埋深（图 6.2）。基础有深基础、浅基础和不埋基础之分。基础埋深大于基础宽度、设计考虑侧切力、施工需特殊机械施工的基础称为深基础，一般埋深大于或等于 4 m，如桩基、地下连续墙基础等；埋深小于 4 m 的称为浅基础；当基础直接做在地表面上的称为不埋基础。在保证安全使用的前提下，应优先选用浅基础，可降低工程造价。但当基础埋深过小时，有可能在地基受到压力后，会把基础四周的土挤出，使基础产生滑移而失去稳定，同时易受到自然因素的侵蚀和影响，使基础破坏，因此，基础的埋置需要一个适当的深度，既保证建筑物的坚固安全，又节约基础的用材，并加快施工速度。根据实践证明，在没有其他因素影响的条件下，除岩石地基外，基础的埋置深度不宜小于 0.5 m。

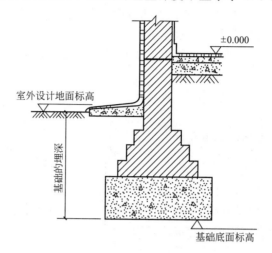

图 6.2　基础的埋深

6.2.2　影响基础埋深的因素

影响基础埋深的因素有很多，主要考虑下列条件。

1. 建筑物的使用性质及用途

多层建筑一般根据地下水位及冻土深度来确定埋深尺寸。当建筑物设置地下室、设备基础或地下设施时，基础埋深应满足其使用要求。高层建筑筏形和箱形基础的埋置深度应满足地基承载力、变形和稳定性要求。在抗震设防区，除岩石地基外，天然地基上的箱形和筏形基础其埋置深度不宜小于建筑物高度的 1/15；桩箱或桩筏基础的埋置深度(不计桩长)不宜小于建筑物高度的 1/20～1/18。位于岩石地基上的高层建筑，其基础埋深应满足抗滑要求。

2. 工程地质条件

基础应建造在坚实可靠的地基上，基础底面应尽量选在常年未经扰动而且坚实平坦的土层或岩石上，因为在接近地表面的土层内，常带有大量植物根、茎的腐殖土或垃圾等，故不宜选作地基。由此可见，基础埋深与地质构造密切相关，在选择埋深时应根据建筑物的大小、特点、体型、刚度、地基土的特性、土层分布等情况区别对待。下面介绍几种典型情况。

(1) 地基由均匀的、压缩性较小的良好土层构成，承载力能满足要求，基础可按最小埋置深度建造[图 6.3(a)]。

(2) 地基由两层土构成。上面软弱土层的厚度不超过 2 m，而下层为压缩性较小的好土。这种情况一般应将基础埋在下面良好的土层上[图 6.3(b)]。

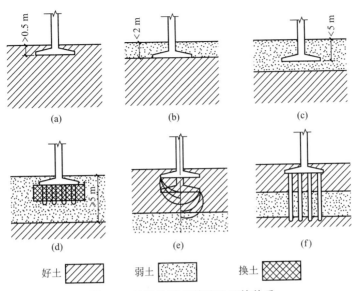

好土 ▨   弱土 ▭   换土 ▧

图 6.3 地质构造与基础埋深的关系

（3）地基由两层土构成，上面软弱土层的厚度在 2～5 m 之间。低层和轻型建筑物可争取将基础埋在表层的软弱土层内[图 6.3（c）]。如采用加宽基础的方法，以避免开挖大量土方、延长工期和增加造价。必要时可采用换土法、压实法等较经济的人工地基。而高大的建筑物则应将基础埋到下面的好土层上。

（4）如果软弱土层的厚度大于 5 m，低层和轻型建筑物应尽量将基础埋在表层的软弱土层内，必要时可加强上部结构或进行人工加固地基，如采用换土法、短桩法等，如图 6.3（d）所示。高大建筑物和带地下室的建筑物是否需要将基础埋到下面的好土上，则应根据表层土的厚度、施工设备等情况而定。

（5）地基由两层土构成，上层是压缩性较小的好土，下层是压缩性较大的软弱土。此时，应根据表层土的厚度来确定基础的埋深。如果表层土有足够的厚度，基础应尽可能争取浅埋，同时注意下卧层软弱土的压缩对建筑物的影响，如图 6.3（e）所示。

（6）当地基是由好土与弱土交替构成，或上面持力层为好土，下卧层有软弱土层或旧矿床、老河床等，在不影响下卧层的情况下，应尽可能做成浅基础。当建筑物较高大，持力层强度不足以承载时，应做成深基础，如打桩法，将基础底面落到下面的好土上，如图 6.3（f）所示。

3. 地下水位的影响

地下水对某些土层的承载力有很大影响。如黏性土在地下水位上升时，将因含水量增加而膨胀，使土的强度下降；当地下水位下降时，使土粒直接的接触压力增加，基础产生下沉。为了避免地下水位变化直接影响地基承载力，同时防止地下水对基础施工带来麻烦和有侵蚀性的地下水对基础的腐蚀，一般应尽量将基础埋置在地下常年水位和最高水位之上，这样可不需进行特殊防水处理，节省造价，还可防止或减轻地基土层的冻胀，如图 6.4（a）所示。当地下水位较高，基础不能埋置在地下水位以上时，应采取地基土在施工时不受扰动的措施，宜将基础底面埋置在最低地下水位以下不小于 200 mm 处[图 6.4（b）]。

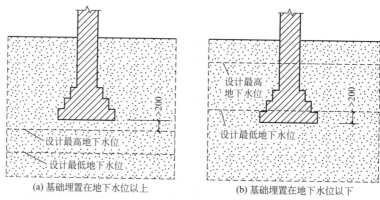

(a) 基础埋置在地下水位以上   (b) 基础埋置在地下水位以下

图 6.4   地下水位对基础埋深的影响

4. 地基土壤冻胀深度的影响

应根据当地的气候条件了解土层的冻结深度，一般将基础的垫层部分做在土层冻结深度以下。冻结土与非冻结土的分界线，称为土的冰冻线。土的冻结深度主要取决于当地的气候条件，气温愈低和低温持续时间愈长，冻结深度愈大。如哈尔滨地区冻结深度为 2 m 左右，北京地区冻结深度为 0.8~1.0 m，武汉地区基本上无冻结土。

当建筑物基础处在粉砂、粉土和黏性土等具有冻胀现象的土层范围内时，冬季土的冻胀会把房屋向上拱起；到了春季气温回升，土层解冻，基础又下沉，使房屋处于不稳定状态。由于土中冰融化情况不均匀，会使建筑物产生严重的变形，如墙身开裂、门窗倾斜，甚至使建筑物遭到严重破坏。因此，一般要求将基础埋置在冰冻线以下 200 mm 处，图 6.5 为基础埋深和冰冻线的关系。

5. 相邻建筑物基础的影响

在原有建筑物附近建造房屋，为保证原有建筑物的安全和正常使用，新建建筑物的基础埋深不宜大于原有建筑物的基础。当新建建筑物基础埋深大于原有建筑基础时，两基础间应保持一定净距，其数值应根据原有建筑荷载大小、基础形式和土质情况确定。当上述要求不能满足时，应采取分段施工，设临时加固支撑、打板桩、地下连续墙等施工措施，或加固原有建筑物地基。一般两基础之间的水平距离取两基础底面高差的 1~2 倍，基础埋深与相邻基础的关系如图 6.6 所示。

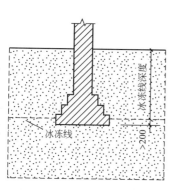

图 6.5   基础埋深和冰冻线的关系

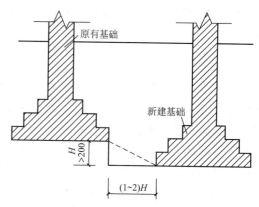

图 6.6   基础埋深与相邻基础的关系

6.3 基础的类型

6.3.1 按材料及受力特点分类

1. 无筋扩展基础

由刚性材料制作的基础称无筋扩展基础，也称刚性基础。所谓刚性材料，一般是指抗压强度高，而抗拉、抗剪强度低的材料。在常用材料中，砖、毛石、混凝土或毛石混凝土、灰土、三合土等均属刚性材料。所以砖、石砌体基础、混凝土基础称无筋扩展基础或刚性基础。无筋扩展基础适用于多层民用建筑和轻型厂房形成墙下条形基础或柱下独立基础。

从受力和传力角度考虑，由于土壤单位面积的承载能力小，上部结构通过基础将其荷载传给地基时，只有将基础底面积不断扩大，才能适应地基受力的要求。根据试验得知，上部结构(墙或柱)在基础中传递压力是沿一定角度分布的，这个传力角度称压力分布角，或称刚性角，以 α 表示[图 6.7(a)]。由于刚性材料抗压能力强，抗拉能力差，因此，压力分布角只能在材料的抗压范围内控制。如果基础底面宽度超过控制范围，即由 B' 增大到 B，致使刚性角扩大。这时，基础会因受拉而破坏[图 6.7(b)]。因此，刚性基础底面宽度的增大要受到刚性角的限制。

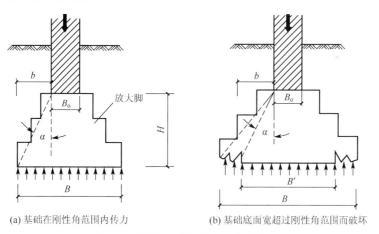

(a) 基础在刚性角范围内传力　　(b) 基础底面宽超过刚性角范围而破坏

图 6.7 刚性基础的受力、传力特点

不同材料基础的刚性角是不同的，通常砖、石基础的刚性角控制在(1：1.50)～(1：1.25)(26°～33°)以内，混凝土基础刚性角控制在 1：1(45°)以内。

2. 扩展基础

扩展基础是指柱下钢筋混凝土独立基础和墙下钢筋混凝土条形基础。

当建筑物的荷载较大而地基承载能力较小时，基础底面 B 必须加宽，如果仍采用混凝土材料做基础，势必加大基础的深度，这样，既增加了挖土工作量，而且还使材料用量增加，对工期和造价都十分不利，很不经济[图 6.8(a)]。如果在混凝土基础的底部配以钢筋，利用钢筋来承受拉应力，使基础底部能够承受较大的弯矩，这时，基础宽度的加大不受刚性角的限制，故称钢筋混凝土基础为扩展基础(也称非刚性基础或柔性基础)。在同样条件下，采用钢筋混凝土与混凝土基础比较，可节省大量的混凝土材料和挖土工作量。

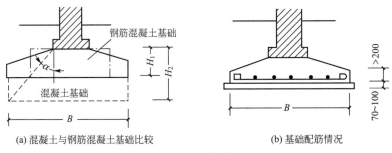

(a) 混凝土与钢筋混凝土基础比较　　　　　　(b) 基础配筋情况

图 6.8　扩展基础

为了保证钢筋混凝土基础施工时，钢筋不致陷入泥土中，常需在基础与地基之间设置混凝土垫层[图 6.8(b)]。垫层的厚度不宜小于 70 mm，垫层混凝土强度等级应为 C10，基础混凝土强度等级不应低于 C20。

6.3.2　按构造型式分类

基础构造型式的确定随建筑物上部结构形式、荷载大小及地基土质情况而定。在一般情况下，上部结构形式直接影响基础的形式，当上部荷载增大，且地基承载能力有变化时，基础构造型式也随之变化。常见基础有以下几种。

1. 条形基础

条形基础呈连续的带形，又称带形基础。条形基础可分为墙下条形基础和柱下条形基础。

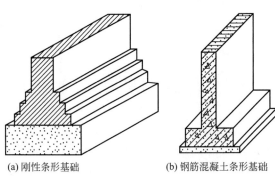

(a) 刚性条形基础　　　(b) 钢筋混凝土条形基础

图 6.9　条形基础

(1) 墙下条形基础。当建筑物上部为混合结构，在承重墙下往往做成通长的条形基础。如一般中小型建筑常选用砖、石、混凝土、灰土和三合土等材料的刚性条形基础[图 6.9(a)]。当上部是钢筋混凝土墙，或地基很差、荷载较大时，承重墙下也可用钢筋混凝土条形基础[图 6.9(b)]。

(2) 柱下条形基础。当建筑物上部为框架结构或部分框架结构，荷载较大，地基又属于软弱土时，为了防止不均匀沉降，将各柱下的基础相互连接在一起，形成钢筋混凝土条形基础，使整个建筑物的基础具有较好的整体性。

2. 独立式基础

当建筑物上部结构采用框架结构或单层排架结构及门架结构承重时，基础常采用方形或矩形的独立式基础，这类基础称为独立式基础或柱式基础[图 6.10(a)]。独立式基础是柱下基础的基本形式。

当柱采用预制构件时，则基础做成杯口形，然后将柱子插入并嵌固在杯口内，因而称杯形基础[图6.10(b)]。

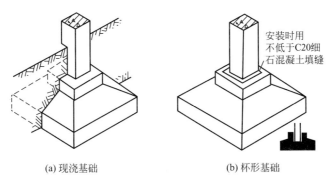

(a) 现浇基础　　　　　　　　(b) 杯形基础

图6.10　独立式基础

3. 井格式基础

当框架结构处在地基条件较差的情况时，为了提高建筑物的整体性，防止柱子之间产生不均匀沉降，常将柱下基础沿纵、横两个方向扩展连接起来，做成十字交叉的井格式基础，因而又称十字带形基础(图6.11)。

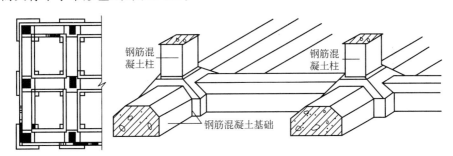

图6.11　井格式基础

4. 筏形基础

当建筑物上部荷载较大，而所在地的地基承载能力又比较弱，这时采用简单的条形基础或井格式基础已不能适应地基变形的需要，通常将墙或柱下基础连成一片，使整个建筑物的荷载承受在一块整板上成为筏形基础，这种地基大大减少了土方工作量。筏形基础整体性好，可跨越基础下的局部弱土，常用于地基软弱的多层砌体结构、框架结构、剪力墙结构的建筑，以及上部结构荷载较大的建筑。筏形基础按其结构布置分为平板式和梁板式两种。其选型应根据工程地质、上部结构体系、柱距、荷载大小以及施工条件等因素确定。图6.12为梁板式筏形基础。

图6.13为不埋板式基础。不埋板式基础是在天然地表上，将场地平整并用压路机将地表土碾压密实后，在较好的持力层上，浇灌钢筋混凝土平板。这一平板便是建筑物的基础。在结构上，基础如同一只盘子反扣在地面上承受上部荷载。

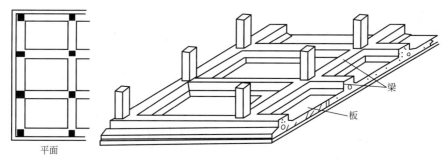

图 6.12　梁板式筏形基础

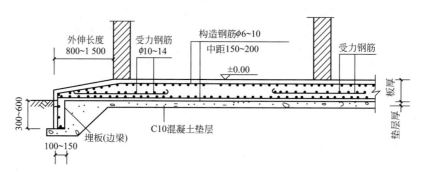

图 6.13　不埋板式基础

5. 箱形基础

当板式基础做得很深时，常将基础改做成箱形基础。箱形基础是由钢筋混凝土底板、顶板和若干纵、横墙组成的空心箱体的整体结构，共同承受上部结构荷载(图 6.14)。基础的中空部分可用作地下室(单层或多层的)或地下停车库。箱形基础整体空间刚度大，整体性强，能抵抗地基的不均匀沉降，较适用于高层建筑或在软弱地基上建造的重型建筑物。

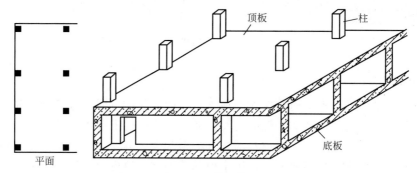

图 6.14　箱形基础

6. 桩基础

当建筑物上部荷载较大，而且地基的软弱土层较厚，地基承载力不能满足要求，做人工地基又不具备条件或不经济时，可采用桩基础，使基础上的荷载通过桩柱传给地基土层，以保证建筑物的均匀沉降或安全使用。桩基础由设置于岩土中的桩柱和连接于桩顶端的承台两部分组成。

（1）承台：承台是在桩柱顶现浇的钢筋混凝土板或梁，上部支承柱的为承台板；上部支承墙的为承台梁，承台的厚度由结构计算确定。

（2）桩柱：桩的种类很多，按桩的材料可以分为木桩、钢筋混凝土桩、钢桩等；按桩的入土方法可以分为打入桩、振入桩、压入桩和灌注桩等；按桩的受力性能又可以分为端承桩与摩擦桩。

桩基础把建筑物的荷载通过桩端传给深处的坚硬土层，这种桩称为端承桩［图6.15（a）］；通过桩侧表面与周围土的摩擦力传给地基，称为摩擦桩［图6.15（b）］。端承桩适用于表面软土层不太厚，而下部为坚硬土层的地基情况，端承桩的荷载主要由桩端应力承受。摩擦桩适用于软土层较厚，而坚硬土层距地表很深的地基情况，摩擦桩上的荷载由桩侧摩擦力和桩端应力承受。

当前用得最多的是钢筋混凝土桩，包括预制桩和灌注桩两大类。钢筋混凝土预制桩是在混凝土构件厂或施工现场预制，然后打入、压入或振入土中。桩身横截面多采用方形，桩长一般不超过12 m。预制桩制作简便，容易保证质量，目前多采用静压预制桩和打入式预制桩。

钢筋混凝土灌注桩是直接在桩位上就地成孔，然后在孔内灌注混凝土或钢筋混凝土的一种成桩方法［图6.15（c）］。灌注桩的优点是没有振动和噪声、施工方便、造价较低、无须接桩及截桩等，特别适合用于周围有危险房屋或深挖基础不经济的情况。但也存在一些缺点：如不能立即承受荷载，操作要求严，在软土地基中易缩颈、断裂，桩尖处虚土不易清除干净等。灌注桩的施工方法，常用的有钻孔灌注桩、挖孔灌注桩、套管成孔灌注桩和爆扩成孔灌注桩等多种，图6.15(d)为爆扩桩示意图。

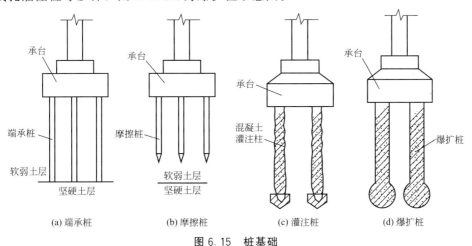

图 6.15　桩基础

以上是常见基础的几种基本结构形式。此外，我国各地还因地制宜地采用了许多不同材料、不同形式的基础，如灰土基础、壳体基础等(图6.16)。

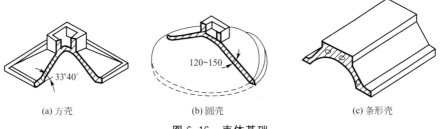

图 6.16　壳体基础

6.4 地下室的构造

6.4.1 地下室的构造组成

建筑物下部的地下使用空间称为地下室。地下室一般由墙身、底板、顶板、门窗、楼梯等部分组成。

6.4.2 地下室的分类

(1) 按埋入地下深度的不同，可分为以下两种。

① 全地下室。是指地下室地面低于室外地坪的高度超过该房间净高的 1/2。

② 半地下室：是指地下室地面低于室外地坪的高度为该房间净高的 1/3～1/2。

(2) 按使用功能不同，可分为以下两种。

① 普通地下室：一般用作高层建筑的地下停车库、设备用房；根据用途及结构需要可做成一层、二层、三层或多层地下室(图 6.17)。

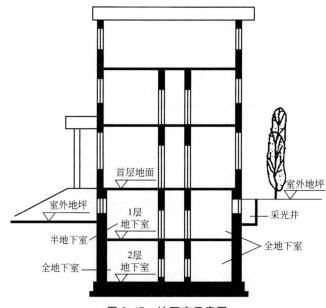

图 6.17　地下室示意图

② 人防地下室：结合人防要求设置的地下空间，用以应付战时情况下人员的隐蔽和疏散，并有具备保障人身安全的各项技术措施。

6.4.3 地下室防潮构造

当地下水的常年水位和最高水位都在地下室地坪标高以下时[图6.18(a)]，地下水不能直接侵入室内，墙和地坪仅受到土层中地潮的影响。所谓地潮系指土层中的毛细管水和地面水下渗而造成的无压水。这时地下室只需做防潮处理，须在地下室外墙外面设垂直防潮层。其做法是墙体必须采用水泥砂浆砌筑，灰缝必须饱满；在墙体外表面先抹一层20 mm厚的1∶2.5水泥砂浆找平，再涂防水涂料1～2遍；防潮层须涂刷至室外散水坡处。然后在外侧回填低渗透性土壤，如黏土、灰土等，并逐层夯实，土层宽度为500 mm左右，以防地面雨水或其他地表水的影响。另外，地下室的所有墙体都应设两道水平防潮层，一道设在地下室地坪附近，一般设置在地坪的结构层之间[图6.18(b)]。另一道设在室外散水坡以上150～200 mm处，使整个地下室防潮层连成整体，以防地潮沿地下墙身或勒脚处墙身入侵室内。

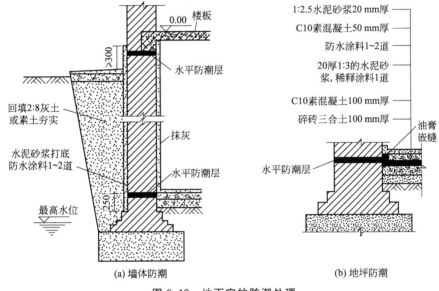

图6.18 地下室的防潮处理

6.4.4 地下室防水构造

当设计最高地下水位高于地下室地坪，这时，地下室的外墙和地坪都浸泡在水中(图6.19)，地下室外墙受到地下水侧压力的影响，底板受到地下水浮力的影响。地下水侧压力的大小是以水头为标准的。水头是指最高地下水位至地下室地面的垂直高度，以m为单位。水头越高，则侧压力越大。这时必须考虑对地下室外墙做垂直防水和对地坪做水平防水处理。

地下室防水方法主要有卷材防水(柔性防水)和防水混凝土防水(刚性防水)两大类。由于绝大多数民用建筑的地下室防水

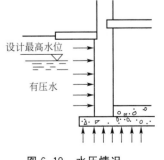

图6.19 水压情况

等级都较高，因此在设计中，通常是采用将柔性防水(或涂料防水)与刚性防水相结合的复合防水做法。

1. 卷材防水

1) 外防水

外防水是将防水层贴在地下室外墙的外表面，这对防水有利，但维修困难。随着新型防水材料的不断涌现，地下室的防水构造也在更新，卷材防水应选用高聚物改性沥青类或合成高分子类防水卷材，如我国目前使用的三元乙丙橡胶卷材，能充分适应防水基层的伸缩及开裂变形，拉伸强度高，拉断延伸率大，能承受一定的冲击荷载，是耐久性极好的弹性卷材。各类卷材必须采用与卷材材料相容的胶黏剂粘贴。外防水构造(图 6.21)要点如下。

(1) 对地下室地坪的防水处理：先浇混凝土垫层，厚度不小于 100 mm；将防水卷材满铺于混凝土垫层上，但考虑到地下潮气可能会造成卷材起鼓，卷材应采用条状粘贴法粘接，并向墙面延伸，为了保证水平防水层包向垂直墙面，地坪防水层必须留出足够的长度以便与垂直防水层搭接，同时要做好转折处卷材的保护工作，以免因转折交接处的卷材断裂而影响地下室的防水。在与立墙的交角处，应加铺相同材料的附加卷材，宽 300～500 mm。防水层之上可虚铺一层改性沥青卷材作保护隔离，其上浇筑 50 mm 厚 C20 细石混凝土保护层，并做分格处理，以便再浇筑钢筋混凝土底板。

(2) 对地下室外墙的防水处理：先在墙外侧抹 20 mm 厚的 1：3 水泥砂浆找平层，其上涂刷基层处理剂，根据选定的卷材层数，分层粘贴防水卷材，防水层须高出最高地下水位 500～1 000 mm 为宜。卷材防水层以上的地下室侧墙应抹水泥砂浆涂两道热沥青或防水砂浆，直至室外散水处。垂直防水层外侧做保护墙一道，宜采用软保护层保护，即用胶黏剂花粘固定 50～60 mm 厚聚苯乙烯泡沫塑料板，再分步回填低渗透性土壤。

2) 内防水

内防水是将防水层贴在地下室外墙的内表面，这样施工方便，容易维修，但对防水不利，故常用于修缮工程。

2. 防水混凝土防水

当地下室地坪和墙体均为钢筋混凝土结构时，应采用抗渗性能好的防水混凝土材料，常采用的防水混凝土有普通混凝土和外加剂混凝土。普通混凝土主要是采用不同粒径的骨料进行级配，并提高混凝土中水泥砂浆的含量，使砂浆充满于骨料之间，从而堵塞因骨料间不密实而出现的渗水通路，以达到防水目的。外加剂混凝土是在混凝土中掺入减水剂、膨胀剂、防水剂、密实剂、引气剂、复合型外加剂等，以提高混凝土的抗渗性能。防水混凝土外墙、底板，均不宜太薄。防水混凝土结构底板的混凝土垫层强度等级不应小于 C15，厚度不应小于 100 mm，在软弱土层中不应小于 150 mm。一般防水混凝土结构的结构厚度不应小于 250 mm，否则会影响抗渗效果。为防止地下水对混凝土侵袭，在墙外侧应抹水泥砂浆，然后涂刷防水涂料(图 6.20 和图 6.21)。

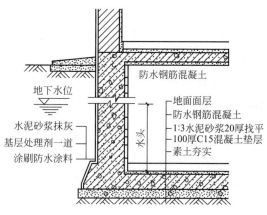

图 6.20　防水混凝土做地下室的防水构造

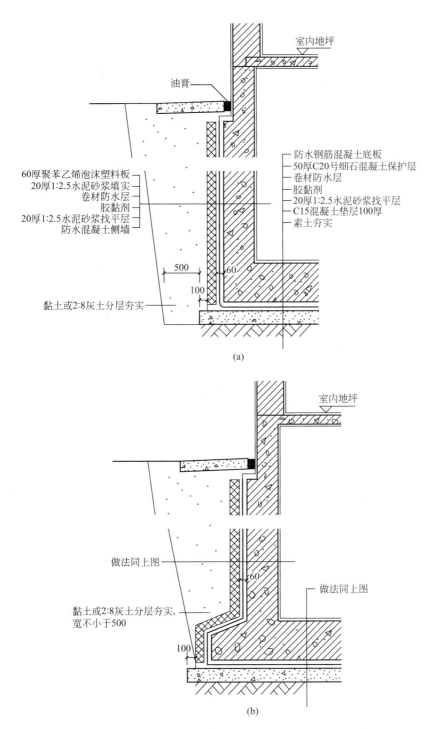

室内地坪

油膏

防水钢筋混凝土底板
50厚C20号细石混凝土保护层
卷材防水层
胶黏剂
20厚1:2.5水泥砂浆找平层
C15混凝土垫层100厚
素土夯实

60厚聚苯乙烯泡沫塑料板
20厚1:2.5水泥砂浆填实
卷材防水层
胶黏剂
20厚1:2.5水泥砂浆找平层
防水混凝土侧墙

500
60
100
黏土或2:8灰土分层夯实

(a)

室内地坪

做法同上图

做法同上图

黏土或2:8灰土分层夯实,
宽不小于500

60
100

(b)

图6.21 防水混凝土及外包柔性防水做地下室的防水构造

3. 涂料防水

涂料防水一般用于地下室的防潮,在防水构造中一般不单独使用。通常在新建防水钢筋混凝土结构中，涂料防水应做在迎水面作为附加防水层，加强防水和防腐能力。对已建防水、防潮建筑，涂料防水可做在外围护结构的内侧，作为补漏措施。如聚氨酯涂膜防水材料，有利于形成完整的防水涂层，对在建筑内有管道、转折和高差等特殊部位的防水处理极为有利。

此外，还有水泥砂浆防水、塑料防水板防水、金属防水等地下室防水方法。

除上述防水措施外，还可以采用人工降、排水的办法，消除地下水对地下室的影响。降排水法可分为外排法和内排法两种。所谓外排法系指当地下水位已高出地下室地面以上时，采取在建筑物的四周设置永久性降排水设施，通常是采用盲沟排水，即利用带孔的陶管埋设在建筑物四周地下室地坪标高以下，陶管的周围填充可以滤水的卵石及粗砂等材料，以便水送入管中积聚后排至城市排水总管[图 6.22(a)]，从而使地下水位降低至地下室底板以下，变有压水为无压水，以减少或消除地下水的影响。当城市总排水管高于盲沟时，则采用人工排水泵将积水排出。这种办法只是在采用防水设计有困难的情况以及经济条件较为有利的情况下采用。

内排水法是将渗入地下室内的水，通过永久性自流排水系统如集水沟排至集水井再用水泵排除。但应充分考虑因动力中断引起水位回升的影响，在构造上常将地下室地坪架空，或设隔水间层，以保持室内墙面和地坪干燥[图 6.22(b)]。为了保险，有些重要的地下室，既做外部防水又设置内排水设施。

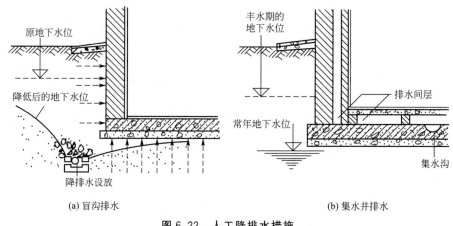

(a) 盲沟排水   (b) 集水井排水

图 6.22 人工降排水措施

本 章 小 结

1. 基础是指建筑物与土壤直接接触的部分。地基是指承受建筑物重量的土层。

2. 地基可分为天然地基和人工地基两类。

3. 从室外设计地面至基础底面的垂直距离称基础的埋置深度。建筑物上部荷载的大小和建筑物的性质及用途、地基土质的好坏、地下水位的高低、土的冰冻深度以及新旧建筑物的相邻交接关系等，都将影响着基础的埋深。

4. 基础的类型较多，按基础所采用材料和受力特点分，有无筋扩展基础(刚性基础)和扩展基础(柔性基础)；依构造型式分为条形基础、独立基础、筏形基础、箱形基础及桩基础等。

5. 当地下水的常年水位和最高水位都在地下室地坪标高以下时，地下室只需做防潮处理。当设计最高地下水位高于地下室地坪，这时必须考虑对地下室外墙做垂直防水和对地坪做水平防水处理。

6. 地下室防水多采用卷材防水（柔性防水）、防水混凝土防水（刚性防水）、涂料防水及复合防水法。

知识拓展——地下工程防水相关知识

随着高层建筑、大型公共建筑的增多和向地下要空间的要求，地下室和地下工程越来越多，地下防水工程越来越引起人们的重视，而地下防水成功与否，不仅是建筑物（或构筑物）使用功能的基本要求，而且在一定程度上影响建筑物的结构安全和使用寿命，同时还可以节约投资，降低工程成本，减少维修费用。以下为地下工程的防水等级和防水混凝土一般规定。

1. 《地下工程防水技术规范》（GB 50108—2008）中的规定

地下工程的防水等级分为四级，各级的标准应符合表 6-1、表 6-2 的规定。

表 6-1　地下工程防水等级标准

防水等级	标　准
Ⅰ级	不允许渗水，结构表面无湿渍
Ⅱ级	不允许漏水，结构表面可有少量湿渍 工业与民用建筑：总湿渍面积不应大于总防水面积（包括顶板、墙面、地面）的 1/1 000；任意 100 m² 防水面积上的湿渍不超过 1 处，单个湿渍的最大面积不大于 0.1 m² 其他地下工程：总湿渍面积不应大于总防水面积的 6/1 000；任意 100 m² 防水面积上的湿渍不超过 4 处，单个湿渍的最大面积不大于 0.2 m²
Ⅲ级	有少量漏水点，不得有线流和漏泥沙 任意 100 m² 防水面积上的漏水点数不超过 7 处，单个漏水点的最大漏水量不大于 2.5 L/d，单个湿渍的最大面积不大于 0.3 m²
Ⅳ级	有漏水点，不得有线流和漏泥沙 整个工程平均漏水量不大于 2 L/(m²·d)；任意 100 m² 防水面积的平均漏水量不大于 4 L/(m²·d)

表 6-2　地下工程防水等级适用范围

防水等级	适用范围	工程举例
Ⅰ级	人员长期停留的场所；因有少量湿渍会使物品变质、失效的储物场所及严重影响设备正常运转和危及工程安全运营的部位；极重要的战备工程	地下办公用房、档案库、文物库、配电间、地铁车站、医院、剧院重要的指挥工程、各种物资储备仓库、防水要求较高的生产车间、旅馆、行李房、城市人行地道
Ⅱ级	人员经常活动的场所；在有少量湿渍的情况下不会使物品变质、失效的储物场所及基本不影响设备正常运转和危及工程安全运营的部位；重要的战备工程	一般生产车间、地下车库、地铁隧道、平战结合人防工程和住宅地下室等

续表

防水等级	适用范围	工程举例
Ⅲ级	人员临时活动的场所，一般战备工程	城市地下公共管线沟，战备交通隧道和疏散干道，水下隧道
Ⅳ级	对渗漏水无严格要求的工程	涵洞等

2. 防水混凝土的一般规定

A. 防水混凝土应通过调整配合比，掺加外加剂、掺合料配制而成，抗渗等级不得小于S6。

B. 防水混凝土的施工配合比应通过试验确定，抗渗等级应比设计要求提高一级（0.2 MPa）。

C. 防水混凝土的设计抗渗等级，应符合表6-3的规定。

表6-3 防水混凝土设计抗渗等级

工程埋置深度/m	设计抗渗等级	工程埋置深度/m	设计抗渗等级
<10	S6	20~30	S10
10~20	S8	30~40	S12

注：1. 本表适用于Ⅳ、Ⅴ级围岩(土层及软弱围岩)。

2. 山岭隧道防水混凝土的抗渗等级可按铁道部门的有关规范执行。

本 章 习 题

1. 什么是地基和基础？地基和基础有何区别？

2. 天然地基和人工地基有何区别？人工加固地基的方法有哪些？

3. 地基和基础的设计要求有哪些？

4. 什么是基础的埋置深度？影响埋深的因素有哪些？

5. 什么是无筋扩展基础(刚性基础)？刚性基础为什么要考虑刚性角？

6. 什么是扩展基础(柔性基础)？

7. 简述常用基础的分类及其特点。

8. 简述地下室分类及概念。

9. 地下室何时做防潮、防水？画图说明地下室防潮、防水构造。

10. 什么性质的建筑物适宜做地下室？

11. 有地下室的建筑物适宜采用哪种基础类型？

第**7**章 墙 体

【教学目标与要求】
- 熟悉墙体的类型及设计要求
- 熟悉墙体常用材料及墙体厚度
- 掌握砖墙、砌块墙的构造原理和细部构造
- 掌握填充墙与隔墙构造原理和构造方法
- 熟悉墙体节能的设计要点,掌握复合墙的构造原理及构造方法

7.1 概 述

墙体是建筑物的重要组成部分,占建筑物总量的30%～45%,造价比重大,在工程设计中,合理地选择墙体材料、结构方案及构造做法十分重要。

7.1.1 墙体的作用

墙体在建筑物中的作用主要有四个方面。
(1)承重作用。墙体既承受建筑物自重和人及设备等荷载,又承受风和地震作用。
(2)围护作用。外墙抵御自然界风、雨、雪等的侵袭,防止太阳辐射,冷热空气侵入和噪声的干扰等。
(3)分隔作用。内墙把建筑物分隔成若干个小空间。
(4)环境作用。装修墙面,满足室内外装饰和使用功能要求。

7.1.2 墙体的分类

建筑物的墙体按所在位置、受力情况、材料及施工方法的不同有如下几种分类方式。

1. 墙体按所在位置分类

按墙体在平面上所处位置不同可分为外墙和内墙,纵墙和横墙。位于房屋周边与外环境直接接触的墙统称外墙。它主要是抵御风、霜、雨、雪的侵袭及保温、隔热,起围护作用。凡位于房屋内部的墙统称为内墙,它主要起分隔房间的作用。沿建筑物短轴方向布置的墙称横墙,有内横墙和外横墙,外横墙位于房屋两端一般称山墙。沿建筑物长轴方向布置的墙称为纵墙,又有内纵墙和外纵墙之分。对于一面墙来说,窗与窗之间或门与窗之间

的墙称为窗间墙，窗台下面的墙称为窗下墙，上下窗之间的墙称窗槛墙，突出屋面的外墙称女儿墙。墙体各部分名称如图 7.1 所示。

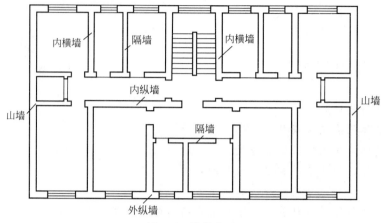

图 7.1　墙体名称

2. 墙体按受力情况分类

墙体按结构垂直方向受力情况分为两种：承重墙和非承重墙。凡直接承受屋顶、楼板等上部结构传来荷载，并将荷载传给下层的墙或基础的墙称为承重墙；凡不承受上部荷载的墙称非承重墙。非承重墙又可分为：自承重墙、隔墙、框架填充墙和幕墙。不承受外来荷载，仅承受自身重量并将其传至基础的墙称自承重墙；起分隔房间的作用，不承受外来荷载，并且自身重量由梁或楼板承担的墙称隔墙；框架结构中填充在柱子之间的墙称框架填充墙；悬挂在建筑物外部骨架或楼板间的轻质墙称幕墙，包括金属幕墙和玻璃幕墙等。外部的填充墙和幕墙不承受上部楼板层和屋顶的荷载，却承受风荷载和地震荷载。

3. 墙体按材料分类

墙体所用材料种类很多。有利用黏土和工业废料制作各种砖和砌块砌筑的砌块墙；利用混凝土现浇或预制的钢筋混凝土墙；钢结构中采用压型钢板墙体及加气混凝土板等墙体；用石块和砂浆砌筑的墙为石墙；此外，还有用土坯和黏土砂浆砌筑的墙或在模板内填充黏土夯实而成的土墙等。

4. 按构造方式分类

按构造方式不同分实体墙、空体墙和复合墙三种。实体墙是由单一材料组成，如砖墙、砌块墙、钢筋混凝土墙等；空体墙可由单一材料砌成内部空腔的墙或由带有空洞的材料建造的墙体；复合墙是由两种或两种以上的材料组合而成的墙体。

5. 按施工方法分类

按施工方法不同有叠砌墙、板筑墙和装配式板材墙三种。叠砌墙是将各种预先加工好的块材，如黏土砖、灰砂砖、石块、空心砖、中小型砌块，用胶结材料(砂浆)砌筑而成的墙体；板筑墙则是在施工时，直接在墙体部位竖立模板，在模板内夯筑黏土或浇筑混凝土振捣密实而成的墙体，如夯土墙和大模板、滑模施工的混凝土墙体；装配式板材墙是将工厂生产的大型板材运至现场进行机械化安装而成的墙体。这种板材较大，一块板就是一堵墙，包括板材墙、多种组合墙和幕墙等，施工速度快、工期短，对施工机械化要求很高，是建筑工业化发展方向。

7.1.3 墙体的设计要求

1. 结构及抗震要求

1) 强度要求

强度是指墙体承受荷载的能力。承重墙应有足够的强度来承受楼板及屋顶的竖向荷载。砌体墙是由脆性材料砌筑而成，变形能力小，因而对房屋的高度及层数有一定的限制值。房屋总高度(m)和层数限值见表7-1。

表7-1 房屋总高度和层数限值

砌体类别	最小墙厚/mm	抗震设防烈度							
		6		7		8		9	
		高度/m	层数	高度/m	层数	高度/m	层数	高度/m	层数
黏土砖	240	24	8	21	7	18	6		
混凝土小砌块	190	21	7	18	6	15	5	12	4
混凝土中砌块	200	18	6	16	5	9	3		
粉煤灰中砌块	240	18	6	15	5	9	3		

2) 刚度要求

墙体作为承重构件，应满足一定的刚度要求。一方面构件自身应具有稳定性，同时地震区还应考虑地震作用下对墙体稳定性的影响。墙体的稳定性与高厚比有关。为满足高厚比要求，通常在墙体开洞口部位设置门垛、在长而高的墙体中设置壁柱。

2. 功能方面的要求

1) 外墙保温与隔热

北方寒冷地区要求围护结构具有较好的保温能力，以减少室内热损失。同时还要防止在围护结构内表面及保温材料内部出现凝结水现象。为了提高外墙保温能力减少热损失，应采取以下措施。

(1) 提高外墙保温能力减少热损失。一般有三种做法：增加墙体厚度、选用孔隙率高的轻质材料、采用多种材料的组合墙。

(2) 防止外墙中出现凝结水。在靠室内高温一侧，用卷材、防水涂料或薄膜等材料设置隔蒸汽层，阻止水蒸气进入墙体。

(3) 防止外墙出现空气渗透。为了防止外墙出现空气渗透，一般采取以下措施：选择密实度高的墙体材料，墙体内外加抹灰层，加强构件间的密缝处理等。

炎热地区的外墙应具有足够的隔热能力，可以选用热阻大、质量大的材料做外墙，也可以选用光滑、平整、浅色的材料，以增加对太阳的反射能力。

2）隔声要求

为保证建筑的室内使用要求，不同类型的建筑具有相应的噪声控制标准。设计墙体时，应尽量选择面密度(kg/m²)高的材料，双层墙隔声性能优于单层墙，主要是由于空气间层起着减振作用。为控制噪声，一般采取以下措施。

（1）加强墙体的密缝处理。

（2）增加墙体密实性及厚度，避免噪声穿透墙体及带动墙体振动。

（3）采用有空气间层或多孔性材料的夹层墙，提高墙体的减振和吸音能力。

（4）在可能的情况下，利用垂直绿化降噪。

3）应满足防火要求

作为墙体材料及墙身厚度，都应符合防火规范中相应燃烧性能和耐火极限所规定的要求，并在较大的建筑中设置防火墙对建筑进行防火分区，以防止火灾蔓延。根据防火规范，一、二级耐火等级建筑，防火墙最大间距为150 m，三级为100 m，四级为60 m。防火墙应截断燃烧体或难燃烧体的屋顶，并高出非燃烧体屋面不小于400 mm；高出难燃烧体屋面不小于500 mm。

此外，作为墙体还应考虑防潮、防水以及经济、美观等方面的要求。

7.2 砖 墙

用胶结材料将块材按一定技术要求砌筑而成的墙称砌体墙。如砖墙、石墙以及各种砌块墙，也可以简称为砌体。砌体墙取材容易、制造简单，既能承重，又具有一定的保温、隔热、隔声、防火性能。砌体墙按所用材料分砖墙和砌块墙两种。本节主要介绍砖墙，砌块墙将在下一节介绍。

7.2.1 砖墙材料

砖墙由砖和砂浆两种材料组成。

1. 砖

砖的种类很多，主要有普通的黏土砖和烧结多孔砖等。普通的黏土砖墙缺点是强度较低、施工进度慢，又与农业争地，2004年2月13日，国家发改委、国土资源部、建设部、农业部联合发布《关于进一步做好禁止使用实心黏土砖工作的意见》，现已有采用预压、加压成型工艺，利用各种工矿废渣及先进技术、生产出标准砖、标准槽砖、圆孔空心砖。利用工业废渣：粉煤灰、炉渣、煤矸石、石粉、河沙、风化石、硫酸渣、冶炼渣及各种尾矿渣等原料，变废为宝、治理污染、保护环境，具有显著的经济效益，是国家重点推广项目。

砖的强度以强度等级表示，分别为 MU30、MU25、MU20、MU15、MU10 和 MU7.5 六个级别。如 MU30 表示砖的极限抗压强度平均值为 30 MPa。

普通砖和蒸压砖的规格为 240 mm×115 mm×53 mm。砖长：宽：厚＝4：2：1(包括 10 mm 宽灰缝)，普通砖砌筑墙体时是以砖宽度的倍数，即(115＋10)mm＝125 mm 为模数。这与我国现行《建筑模数协调统一标准》(GBT 5002—2013)中的基本模数 M＝100 mm 不协调，因此在使用中，须注意普通砖的这一特征。当墙段长度超过 1 m 时，可不考虑砖的模数。墙体厚度以 60 mm(1/4 砖)进级，即 120(115)、180(178)、240、370(365)、490(括号内为实际尺寸)。

烧结多孔砖包括 DM 型多孔砖(M 型模数系列多孔砖)和 KP₁ 型(P 型多孔砖)两大类。多孔砖的规格尺寸见表 7-2。DM 系列多孔砖尺寸符合建筑模数统一标准，墙体竖向按模数制(1M)进级，墙体厚度以 50 mm(1/2M)进级，即 100、150、200、250、300、350。墙体厚度和轴线定位采用符合模数的标志尺寸。KP₁ 型多孔砖墙体厚度和轴线定位尺寸标注同普通砖。

表 7-2 多孔砖的规划尺寸

单位：mm

DM 型多孔砖		KP₁ 型多孔砖	
DM₁-1	190×240×90	KP₁-1	240×115×90
DM₁-2		KP₁-2	
DM₂-1	190×190×90	KP₁-3	
DM₂-2		KP₁-(1)	
DM₃-1	190×140×90	KP₁-(2)	178×115×90
DM₃-2		KP₁-(3)	
DM₄-1	190×90×90		
DM₄-2			
DMₚ	190×90×40		

2. 胶结材料

块材需要黏结材料将其胶结成为整体，并将块材之间的空隙填平、密实，同时便于使上层块材所承受的荷载能逐层均匀地传至下层块材，以保证砌体的强度。常用的砌筑砂浆有水泥砂浆、混合砂浆、石灰砂浆和黏土砂浆。水泥砂浆由水泥、砂加水拌和而成，属水硬性材料，强度高，但可塑性和保水性较差，适应砌筑湿环境下的砌体，如地下室、基础等。石灰砂浆由石灰膏、砂加水拌和而成。由于石灰膏为塑性掺合料，所以石灰砂浆的可塑性很好，但它的强度较低，且属于气硬性材料，遇水强度即降低，所以适宜砌筑次要的民用建筑的地上部分砌体。混合砂浆由水泥、石灰、砂加水拌和而成，既有较高的强度，也有良好的可塑性和保水性，故民用建筑地上砌体中被广泛采用。黏土砂浆是由黏土加砂加水拌和而成，强度很低，仅适于土坯墙的砌筑，多用于乡村民居。它们的配合比取决于结构要求的强度。

砂浆强度等级有 M15、M10、M7.5、M5、M2.5 共 5 个级别。常用的砌筑砂浆是 M5 或 M7.5 砂浆。

7.2.2 砖墙的砌筑原则

为了保证墙体的强度，砖砌体的砖缝必须横平竖直，错缝搭接，砖缝砂浆必须饱满，厚薄均匀，水平灰缝厚度和竖向灰缝宽度一般为 10 mm，但不应小于 8 mm，也不应大于 12 mm。常用的错缝方法是将顶砖和顺砖上下皮交错砌筑。将砖的长边垂直砌体长边砌筑时，称为顶砖；将砖的长边平行于砌体长边砌筑时，称为顺砖。每排列一层砖称为一皮。常见的砖墙砌式有以下几种，即一顺(或多顺)一丁式、每皮丁顺相间式、两平一侧式及全顺式等(图 7.2)。

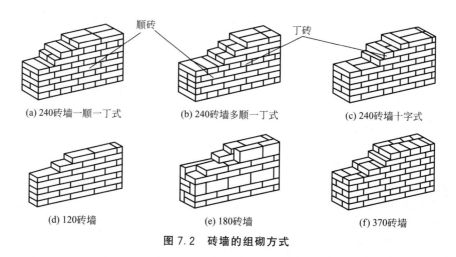

(a) 240砖墙一顺一丁式   (b) 240砖墙多顺一丁式   (c) 240砖墙十字式

(d) 120砖墙   (e) 180砖墙   (f) 370砖墙

图 7.2 砖墙的组砌方式

砖墙的转角处和交接处应同时砌筑，均应错缝搭接，所有填充墙在互相连接、转角处及与混凝土墙连接处应沿墙高设置 $2\phi6$@600 通长拉结筋。对不能同时砌筑而又必须留置的临时间断处应砌成斜槎，并加设拉结筋，拉结筋的数量按每 120 mm 墙厚放置一根直径 6 mm 的钢筋，间距沿墙高不得超过 500 mm，埋入长度从墙的留槎处算起，每边均不应小于 500 mm，末端应有 90°弯钩。抗震设防地区建筑物的临时间断处不得留直槎，砖墙的局部尺寸应符合《建筑抗震设计规范》(GB 50011—2010)的要求，具体尺寸见表 7-3。

表 7-3 房屋的局部尺寸
单位：m

构造类型	抗震设防烈度			备注
	6、7 度	8 度	9 度	
承重窗间墙最小宽度	1.00	1.20	1.50	在墙角设钢筋混凝土构造柱时，不受此限 出入口上部的女儿墙应有锚固 阳角设钢筋混凝土构造柱时，不受此限
承重外墙近端至门窗洞边最小距离	1.00	1.20	1.50	
非承重外墙近端至门窗洞边最小距离	1.00	1.00	1.00	
内墙阳角至门窗洞边最小距离	1.00	1.50	2.00	
无锚固女儿墙非出入口处最大高度	0.50	0.50	—	

7.2.3 砖墙细部构造

砖墙细部构造一般指在墙身上的细部做法，其中包括散水、勒脚、防潮层、窗台、过梁等内容。

1. 散水

为了迅速排除从屋檐下滴的雨水，防止因积水渗入地基而造成建筑物的下沉，常在外墙四周将地面做成倾斜的坡面，以便将雨水散至远处。这一坡面即为散水。散水做法很多（图 7.3），有砖砌、块石、碎石、水泥砂浆、混凝土等。宽度一般为 600～1 000 mm。当屋面为自由落水时，散水宽度比屋面檐口宽 200 mm 左右。散水坡度一般在 3%～5%，外缘高出室外地坪 20~50 mm 较好。由于建筑物的沉降、勒脚与散水施工时间的差异，在散水与外墙间应留有缝隙，缝宽 10 mm，散水整体面层纵向距离每隔 6 m 做一道伸缩缝，缝宽 20 mm。缝内填沥青胶泥，以防渗水。地下水位距室外地面小于 1.5 m 时，素土夯实及灰土垫层宜改用 300~450 mm 厚天然级配砂石夯实。散水下如设防冻胀层，做法按工程设计如图 7.3(b)所示。

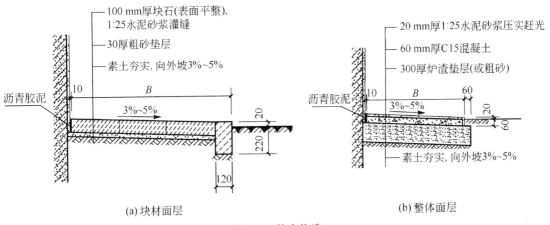

图 7.3　散水构造

2. 勒脚

勒脚是墙身接近室外地面的部分，其高度一般指室内地坪与室外地面之间的高差部分，也有将底层窗台至室外地面的高度视为勒脚。它起着保护墙身和增加建筑物立面美观的作用。由于砖砌体存在着无数微小细孔、地表水和地下水容易沿着细孔渗入墙身，使墙体冻融破坏、饰面发霉、剥落，加上外界的碰撞、雨雪的不断侵蚀，使勒脚造成损坏。所以勒脚应选用耐久性高，防水性能好的材料，并在构造上采取防护措施。其具体做法有下列几种。

(1) 石砌勒脚。对勒脚容易遭到破坏的部分采用石块或石条等坚固的材料进行砌筑，高度可砌至室内地坪或按设计[图 7.4(a)]。

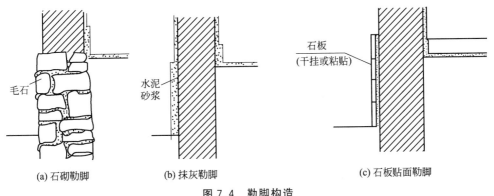

图 7.4　勒脚构造

(2) 抹灰类勒脚。为防止室外雨水对勒脚部位的侵蚀，在勒脚的外表面做水泥砂浆抹面[图 7.4(b)]，或其他有效的抹面处理，如水刷石、干粘石、剁斧石等。其做法简便易行，应用较广。

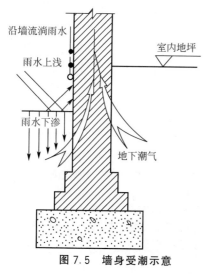

图 7.5 墙身受潮示意

（3）贴面勒脚。可以人工石材或天然石材贴面，如陶瓷面砖、花岗岩、火烧板等。贴面勒脚耐久性强，装饰效果好，多用于标准较高的建筑[图 7.4(c)]。

3. 墙身防潮层

墙体底部接近土壤部分易受土壤中水分的影响而受潮，从而影响墙体(图 7.5)。为了隔绝室外雨雪水及地潮对墙身侵袭的不良影响，增加墙体的耐久性，在靠近室内地面处需设防潮层，有水平防潮和垂直防潮两种。

（1）水平防潮层：是指建筑物内外墙靠近室内地坪沿水平方向设置的防潮层，以隔绝地潮等对墙身的影响。

水平防潮层应设置在距室外地面 150 mm 以上的勒脚墙体中，以防地表水溅渗。同时，考虑到建筑物室内地坪层下填土或垫层的毛细作用，一般将水平防潮层设置在底层地坪混凝土结构层之间的砖缝中(图 7.6)，使其更有效地起到防潮作用。如采用混凝土或石砌勒脚时，可以不设水平防潮层，还可以将地圈梁提高到室内地坪以下来代替水平防潮层。防潮层以下墙体采用普通砖。

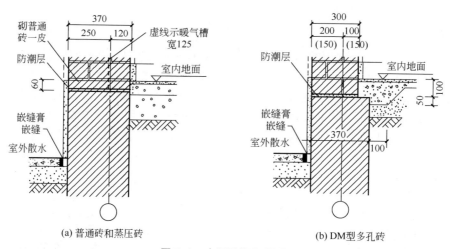

(a) 普通砖和蒸压砖 (b) DM型多孔砖

图 7.6 水平防潮层位置

水平防潮层根据材料的不同，有卷材防潮层、防水砂浆防潮层和配筋细石混凝土防潮层三种(图 7.7)。

① 卷材防潮层具有一定的韧性、延伸性和良好的防潮性能。因卷材层降低了上下砖砌体之间的黏结力，故卷材防潮层不宜用于下端按固定端考虑的砖砌体和有抗震设防要求的建筑中。同时，卷材的使用年限一般只有 20 年左右，长期使用将失去防潮作用，目前已较少采用。

② 砂浆防潮层是在 1∶2 水泥砂浆中掺入水泥用量的 3%～5%防水剂配制而成，在需要设置防潮层的位置铺设 20～25 mm 厚的防水砂浆层，也可用防水砂浆砌筑 1～2 皮砖。防水砂浆防潮层克服了卷材防潮层的缺点，因而特别适用于抗震地区、独立砖柱和振动较

大的砖砌体中。但由于砂浆为脆性易开裂材料，在地基发生不均匀沉降时会断裂，从而失去防潮作用。

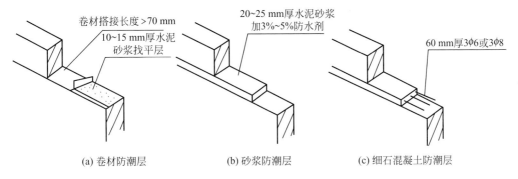

(a) 卷材防潮层 (b) 砂浆防潮层 (c) 细石混凝土防潮层

图 7.7 墙身水平防潮层

③ 细石混凝土防潮层是在需要设置防潮层的位置铺设 60 mm 厚 C15 或 C20 细石混凝土，内配 $\phi6\sim8@\leqslant120$ mm 钢筋形成防潮带，或结合地圈梁的设置形成防潮层。由于它防潮性能和抗裂性能都很好，且与砖砌体结合紧密，故适用于整体刚度要求较高的建筑中。

(2) 垂直防潮层：当室内地坪出现高差或室内地坪低于室外地面时，应在不同标高的室内地坪处设置水平防潮层，为避免室内地坪较高一侧土壤或室外地面回填土中的水分侵入墙身，对于高差部分的垂直墙面在填土一侧沿墙设置垂直防潮层(图 7.8)。其做法是在高地坪一侧房间位于两边水平防潮层之间的垂直墙面上，先用水泥砂浆抹灰 15～20 mm 厚，再涂冷底子油一道，刷热沥青两道或采用防水砂浆抹灰防潮处理。而在低地坪一边的墙面上采用水泥砂浆抹面。

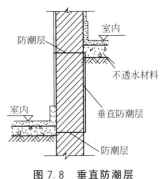

图 7.8 垂直防潮层

4. 窗台

窗洞口的下部应设置窗台。窗台根据窗的安装位置可形成内窗台和外窗台。外窗台是为了防止在窗洞底部积水，并流向室内。内窗台则是为了排除窗上的凝结水，以保护室内墙面，以及存放东西、摆放花盆等。

外窗台应向外形成一定坡度，底面檐口处，应做成锐角形或半圆凹槽(俗称"滴水")，便于排水，以免污染墙面。外窗台有悬挑窗台和不悬挑窗台两种。悬挑窗台常采用顶砌一皮砖或将一砖侧砌并悬挑 60 mm，也可预制混凝土窗台。窗台表面用 1∶3 水泥砂浆抹面做出坡度，挑砖下抹出滴水，以防止雨水沿滴水槽口下落。由于悬挑窗台下部容易积灰，在风雨作用下很容易污染窗台下的墙面，影响建筑物的美观。因此，在当今设计中，大部分建筑物都设计为不悬挑窗台，利用雨水的冲刷洗去积灰(图 7.9)。图中尺寸 100 用于DM 型多孔砖，120 用于普通砖和蒸压砖。

外窗台的形式由立面的需要而定，可将所有窗台连起来形成通长腰线；或将几个窗台连起来形成分段腰线；也可沿窗洞口四周挑出做成窗套，单个窗台也可以互不相连，窗台

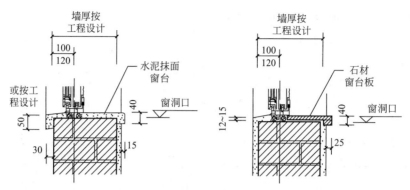

图 7.9　窗台形式

比窗洞口每边宽出 120 mm 左右。

内窗台可采用水泥砂浆抹面、预制水磨石、石材、木材等制作。

5. 门窗过梁

当墙体上开设门窗洞口时，为了支承洞口上部砌体传来的各种荷载，并把这些荷载传给洞口两侧的墙体，常在门窗洞口上设置横梁，即门窗过梁。过梁的形式较多，常见的有砖拱过梁、钢筋砖过梁和钢筋混凝土过梁三种。

1) 砖拱过梁

砖拱过梁包括平拱和弧拱两种(图 7.10)，是我国传统做法。将立砖和侧砖相间砌筑，使灰缝上宽下窄相互挤压便形成了拱的作用。平拱高度不小于 240 mm，灰缝上部宽度不大于 20 mm，下部不小于 5 mm，拱两端下部伸入墙内 20~30 mm。起拱高约为跨度的 1/50，受力后拱体下落成为水平，故称平拱。砖砌平拱过梁最大跨度可达 1.2 m。当过梁的砌筑砂浆强度等级不低于 M10 级，砖强度等级不低于 MU7.5 级时才能保证过梁的强度和稳定性。砖拱过梁节约钢材和水泥，但施工麻烦，整体性较差，不宜用于有集中荷载、振动较大、地基承载力不均匀以及地震区的建筑。

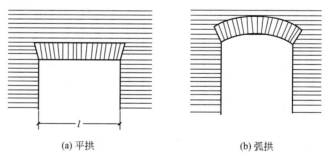

(a) 平拱　　　　　　　　　　　(b) 弧拱

图 7.10　砖拱过梁

2) 钢筋砖过梁

钢筋砖过梁是在砖缝里配置钢筋，形成可以承受荷载的钢筋砖砌体。墙内放 $\phi6@<120$ 的钢筋，放在洞口上部的砂浆层内，砂浆层为 1：3 水泥砂浆 30 mm 厚。钢筋两边伸入支座长度不小于 240 mm，并加弯钩，也可以将钢筋放入洞口上部第一皮和第二皮砖之间。为使洞上的部分砌体和钢筋构成过梁，常在相当于 1/4 跨度的高度范围内(不少于五皮砖)，用不低于 M5 级砂浆砌筑(图 7.11)。钢筋砖过梁适用于跨度小于或等于 2 m，上部无

集中荷载的洞口上。钢筋砖过梁施工方便，墙身为清水墙时，建筑立面易于获得与砖墙统一的效果，但整体性差，对抗震设防地区和有较大振动的建筑不应使用。

3）钢筋混凝土过梁

当门窗洞口较大或洞口上部有集中荷载时，常采用钢筋混凝土过梁，它坚固耐用，施工简便，目前被广泛采用。钢筋混凝土过梁有现浇和预制两种，梁高及配筋由计算确定。为了施工方便，梁高应与砖

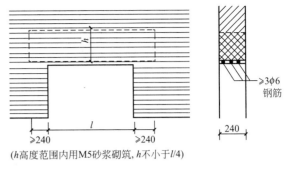

(h高度范围内用M5砂浆砌筑，h不小于l/4)

图 7.11 钢筋砖过梁

的皮数相适应，以方便墙体连续砌筑，故常见梁高为60 mm、120 mm、180 mm、240 mm，即 60 mm 的整倍数。梁宽一般同墙厚，梁两端支承在墙上的长度每边不小于 240 mm，以保证足够的承压面积。

过梁断面形式有矩形和 L 形（图 7.12），矩形多用于内墙和复合墙。在寒冷地区，为了防止过梁内壁产生冷凝水，外墙常采用 L 形过梁或组合式过梁。为简化构造、节约材料，可将过梁与圈梁、悬挑雨篷、窗楣板或遮阳板等结合起来设计。如在南方炎热多雨地区，常从过梁上挑出 300～500 mm 宽的窗楣板，既保护窗户不淋雨，又可遮挡部分直射太阳光。

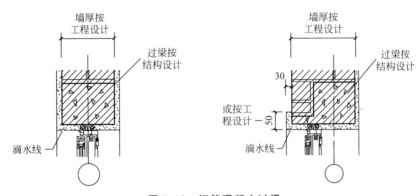

图 7.12 钢筋混凝土过梁

7.2.4 墙身的加固

由于墙身承受集中荷载，开设门窗洞口及地震等因素的影响，使墙体的稳定性受到影响，须在墙身采取加固措施。

1. 增加壁柱和门垛

当墙体的窗间墙上出现集中荷载而墙厚又不足以承担其荷载，或当墙体的长度和高度超过一定限度并影响到墙体稳定性时，常在墙身局部适当位置增设凸出墙面的壁柱（图 7.13）以提高墙体刚度。壁柱突出墙面的尺寸一般为 120 mm×370 mm、240 mm×370 mm、240 mm×490 mm，或根据结构计算确定。

当在墙体上开设门洞且门洞开在纵横墙交接处时，为便于门框的安置和保证墙体的稳定性，须在门靠墙转角的一边设置门垛(图7.14)，门垛凸出墙面不少于120 mm，宽度同墙厚。

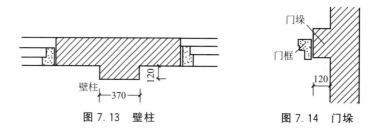

图7.13　壁柱　　　　　　　　　图7.14　门垛

2. 设置圈梁

圈梁是沿外墙四周及部分内墙设置在同一水平面上的连续闭合交圈的梁。圈梁配合楼板共同作用可提高建筑物的空间刚度及整体性，增加墙体的稳定性，减少由于地基不均匀沉降而引起的墙身开裂。对于抗震设防地区，设置圈梁与构造柱形成内部骨架可大大提高墙体抗震能力。

圈梁包括钢筋砖圈梁和钢筋混凝土圈梁两种。

钢筋砖圈梁，做法是在楼层标高以下的墙身上，在砌体灰缝中加入钢筋，梁高4～6皮砖，钢筋不宜少于6×φ6，分上、下两层布置，水平间距不宜大于120 mm，砂浆强度等级不宜低于M5，如图7.15所示。

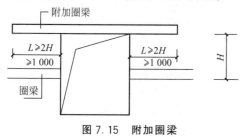

图7.15　附加圈梁

钢筋混凝土圈梁，高度一般不小于120 mm，常见的高度为180 mm、240 mm，构造上宽度值与墙同厚，当墙厚为240 mm以上时，其宽度可为墙厚的2/3。钢筋混凝土圈梁在墙身的位置，外墙圈梁一般与楼板相平，内墙圈梁一般在板下。当圈梁遇到门窗洞口而不能闭合时，应在洞口上部或下部设置一道不小于钢筋砖圈梁截面的附加圈梁(图7.15)。

附加圈梁与圈梁的搭接长度应不小于两梁高差的2倍，也不小于1 m。在抗震区，圈梁应完全闭合，不得被洞口截断。

3. 构造柱

钢筋混凝土构造柱是从构造角度考虑设置在墙身中的钢筋混凝土柱。其位置一般设在建筑物的四角、内外墙交接处、楼梯间和电梯间四角以及较长的墙体中部，较大洞口两侧。这样做是为了与圈梁及墙体紧密连接，形成空间骨架，增强建筑物的刚度，提高墙体的应变能力，使墙体由脆性变为延性较好的结构，做到裂而不倒。构造柱下端应锚固于钢筋混凝土基础或基础圈梁内，上端与屋檐圈梁相锚固，柱截面应不小于180 mm×240 mm。主筋一般采用4φ12，箍筋间距小于或等于250 mm，且在上下适当加密，墙与柱之间应沿墙高每500 mm设2φ6钢筋连接，每边伸入墙内不少于1 m，使墙柱形成整体(图7.16)。随着地震烈度加大和层数增加，屋角的构造柱可适当加大截面及配筋。构造柱施工时必须先绑扎钢筋，再砌墙，随着墙体的上升逐段现浇钢筋混凝土柱身。

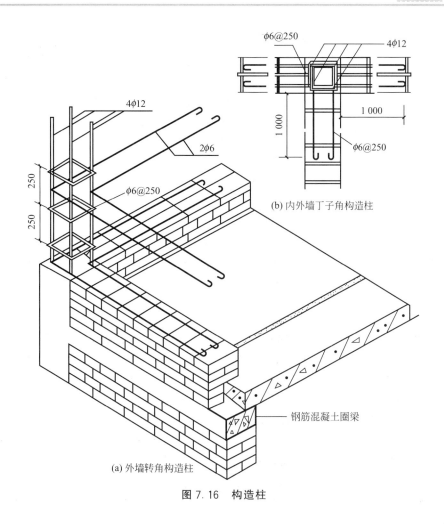

(b) 内外墙丁字角构造柱

(a) 外墙转角构造柱

图 7.16 构造柱

7.3 砌 块 墙

砌块墙是指利用预制厂生产的块材所砌筑的墙体。其优点是采用胶凝材料并能充分利用工业废料和地方材料加工制作，且制作方便，施工简单，不需大型的起重运输设备，具有较大的灵活性。

7.3.1 砌块的材料及其类型

砌块的材料有混凝土、加气混凝土、各种工业废料、粉煤灰、煤矸石、石碴等。规格、类型不统一，但使用以中小型砌块和空心砌块居多(图 7.17)。在选择砌块规格时，首先必须符合《建筑统一模数制》的规定；其次是砌块的型号越少越好；另外，砌块的尺度应考虑生产工艺条件，施工和起吊的能力以及砌筑时错缝、搭接的可能性；最后，要考虑砌体的强度、稳定性和墙体的热工性能等。

目前我国各地采用的砌块主要分为以下两类。

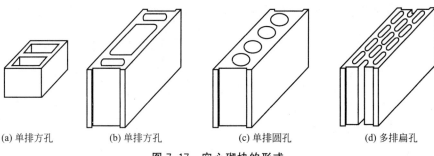

(a) 单排方孔   (b) 单排方孔   (c) 单排圆孔   (d) 多排扁孔

图 7.17　空心砌块的形式

1. 小型砌块

小型砌块有实心砌块和空心砌块之分。其外形尺寸多为 190 mm×190 mm×390 mm，辅助块尺寸为 90 mm×190 mm×190 mm 和 190 mm×190 mm×190 mm，小型空心砌块一般为单排孔。

2. 中型砌块

中型砌块有空心砌块和实心砌块之分。其尺寸由各地区使用材料的力学性能和成型工艺确定。在满足建筑热工和其他使用要求的基础上，力求形状简单，细部尺寸合理，空心砌块有单排方孔、单排圆孔和多排扁孔等形式。空心砌块常见的尺寸为 180 mm×630 mm×845 mm、180 mm×1 280 mm×845 mm、180 mm×2 130 mm× 845 mm（厚×长×高），实心砌块的尺寸为 240 mm×280 mm×380 mm、240 mm×430 mm×380 mm、240 mm×580 mm×380 mm、240 mm×880 mm×380 mm（厚×长×高）。不同孔型的混凝土空心砌块的构造尺寸见表 7-4。

表 7-4　混凝土空心砌块细部尺寸

项　　目	孔　　型		
	单排孔	单排圆孔	多排孔
空心率/(%)	50～60	40～50	35～45
壁厚 δ/mm	25～35	25～30	25～35
肋距 h/mm	10δ～12δ	$d+30$～40	

7.3.2　砌块的组合与砌体构造

砌块的组合是根据建筑设计做砌块的初步试排工作，即按建筑物的平面尺寸、层高对墙体进行合理的分块和搭接，以便正确选定砌块的规格、尺寸。在设计时，不仅要考虑到大面积墙面的错缝、搭接、避免通缝，而且还要考虑内外墙的交接、咬砌，使其排列有序。此外，应尽量多使用主要砌块，并使其占砌块总数的 70% 以上。

1. 砌块墙体的划分与砌块的排列

1) 砌块墙体划分时应考虑

(1) 排列整齐，考虑建筑物的立面要求及施工方便。

（2）保证纵横墙搭接牢固，以提高墙体的整体性。砌块上下搭接至少上层盖住下层砌块 1/4 长度。若为对缝须另加铁件，以保证墙体的强度和刚度。

（3）尽可能少镶砖，必须镶砖时，则尽可能分散、对称。

2）墙面砌块的排列

常见的排列方式多依起重能力而定。小型砌块多为人工砌筑。中型砌块的立面划分与起重能力有关，当起重能力在 0.5 t 以下时可采用多皮划分，当起重能力在 1.5 t 左右时可采用四皮划分。

2. 砌块墙的构造

砌块墙和砖墙一样，在构造上应增强其墙体的整体性与稳定性。

1）砌块墙的拼接

在中型砌块的两端一般设有封闭式的包浆槽。在砌筑安装时，必须使竖缝填灌密实，水平缝砌筑饱满，保证连接。一般砌块采用 M5 级砂浆砌筑，灰缝厚一般为 15～20 mm。当垂直灰缝大于 30 mm 时，需用 C20 细石混凝土灌实。在砌筑过程中出现局部不齐时，常以普通黏土砖填嵌。

中型砌块砌体应错缝搭接，搭缝长度不得小于 150 mm，小型砌块要求对孔错缝，搭缝长度不得小于 90 mm，当搭接长度不足时，应在水平灰缝内增设 $\phi 4$ 的钢筋网片（图 7.18）。砌块墙体的防潮层设置同砖砌体，同时，应以水泥砂浆作勒脚抹面。

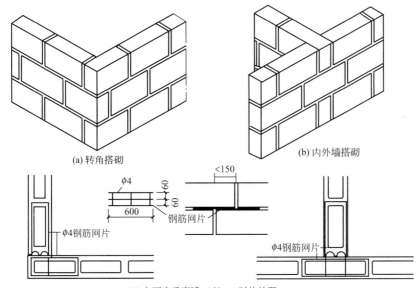

(a) 转角搭砌   (b) 内外墙搭砌

(c) 上下皮垂直缝<150 mm时的处理

图 7.18　砌块墙构造

2）过梁与圈梁

过梁既起承受门窗洞孔上部荷载的作用，同时又是一种调节砌块。为加强砌块建筑的整体性，多层砌块建筑应设置圈梁。当圈梁与过梁位置接近时，往往将圈梁和过梁一并考虑（圈梁设置要求见表 7-5）。圈梁有现浇和预制两种，现浇圈梁整体性强。为方便施工，可采用 U 形预制砌块，代替模板，在凹槽内配置钢筋，并现浇混凝土（图 7.19）。预制圈梁之间一般采用焊接，以提高其整体性。

表 7-5　多层砌块建筑圈梁设置要求

墙　类	抗震设防烈度	
	六、七级	八度
外墙和内纵墙	屋盖处及每层楼盖处	屋盖处及每层楼盖处
内横墙	屋盖处及每层楼盖处；屋盖处沿所有横墙；楼盖处间距不应大于 7 m；构造柱对应部位	屋盖处及每层楼盖处；各层所有横墙

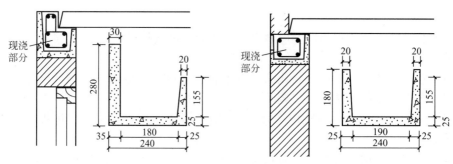

图 7.19　砌块现浇圈梁

3）构造柱

为加强砌块建筑的整体刚度和变形能力，常在外墙转角和必要的内外墙交接处设置构造柱。构造柱多利用空心砌块上下孔洞对齐，在孔中配置不小于 $2\phi12$ 钢筋分层插入，并用 C20 细石混凝土分层填实（图 7.20）。构造柱与圈梁、基础须有可靠的连接，这对提高墙体的抗震能力十分有利。

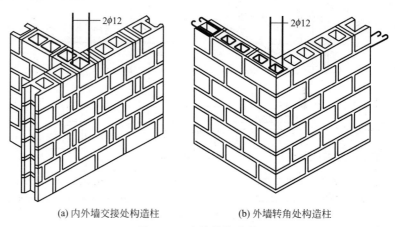

(a) 内外墙交接处构造柱　　　　(b) 外墙转角处构造柱

图 7.20　砌块墙构造柱

7.4　隔　墙

建筑中不承重，只起分隔室内空间作用的墙体称为隔墙。通常人们把到顶板下皮的隔断墙称为隔墙；不到顶、只有半截的称为隔断。隔墙是分隔建筑物内部空间的非承重构件，本身重量由楼板或梁来承担。设计要求隔墙自重轻，厚度薄，要有足够的稳定性，有隔声和防火性能，便于拆卸，浴室、厕所的隔墙能防潮、防水。

常用隔墙有块材隔墙、轻骨架隔墙和轻质条板内隔墙三大类。

7.4.1 块材隔墙

块材隔墙是用普通砖、空心砖、各种砌块等块材砌筑而成。

1. 普通砖隔墙

普通砖隔墙有 1/2 砖隔墙和 1/4 砖隔墙之分，其构造如图 7.21 所示。对 1/2 砖墙，当采用 M2.5 级砂浆砌筑时，其高度不宜超过 3.6 m，长度不宜超过 5 m；当采用 M5 级砂浆砌筑时，高度不宜超过 4 m，长度不宜超过 6 m。否则在构造上除砌筑时应与承重墙或柱固接外，还应在墙身每隔 1.2 m 高度处，加 $2\times\phi6$ 拉结钢筋予以加固。1/4 砖隔墙系利用普通砖侧砌，其高度一般不应超过 2.8 m，长度不超过 3.0 m。须用 M5 级砂浆砌筑。多用于住宅厨房与卫生间之间的分隔。

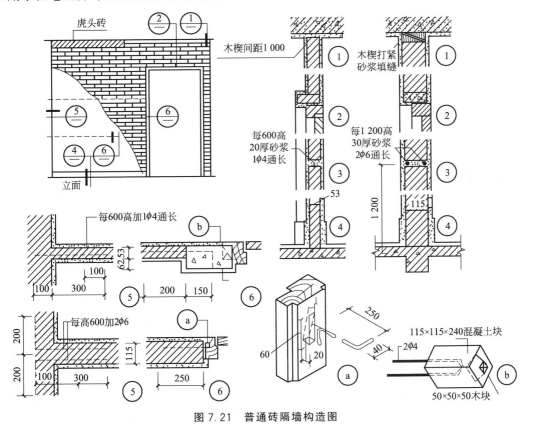

图 7.21 普通砖隔墙构造图

多孔砖或空心砖作隔墙多采用立砌，厚度为 90 mm，在 1/4 砖和 1/2 砖墙之间。其加固措施可以参照 1/2 砖隔墙的构造进行。在接合处设 1/2 砖时，常可用普通砖填嵌空隙。

此外，砖隔墙的上部与楼板或梁的交接处，不宜过于填实或使砖砌体直接顶住楼板或梁。应留有约 30 mm 的空隙或将上两皮砖斜砌，以预防楼板结构产生挠度，致使隔墙被压坏。

2. 砌块隔墙

砌块隔墙常采用粉煤灰硅酸盐、加气混凝土、水泥煤渣等制成空心砌块砌筑而成。墙厚由砌块尺寸定，一般为 90～190 mm。为保证加气混凝土砌块隔墙的稳定性，应预先在其连接的墙上留出拉筋，并伸入隔墙中(图 7.22)。对空心砌块墙有时在竖向也可配筋。钢筋数量应符合抗震设计规范的要求。砌块不够整块时宜用普通砖填补。

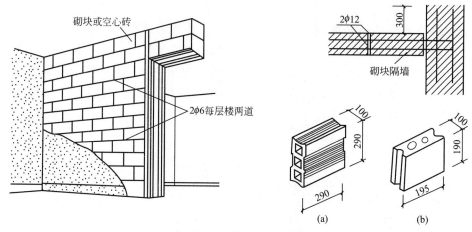

图 7.22　砌块隔墙构造图

单元墙、分户墙、电梯四周、有静音要求的房间及营业厅与空气处理室之间的隔墙应考虑隔音处理。国家标准《民用建筑隔声设计规范》(GB 50118—2010)中规定，无特殊要求的住宅分户墙的隔声标准为 45 dB。双面抹灰的半砖墙已能满足要求，对空心砌块，可在砌块内填矿渣棉、珍珠岩等以达到隔音要求。对有吸音要求的建筑墙体，宜采用吸音砌块。

7.4.2　轻骨架隔墙

1. 木板条隔墙

木板条隔墙的特点是质轻、墙薄，不受部位的限制，拆除方便，因而也有较大的灵活性。其构造特点是用方木组成框架，钉以板条，再抹灰，形成隔墙。为了防潮防水，下槛的下部可先砌 3～5 皮砖。木板条隔墙隔声、防潮、防火等方面均不好，现以较少采用。

2. 轻钢龙骨隔墙

轻钢龙骨隔墙指用轻钢龙骨作为内隔墙面板的支撑，外铺钉面板而制成的隔墙(图 7.23)。轻钢龙骨是以镀锌钢板为原料，采用冷弯工艺生产的薄壁型钢。型钢的厚度为 0.5～1.5 mm。常用轻钢龙骨隔墙面板有：纸面石膏板、纤维水泥加压板、加压低收缩性硅酸钙板、纤维石膏板、粉石英硅酸钙板等。轻钢龙骨隔墙具有节约木材、质量轻、强度高、刚度大、结构整体性强及拆装方便等特点。为提高施工速度，可采用预制轻钢龙骨内隔墙。

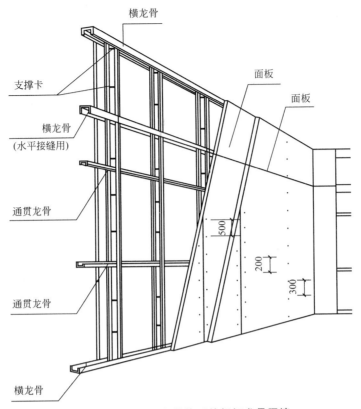

图 7.23 有贯通龙骨体系的轻钢龙骨隔墙

7.4.3 轻质条板内隔墙

增强水泥条板、增强石膏条板、轻质混凝土条板、植物纤维复合条板、粉煤灰泡沫水泥条板、硅镁加气水泥条板等。以上条板具有质量轻、强度高、防火、隔声、可加工、施工方便等优点，是今后隔墙的发展方向。条板内隔墙构造如图7.24所示。

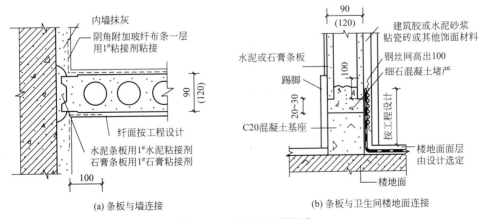

(a) 条板与墙连接   (b) 条板与卫生间楼地面连接

图 7.24 条板内隔墙构造

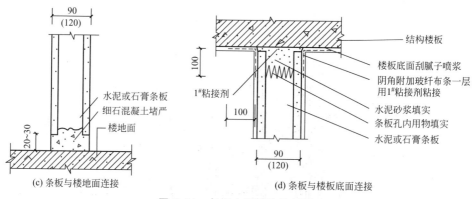

图 7.24　条板内隔墙构造（续）

7.5 复 合 墙

适宜的室内温度和湿度状况是人们生活和生产的基本要求，对建筑物的外维护结构来说，由于在大多数情况下，建筑室内外都会存在温差，特别是处于寒冷地区冬季需要采暖的建筑和在有些地区因夏季炎热而需要在室内使用空调制冷的建筑，其围护结构两侧的温差在这样的情况下甚至可以达到几十摄氏度。因此，在外维护结构设计中，根据各地的气候条件和建筑物的使用要求，合理解决建筑外围护结构的保温与隔热问题，是建筑构造设计的重要内容。其目标首先是保证室内基本的热环境质量，进一步则牵涉到建筑节能的问题。当前我国建筑能耗占全社会终端总能耗的比例已接近 30%，为了加强民用建筑节能管理，提高能源利用效率，改善室内热环境质量，根据《中华人民共和国节约能源法》《中华人民共和国建筑法》《建设工程质量管理条例》，自 2006 年 1 月 1 日起，《民用建筑节能管理规定》已正式实施。

目前，墙体节能的主要方式是采取复合墙，即在墙体不同部位设置高效保温隔热层，形成外墙外保温、外墙夹心保温、外墙内保温三种复合墙体。

7.5.1　外墙外保温

由于对节约能源与保护环境的需求不断提高，建筑围护结构的保温也在日益加强，其中以外墙外保温的发展最为迅速。中国的外墙外保温市场正在日益繁荣，保温效果越来越好，建筑质量日益提高。外墙外保温正在成为我国一项重要的基本的建筑节能技术。外墙外保温构造如图 7.25 所示。外保温的优点如下。

1. 外保温可以避免热桥的产生

（1）外墙既要承重又要起保温作用，外墙厚度必然较厚。采用高效保温材料后，外墙厚度得以减薄。

（2）由于外保温避免了热桥，在采用同样厚度的保温材料条件下，外保温要比内保温的热损失减少约 1/5，从而节约了热能。

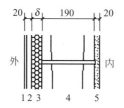

图7.25 外墙外保温构造

1—外涂料装饰面；2—聚合物砂浆加强面层；3—聚苯板；4—190混凝土小砌块；5—内抹灰层

2. 外墙外保温有利于建筑物冬暖夏凉，能创造出舒适的热环境

（1）在进行外保温后，由于内部的实体墙热容量大，室内能蓄存更多的热量，使得诸如太阳辐射或间歇采暖造成的室内温度变化减缓，室温较为稳定，生活较为舒适。

（2）在进行外保温后，在夏季外保温层能减少太阳辐射热的进入和室外高气温的综合影响，使外墙内表面温度和室内空气温度得以降低，也使太阳辐射热、人体散热、家用电器及炊事散热等因素产生的"自由热"得到较好的利用，可以减少采暖负荷，节约热能有利于节能。

（3）外保温能使主体墙体使用寿命延长。采用外保温，内部的砖墙或混凝土墙受到保护，室外气候变化不会引起墙体内部较大的温度变化，使内部的主体墙冬季温度提高，湿度降低，温度变化较为平缓，热应力减少，因而墙体产生裂缝、变形、破损的危险大为减轻，寿命得以大大延长。

（4）外保温有利于室内装修进行重物钉挂并有利于提高装修速度及住户搬迁。

（5）外保温增加了立面装饰效果。外保温可以使建筑更为美观，只要做好建筑立面设计，建筑外貌会十分出色。特别是在旧房改造时，外保温能使房屋面貌大为改观。

（6）外保温适用范围广泛，综合效益显著。外保温墙体适用于有采暖和空调要求的工业与民用建筑，既可用于新建建筑，又可用于已有建筑的节能改造。

外墙外保温技术在国内已有良好的基础，特别是在北方寒冷地区推广应用中已取得了成效。

7.5.2 外墙夹心保温

外墙夹心保温是用保温材料置于同一外墙的内外侧墙之间，内外侧墙均可采用传统的砖、混凝土空心砌块等。因为这些传统材料的防水、耐候等性能均较好，对内侧墙和保温材料形成有效的保护，对保温材料的选材要求不高，聚苯乙烯、玻璃棉、岩棉等保温材料均可使用。夹心保温墙施工季节和施工条件的要求不十分高，不影响冬期施工。近年来，在严寒地区得到一定的应用。由于在非严寒地区，此类墙体与传统墙体相比偏厚，且内外侧墙间需有连接件以连接，构造较传统墙体复杂，地震区建筑中圈梁和构造柱的设置尚有热桥存在，保温材料的效率得不到充分的发挥。外墙夹心保温构造如图7.26所示。

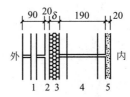

图 7.26　外墙夹心保温构造

1—90 装饰混凝土小砌块；2—空气层；3—聚苯板；4—190 混凝土小砌块；5—内抹灰层

7.5.3　外墙内保温

外墙内保温是用保温材料置于外墙体的内侧，外墙内保温构造如图 7.27 所示，它的优点如下。

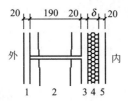

图 7.27　外墙内保温构造

1—水泥砂浆；2—190 混凝土小砌块；3—空气层；4—聚苯板；5—石膏饰面层

（1）它对饰面和保温材料的防水、耐候性等技术指标的要求不高，纸面石膏板、石膏抹面砂浆等均可满足使用要求，取材方便。

（2）内保温材料被楼板所分隔，仅在一个层高范围内施工，不需搭设脚手架。

但是在多年的实践中，外墙内保温也显露出一些缺陷，比如下面几种情况。

（1）许多种类的内保温做法，由于材料、构造、施工等原因，饰面层出现开裂。

（2）采用内保温，占用室内使用面积，不便于用户二次装修和吊挂饰物；对既有建筑进行节能改造时，对居民的日常生活干扰较大。

（3）由于圈梁、楼构造柱等会引起热桥，热损失较大。如果采用内保温，主墙体越薄，保温层越厚，热桥的问题就越趋于严重。在寒冷的冬季，热桥不仅会造成额外的热损失，还可能使外墙内表面潮湿、结露，甚至发霉和淌水。

7.5.4　外墙外保温

在外墙外保温体系中，应按要求设置防火隔离带。防火隔离带是为防止火灾沿外墙而上或在外墙外保温系统中蔓延而在建筑外保温系统可燃保温材料之间设置的由 A 级不燃保温材料构成的，具有一定的设计宽度和长度且与墙体无空腔黏结构造，详见图 7.28。

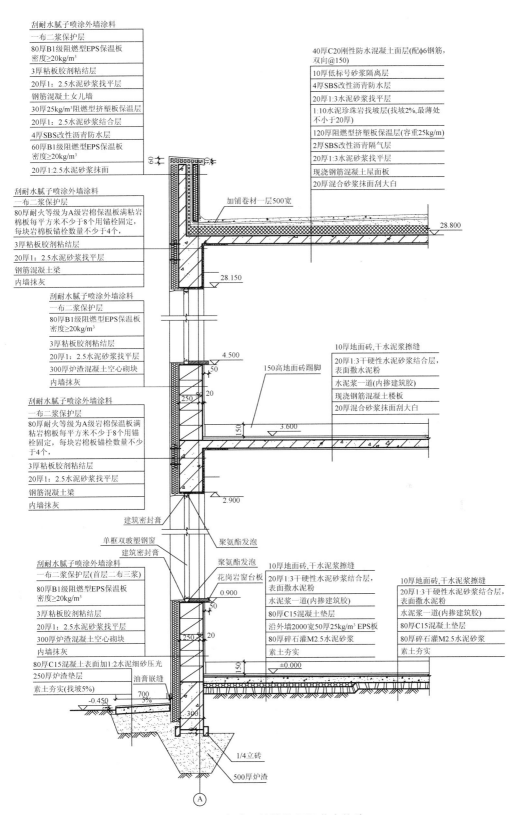

刮耐水腻子喷涂外墙涂料
一布二浆保护层
80厚B1级阻燃型EPS保温板密度≥20kg/m³
3厚粘板胶剂粘结层
20厚1：2.5水泥砂浆找平层
钢筋混凝土女儿墙
30厚25kg/m³阻燃型挤塑板保温层
20厚1：2.5水泥砂结合层
4厚SBS改性沥青防水层
60厚B1级阻燃型EPS保温板密度≥20kg/m³
20厚1:2.5水泥砂浆抹面

40厚C20刚性防水混凝土面层(配φ6钢筋,双向@150)
10厚低标号砂浆隔离层
4厚SBS改性沥青防水层
20厚1:3水泥砂浆找平层
1:10水泥珍珠岩找坡层(找坡2%,最薄处不小于20厚)
120厚阻燃型挤塑板保温层(容重25kg/m)
2厚SBS改性沥青隔气层
20厚1:3水泥砂浆找平层
现浇钢筋混凝土屋面板
20厚混合砂浆抹面刮大白

加铺卷材一层500宽

刮耐水腻子喷涂外墙涂料
一布二浆保护层
80厚耐火等级为A级岩棉保温板满粘岩棉板每平方米不少于8个用锚栓固定,每块岩棉板锚栓数量不少于4个,
3厚粘板胶剂粘结层
20厚1：2.5水泥砂浆找平层
钢筋混凝土梁
内墙抹灰

刮耐水腻子喷涂外墙涂料
一布二浆保护层
80厚B1级阻燃型EPS保温板密度≥20kg/m³
3厚粘板胶剂粘结层
20厚1：2.5水泥砂浆找平层
300厚炉渣混凝土空心砌块
内墙抹灰

10厚地面砖,干水泥浆擦缝
20厚1:3干硬性水泥砂浆结合层,表面撒水泥粉
水泥浆一道(内掺建筑胶)
现浇钢筋混凝土楼板
20厚混合砂浆抹面刮大白

150高地面砖踢脚

刮耐水腻子喷涂外墙涂料
一布二浆保护层
80厚耐火等级为A级岩棉保温板满粘岩棉板每平方米不少于8个用锚栓固定,每块岩棉板锚栓数量不少于4个,
3厚粘板胶剂粘结层
20厚1：2.5水泥砂浆找平层
钢筋混凝土梁
内墙抹灰

建筑密封膏
聚氨酯发泡
单框双玻塑钢窗
建筑密封膏
聚氨酯发泡
花岗岩窗台板

刮耐水腻子喷涂外墙涂料
一布二浆保护层(首层二布三浆)
80厚B1级阻燃型EPS保温板密度≥20kg/m³
3厚粘板胶剂粘结层
20厚1：2.5水泥砂浆找平层
300厚炉渣混凝土空心砌块
内墙抹灰
80厚C15混凝土表面加1:2水泥细砂压光
250厚炉渣垫层
素土夯实(找坡5%)

10厚地面砖,干水泥浆擦缝
20厚1:3干硬性水泥砂浆结合层,表面撒水泥粉
水泥浆一道(内掺建筑胶)
80厚C15混凝土垫层
沿外墙2000宽50厚25kg/m³ EPS板
80厚碎石灌M2.5水泥砂浆
素土夯实

10厚地面砖,干水泥浆擦缝
20厚1:3干硬性水泥砂浆结合层,表面撒水泥粉
水泥浆一道(内掺建筑胶)
80厚C15混凝土垫层
80厚碎石灌M2.5水泥砂浆
素土夯实

油膏嵌缝

1/4立砖
500厚炉渣

60
28.800
28.150
4.500
50
250
20
3.600
150
2.900
0.900
50
250
20
150
±0.000
700
5%
-0.450
300

A

图 7.28　严寒地区外墙外保温节点构造

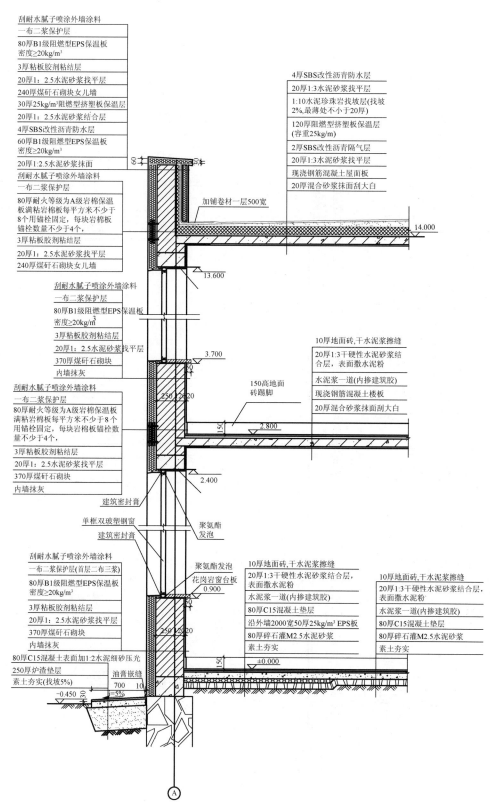

图 7.28 严寒地区外墙外保温节点构造(续)

7.6 墙面装修

7.6.1 墙面装修的作用

1. 保护作用

墙体暴露在大气中，在风、霜、雨、雪和太阳辐射等的作用下炭化、疏松或因热胀冷缩导致节点被拉裂，影响牢固与安全。如通过抹灰、油漆等饰面装修进行处理，可防止墙体结构免遭风、雨的直接袭击，提高墙体防潮、抗风化的能力，从而增强了墙体的坚固性和耐久性。

2. 改善环境条件，满足房屋的使用功能要求

对墙面进行装修处理，可改善室内外清洁、卫生条件，改善墙体热工性，增加室内光线的反射，提高室内照度、对有吸声要求的房间的墙体进行吸声处理后，还可改善室内音质效果。如砖砌体抹灰后，不但能提高室内及环境照度，而且能防止冬天砖缝可能引起的冷风渗透；有一定厚度和质量的抹灰能提高隔墙的隔声能力，有噪声的房间，可以通过饰面吸收噪声等。

3. 美观作用

通过对空间、体型、比例、色彩及尺度等设计手法和装饰处理的运用，使墙面装修对室内外环境具有美化和装饰作用，可创造出优美、和谐、统一、丰富的空间环境，满足人们观感上对美的需求。

7.6.2 墙面装修的分类

按照墙体饰面所处的位置，可分为外墙面装修和内墙面装修。

按照材料和施工方式的不同，常见的墙体装修可分为抹灰类、贴面类、涂料类、裱糊类和铺钉类五类，见表 7-6。

表 7-6 墙面装修分类

类 型	室外装修	室内装修
抹灰类	水泥砂浆、混合砂浆、聚合物水泥砂浆、拉毛、斩假石、拉假石、假面砖、喷涂、滚涂等	纸筋灰、麻刀灰粉、石膏粉面、膨胀珍珠岩灰浆、混合砂浆、拉毛、拉条等
贴面类	外墙面砖、陶瓷锦砖、玻璃锦砖、人造石板、天然石板等	釉面砖、人造石板、天然石板等
涂料类	石灰浆、水泥浆、溶剂型涂料、乳液涂料、彩色胶砂涂料、彩色弹涂等	大白浆、石灰浆、油漆、乳胶漆、水溶性涂料、弹涂等

类　型	室外装修	室内装修
裱糊类		塑料墙纸、金属面墙纸、木纹壁纸、花纹玻璃纤维布、纺织面墙纸及锦缎等
铺钉类	各种金属饰面板、石棉水泥板、玻璃	各种木夹板、木纤维板、石膏板及各种装饰面板等

7.6.3　墙面装修构造

1. 抹灰类墙面装修

抹灰又称粉刷，是由水泥、石灰为胶结料加入砂或石渣，与水拌和成砂浆或石渣浆，然后抹到墙体上的一种操作工艺。抹灰是一种传统的墙体装修方式，主要优点是材料广，施工简便，造价低廉；缺点是饰面的耐久性低、易开裂、易变色，因为多系手工操作，且湿作业施工，所以工效较低。

墙体抹灰应有一定厚度，外墙一般为20～25 mm；内墙为15～20 mm。为避免抹灰出现裂缝，保证抹灰与基层粘接牢固，墙体抹灰层不宜太厚，而且需分层施工，构造如图7.29所示。普通标准的装修，抹灰由底层和面层组成。高级标准的抹灰装修，在面层和底层之间，设一层或多层中间层。

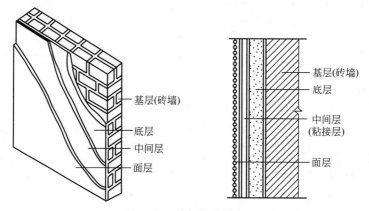

图7.29　抹灰构造层次

底层抹灰具有使装修层与墙体粘接和初步找平的作用，又称找平层或打底层，施工中俗称刮糙。对普通砖墙常用石灰砂浆或混合砂浆打底，对混凝土墙体或有防潮、防水要求的墙体则需用水泥砂浆打底。

面层抹灰又称罩面，对墙体的美观有重要影响。作为面层，要求表面平整，无裂痕、颜色均匀。面层抹灰按所处部位和装修质量要求可用纸筋灰、麻刀灰、砂浆或石渣浆等材料罩面。

中间层用做进一步找平，减少底层砂浆干缩导致面层开裂的可能，同时作为底层与面层之间的粘接层。

根据面层材料的不同，常见的抹灰装修构造，包括分层厚度、用料比例以及适用范围，参考表 7-7。

表 7-7 常用抹灰做法举例

抹灰名称	构造及材料配合比	适用范围
纸筋(麻刀)灰	12~17 厚 1:2.5~1:2 石灰砂浆(加草筋)打底 2~3 厚纸筋(麻刀)灰粉面	普通内墙抹灰
混合砂浆	12~15 厚 1:1:6(水泥、石灰膏、砂)混合砂浆打底 5~10 厚 1:1:6(水泥、石灰膏、砂)混合砂浆粉面	外墙、内墙均可
水泥砂浆	15 厚 1:3 水泥砂浆打底 10 厚 1:2.5~1:2 水泥砂浆粉面	多用于外墙或内墙易受潮湿侵蚀部位
水刷石	15 厚 1:3 水泥砂浆打底 10 厚 1:(1.2~1.4) 水泥石渣抹面后水刷	用于外墙
干粘石	10~12 厚 1:3 水泥砂浆打底 7~8 厚 1:0.5:2 外 5%107 胶的混合砂浆黏结层 3~5 厚彩色石渣面层(用喷或甩方式进行)	用于外墙
斩假石	15 厚 1:3 水泥砂浆打底 刷素水泥浆一道 8~10 厚水泥石渣粉面 用剁斧斩去表面层水泥浆和石尖部分使其显出凿纹	用于外墙或局部内墙
水磨石	15 厚 1:3 水泥砂浆打底 10 厚 1:1.5 水泥石渣粉面，磨光、打蜡	多用于室内潮湿部位
膨胀珍珠岩	12 厚 1:3 水泥砂浆打底 9 厚 1:16 膨胀珍珠岩灰浆粉面(面层分 2 次操作)	多用于有室内保温或有吸声要求的房间

对经常易受碰撞的内墙凸出的转角处或门洞的两侧，常用 1:2 水泥砂浆抹 1.5 m 高，以素水泥浆对小圆角进行处理，俗称护角，如图 7.30 所示。

2. 贴面类墙体饰面

贴面类饰面，系利用各种天然或人造石板、石块对墙体进行装修处理。这类装修具有耐久性强、施工方便、质量高、装饰效果好等优点；而缺点是个别块材脱落后难以修复，常见的贴面材料包括锦砖、陶瓷面砖、玻璃锦砖和预制水泥石、水磨石板以及花岗岩、大理石等天然石板。其中质感细腻的瓷砖、大理石板多用作室内装修；而质感粗放、耐候性好的陶瓷锦砖、面砖、墙砖、花岗岩板等多用作室外装修。

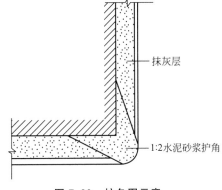

图 7.30 护角图示意

1)陶瓷面砖、锦砖饰面

(1)陶瓷面砖、锦砖饰面材料种类。

① 陶瓷面砖，色彩艳丽、装饰性强。其规格为 $100\text{ mm}\times100\text{ mm}\times7\text{ mm}$，有白、棕、黄、绿、黑等色。具有强度高、表面光滑、美观耐用、吸水率低等特点，多用作内、外墙及柱的饰面。

② 陶土无釉面砖，俗称面砖，质地坚固、防冻、耐腐蚀。主要用作外墙面装修，有白、棕、红、黑、黄等颜色，有光面、毛面或各种纹理饰面。

③ 瓷土釉面砖，常见的有瓷砖彩釉墙砖。瓷砖系薄板制品故又称瓷片。釉面有白、黄、粉、蓝、绿等色及各种花纹图案。瓷砖多用作厨房、卫生间的墙裙或卫生要求较高的墙体贴面。

④ 瓷土无釉砖，主要包括锦砖及无釉砖。锦砖又称马赛克，系由各种颜色，方形或多种几何形的小瓷片拼制而成。生产时将小瓷片拼贴在 $300\text{ mm}\times300\text{ mm}$ 或 $400\text{ mm}\times400\text{ mm}$ 的牛皮纸上，可形成色彩丰富、图案繁多的装饰制品，又称纸皮砖。原用作地面装修，因其图案丰富、色泽稳定，加之耐污染、易清洁，也用于墙面。

⑤ 玻璃锦砖，又称玻璃马赛克，是半透明的玻璃质饰面材料。与陶瓷马赛克一样，生产时就将小玻璃瓷片铺贴在牛皮纸上。它质地坚硬、色调柔和典雅、性能稳定，具有耐热、耐寒、耐腐蚀、不龟裂、表面光滑、雨后自洁、不褪色和自重轻等特点。其背面带有突棱线条，四周呈斜角面，铺成后的灰缝呈楔形，可与基层粘接牢固，是外墙装饰较为理想的材料之一。它有白色、咖啡色、蓝色和棕色等多种颜色，亦可组合各种花饰。玻璃瓷片规格为 $20\text{ mm}\times20\text{ mm}\times4\text{ mm}$，可拼为 $325\text{ mm}\times325\text{ mm}$ 规格纸皮砖。其构造与面砖贴面相同。

（2）陶瓷面砖、锦砖饰面构造。陶瓷砖作为外墙面装修，其构造多采用 $10\sim15\text{ mm}$ 厚 1:3 水泥砂浆打底，5 mm 厚 1:1 水泥砂浆粘接层，粘贴各类面砖材料。在外墙面砖之间粘贴时留出约 13 mm 缝隙，以增加材料的透气性［图 7.31(a)］。

作为内墙面装修，其构造多采用 $10\sim15\text{ mm}$ 厚 1:3 水泥砂浆或 1:3:9 水泥、石灰膏、砂浆打底，$8\sim10\text{ mm}$ 厚 1:0.3:3 水泥、石灰膏砂浆粘接层，外贴瓷砖［图 7.31(b)］。

图 7.31 陶瓷砖贴面构造

2）天然石板、人造石贴面

用于墙面装修的天然石板有大理石板和花岗岩板，属于高级墙体饰面装修。

（1）石材的种类。

① 大理石。大理石又称云石，表面经磨光后纹理雅致，色泽图案美丽如画，在我国很多地区都出产，如杭灰、苏黑、宜兴咖啡、东北绿、南京红以及北京房山的白色大理石（汉白玉）等。

② 花岗岩。花岗岩质地坚硬、不易风化，能适应各种气候变化，故多用作室外装修。颜色有黑、灰、红、粉红色等。根据对石板表面加工方式的不同，可分为剁斧石、火爆石、蘑菇石和磨光石4种。剁斧石外表纹理可细可粗，多用作室外台阶踏步铺面，也可用作台基或墙面。火爆石系花岗岩石板表面经喷灯火爆后，表面呈自然粗糙面，有特定的装饰效果。蘑菇石表面呈蘑菇状凸起，多用作室外墙面装修。磨光石表面光滑如镜，可作室外墙面装修，也可用作室内墙面、地面装修。

大理石板和花岗岩板有方形和长方形。常见尺寸为 600 mm×600 mm、600 mm×800 mm、800 mm×800 mm、800 mm×1 000 mm。厚度一般为 20 mm，亦可按需要加工所需尺度。

③ 人造石板常见的有人造大理石、水磨石板等。

（2）石材饰面的构造做法。

① 挂贴法施工。对于平面尺寸不大、厚区较薄的石板，先在墙面或柱面上固定钢筋网，再用钢丝或镀锌铅丝穿过事先在石板上钻好的孔眼，将石板绑扎在钢筋网上。因此，固定石板的水平钢筋(或钢箍)的间距应与石板高度尺寸一致。当石板就位、校正、绑扎牢固后，在石板与墙或柱之间，浇注1：3水泥砂浆或石膏浆，厚 30 mm 左右(图 7.32)。

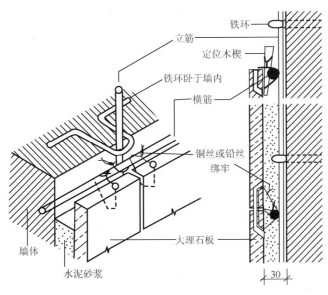

图 7.32　挂贴法施工

② 干挂法施工。对于平面尺寸和厚度较大的石板，用专用卡具、射钉或螺钉，把它与固定于墙上的角钢或铝合金骨架进行可靠连接，石板表面用硅胶嵌缝，不需内部再浇注砂浆，称为石材幕墙(图 7.33)。

人造石板的施工构造与天然石材相似，预制板背面埋设有钢筋，不必在预制板上钻孔，将板用铅丝绑牢在水平钢筋(或钢箍)上即可。在构造做法上，各地有多种合理的构造方式，如有的用射钉按规定部位打入墙体(或柱)内，然后将石板绑扎在钉头上，以节省钢材。

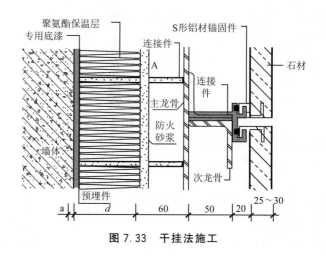

图 7.33 干挂法施工

3. 涂料类墙体饰面

涂料系指涂敷于物体表面后，能与基层有很好粘接，从而形成完整而牢固的保护膜的面层物质、这种物质对被涂物体有保护、装饰作用。如油漆便是一种最常见的涂料。

涂料作为墙面装修材料，与贴面装修相比具有材料来源广，装饰效果好，造价低，操作简单，工期短、工效高，自重轻，维修、更新方便等特点。因此，是当今最有发展前途的装修材料。

建筑涂料的品种繁多，作为建筑物的饰面涂料，应根据建筑物的使用功能、建筑环境、建筑构件所处部位等来选择装饰效果好、粘接力强、耐久性高、无污染和经济性好的材料。只有了解涂料性能才能合理地、正确地选用。

建筑涂料按其主要成膜物的不同可分为有机涂料、无机涂料及有机和无机复合涂料三大类。现分述如下。

(1) 无机涂料。无机涂料是历史上最早的一种涂料。传统的无机涂料有石灰浆、大白浆和可赛银等。是以生石灰、碳酸钙、滑石粉等为主要原料，适量加入动物胶而配制的内墙涂刷材料。但这类涂料由于涂膜质地疏松、易起粉，且耐水性差，已逐步被合成树脂为基料的各类涂料所代替。无机涂料具有资源丰富、生产工艺简单、价格便宜、节约能源、减少环境污染等特点，是一种有发展前途的建筑涂料。

(2) 有机合成涂料。随着高分子材料在建筑上的应用，建筑涂料有极大发展。有机高分子涂料依其主要成膜物质和稀释剂的不同又可分为三类。

① 溶剂型涂料。溶剂型涂料系以合成树脂为主要成膜物质、有机溶剂为稀释剂，经研磨而成的涂料。它形成的涂膜细腻、光洁而坚韧，有较好的硬度、光泽和耐水性；耐候性、气密性好。但有机溶剂在施工时会挥发有害气体，污染环境。如果在潮湿的基层上施工，会引起脱皮现象。

常见的溶剂型涂料有苯乙烯内墙涂料、聚乙烯醇缩丁醛内、外墙涂料，过氯乙烯内墙涂料以及 812 建筑涂料等。

② 水溶型涂料。水溶型涂料是以水溶性合成树脂为主要成膜物质，以水为稀释剂、经研磨而成的涂料。它的耐水性差、耐候性不强、耐洗刷性也差，故只适用作内墙涂料。

水溶型涂料价格便宜、无毒无异味，并具有一定透气性，在较潮湿基层上也可操作，但由于系水溶性材料，施工时温度不宜太低。温度在 10 ℃ 以下时不易成膜，冬季施工应注意。

常见的水溶型涂料有聚乙烯醇系列内墙涂料和多彩内墙涂料等。

③ 乳胶涂料。乳胶涂料又称乳胶漆，它是由合成树脂借助乳化剂的作用，以极细微粒子溶于水中，构成乳液为主要成膜物，然后研磨成的涂料。它以水为稀释剂，价格便宜，具有无毒、无味、不易燃烧、不污染环境等特点。同时还有一定的透气性，可在潮湿基层上施工。

目前我国用作外墙饰面的乳胶涂料主要有乙-丙(聚酯酸乙烯-丙烯酸丁酯共聚物)乳胶涂料、苯-丙(苯乙烯-丙烯酸丁酯共聚物)乳胶涂料、氯-偏(氯乙烯-偏二氯乙烯共聚物)乳胶涂料等。

在外墙面装修中使用较多的要数彩色胶砂涂料。

彩色胶研涂料简称彩砂涂料，是以丙烯酸酯类涂料与骨料混合配制而成的一种珠粒状的外墙饰面材料。彩砂涂料具有粘接强度高，耐水性、耐碱性、耐候性以及保色性均较好等特点。据国际涂料工业预测，今后涂料工业将是丙烯酸的时代。我国目前所采用的彩色胶砂涂料可用于水泥砂浆、混凝土板、石棉水泥板、加气混凝土板等多种基层上，以取代水刷石、干粘石饰面装修。

(3) 无机和有机复合涂料。有机涂料或无机涂料虽各有特点，但在单独作用时，存在着各种问题。为取长补短，故研究出了有机和无机相结合的复合涂料。如早期的聚乙烯醇水玻璃内墙涂料，就比单纯地使用聚乙烯醇涂料的耐水性有所提高。另外以硅溶液、丙烯酸系列复合的外墙涂料在涂膜的柔韧性及耐候性方面能更适应大气温度性的变化。总之，无机、有机或无机与有机的复合建筑涂料的研制，为墙面装修提供了新型、经济的新材料。

4. 铺钉类墙体饰面

铺钉类装修系指利用天然木板或各种人造薄板借助于钉、胶等固定方式对墙面进行的装修处理，属于干作业范畴。铺钉类装修因所用材料质感细腻、美观大方，装饰效果好，给人以亲切感。同时材料多系薄板结构或多孔性材料，对改善室内音质效果有一定作用。但防潮、防火性能欠佳，一般多用作宾馆、大型公共建筑大厅如候机室、候车室以及商场等处的墙面或墙裙的装修。铺钉类装修和隔墙构造相似，由骨架和面板两部分组成。

(1) 骨架。骨架有木骨架和金属骨架之分。木骨架由墙筋和横挡组成，借预埋在墙上的木砖固定到墙身上。墙筋截面一般为 50 mm×50 mm，横挡截面为 50 mm×50 mm、50 mm×40 mm。墙筋和横撑的间距应与面板的长度和宽度尺寸相配合。金属骨架采用冷轧薄钢构成槽形截面，截面尺寸与木质骨架相近。为防止骨架与面板受潮而损坏，常在立墙筋前在墙面抹一层 10 mm 厚混合砂浆抹灰，并涂刷热沥青两道，或不做抹灰直接在砖墙上涂刷热沥青也可。

(2) 面板。装饰面板多为人造板，包括硬木条板、石膏板、胶合板、硬质纤维板、软质纤维板、金属板、装饰吸声板以及钙塑板等。

硬木条或硬木板装修是指将装饰性木条或凹凸形木板竖直铺钉在墙筋或横筋上。背面衬以胶合板，使墙面产生凹凸感，以丰富墙面，其构造如图 7.34 所示。

石膏板是以建筑石膏为原料，加入各种辅助材料，经拌和后，两面用纸板辊压成薄板，故称纸面石膏板，具有质量轻、变形小、施工时可钉、可锯、可粘贴等特点。胶合板系利用原木经旋切、塑纹、分层胶合等工序制成的，有三合板(又称三夹板)、五合板(五

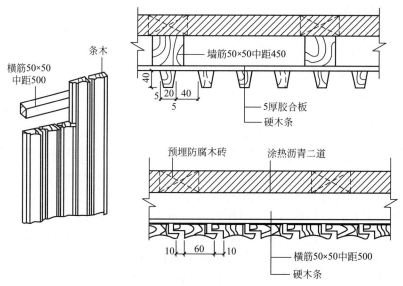

图 7.34　木质面板墙面构造

夹板)七合板(七夹板)和九合板(九夹板)之分。硬质纤维板是用碎木加工而成的。

石膏板与木质墙筋的连接主要是靠圆钉(镀锌铁钉)和木螺钉与墙筋固定的；胶合板、纤维板等均借圆钉或木螺钉与木质墙筋和横挡固定。为保证面板有微量伸缩的可能，在钉面板时，在板与板间须留出 5～8 mm 的缝隙，缝隙可以是方形，也可从是三角形。对要求较高的装修可用木压条或金属压条嵌固(图 7.35)。

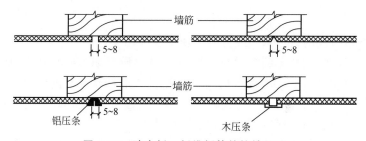

图 7.35　胶合板、纤维板等的接缝处理

对软质纤维板、装饰吸声板等装饰面板也采用圆钉与墙筋固定，其构造与铺钉纤维板、石膏板相同；石膏板、软质纤维板等构件与金属骨架的固结主要靠自攻螺钉或预先用电钻打孔后用镀锌螺钉固定；而胶合板、纤维板、各种装饰面板与金属骨架的连接主要靠自攻螺钉和膨胀铆钉进行固结。

5. 裱糊类墙体饰面

裱糊类装修是将墙纸、墙布等卷材类的装饰材料裱糊在墙面上的一种装修饰面。

(1)墙纸。墙纸又称壁纸。国内外生产的各种新型复合墙纸，种类不下千余种，依其构成材料和生产方式不同墙纸可有以下几类。

① PVC 塑料墙纸。塑料墙纸是当今流行的室内墙面装饰材料之一。它除具有色彩艳丽、图案雅致等艺术特征外，在使用上不怕水、抗油污、耐擦洗、易清洁等优点，是理想的室内装修材料。

塑料墙纸由面层和衬底层在高温下复合而成。

面层以聚氯二烯塑料或发泡塑料为原料，经配色、喷花或压花等工序与衬底进行复合。发泡工艺又有低发泡和高发泡塑料之分。

墙纸的衬底大体分纸底与布底两类。纸底成型简单，价格低廉，但抗拉性能较差；布底有密织纱布和稀织网纹之分，它具有较好的抗拉能力，较适宜于可能出现微小裂隙的基层上，撞击时不易破损，经久耐用。多用于高级宾馆客房及走廊等公共场所。

② 纺织物面墙纸。纺织物面墙纸系采用各种动、植物纤维（如羊毛、兔毛、棉、麻、丝等纺织物）以及人造纤维等纺织物作面料复合于纸质衬底而制成的墙纸。由于各种纺织面料质感细腻、古朴典雅、清新秀丽，故多用作高级房间装修之用。

③ 金属面墙纸。金属面墙纸上也由面层和底层组成。面层系以铝箔、金粉、金银线等为原料，制成各种花纹、图案，并同用以衬托金属效果的漆面（或油墨）相间配制而成，然后将面层与纸质补底复合压制而成墙纸。墙纸表面呈金色、银色和古铜色等多种颜色，构成多种图案。它可防酸、防油污。因此多用于高级宾馆、餐厅、酒吧以及住宅建筑的厅堂之中。

④ 天然木纹面墙纸。这类墙纸系采用名贵木材剥出极薄的木皮，贴于布质衬底上面制成的墙纸。它类似胶合板，色调沉着、雅致，富有人性味、亲切感，具有特殊的装饰效果。

（2）墙布。墙布系指以纤维织物直接作为墙面装饰材料的总称。它包括玻璃纤维墙面装饰布和织锦等材料。

① 玻璃纤维装饰墙布。玻璃纤维布是以玻璃纤维织物为基材，表面涂布合成树脂，经印花而成的一种装饰材料。布宽 840～870 mm，一卷长 40 m。由于纤维织物的布纹感强，经套色后的花纹装饰效果好，且具有耐水、防火、抗拉力强，可以擦洗以及价格低廉等特点，故应用较广。其缺点是易泛色，当基层颜色较深时，容易显露出来。同时，由于本身系碱性材料，使用日久即呈黄色。

② 织锦墙面。织锦墙面装修是采用锦缎裱糊于墙面的一种装饰材料。锦缎系丝绸织物，宽 800 mm。它颜色艳丽，色调柔和，古朴雅致，且对室内吸声有利，故仅用作高级装修。由于锦缎软易变形，可以先裱糊在人造板上再进行装配，施工较烦，且价格昂贵，一般少用。

墙纸与墙布的粘贴主要在抹灰的基层上进行，也可在其他基层上粘贴，抹灰以混合砂浆面层为好。它要求基底平整、致密，对不平的基层需用腻子刮平。粘贴墙纸、墙布，一般采用墙纸，墙布胶结剂，胶结剂包括多种胶料、粉料。在具体施工时需根据墙纸、墙布的特点分别予以选用。在粘贴时，对要求对花的墙纸或墙布在裁剪尺寸上，其长度需比墙放出 100～150 mm，以适用对花粘贴的要求。

6. 清水墙装饰

清水墙装饰是指墙体砌筑成型后，墙面不加其他覆盖性装饰面层，利用原墙体结构的机理效果进行处理而成的一种墙体装饰方法，可分为清水砖墙和清水混凝土。其可达到淡雅、朴实、浑厚、粗犷等艺术效果，且耐久性好、不易变色、不易污染，也没有明显的褪色和风化现象。

本 章 小 结

1. 墙体是建筑物重要的承重结构，设计中需要满足强度、刚度和稳定性的结构要求。同时墙体也是建筑物重要的围护结构，设计中需要满足不同的使用功能和热工要求。墙体按不同的分类方式有多种类型。

2. 砖墙和砌块墙都是块材墙，是由砌块和胶结材料组成。墙身的构造组成包括墙脚构造(散水、勒脚、地面、防潮层等)、门窗洞口构造(窗台、过梁)和墙身加固措施(壁柱和门垛、圈梁、构造柱)等。

3. 隔墙有块材隔墙、轻骨架隔墙和板材隔墙。块材隔墙属于重质隔墙，一般要求在结构上考虑支承关系；轻骨架隔墙多与室内装修相结合；板材隔墙施工安装方便，可结合墙体热工要求预制加工，是建筑工业化发展所提倡的隔墙类型。

4. 墙面装修分外墙装修和内墙装修。墙面装修可分为抹灰类、贴面类、涂料类、裱糊类和铺钉类5类，其中裱糊类墙面装修适用于内墙面。

知识拓展——建筑热工知识

墙体的保温，主要表现在墙体阻止热量传出的能力和防止在墙体表面和内部产生凝结水的能力两大方面。在建筑物理学上属于建筑热工设计部分。一般应以《民用建筑热工设计规范》(GB 50176—2002)为准。

1. 建筑热工设计分区及要求

目前，全国划分为五个建筑热工设计分区。

A. 严寒地区：累年最冷月平均温度低于或等于−10 ℃的地区，如东北地区的黑龙江、吉林、辽宁和内蒙古的大部分地区。这个地区应加强建筑物的防寒措施，不考虑夏季防热。

B. 寒冷地区：累年最冷月平均温度高于−10 ℃、低于或等于0 ℃的地区，如华北地区的山西、河北、北京、天津及内蒙古的部分地区。这个地区应以满足冬季保温设计要求为主，适当兼顾夏季防热。

C. 夏热冬冷地区：最冷月平均温度为0~10 ℃，最热月平均温度为25~30 ℃。如陕西、安徽、江苏南部、广西、广东、福建北部地区。这个地区必须满足夏季防热要求，适当兼顾冬季保温。

D. 夏热冬暖地区：最冷月平均温度高于10 ℃，最热月平均温度为25~29 ℃。如广东、广西、福建南部地区和海南省等地区必须充分满足夏季防热要求，一般不考虑冬季保温。

E. 温和地区：最冷月平均温度为0~13 ℃，最热月平均温度为18~23 ℃。如云南全省和四川、贵州的部分地区应考虑冬季保温，一般不考虑夏季防热。

2. 传热系数与热阻

热量通常由围护结构的高温一侧向低温一侧传递。散热量的多少与围护结构的传热面积、传热时间、内表面与外表面的温度差有关。一般可按下式求出散热量。

$$Q = K(\tau_n - \tau_w) \cdot F \cdot Z$$

式中　Q——围护结构传出热量(kW);

　　　K——围护结构的传热系数(kW/m² · K);

　　　τ_n——围护结构内表面温度(℃);

　　　τ_w——围护结构外表面温度(℃);

　　　F——围护结构的面积(m²);

　　　Z——传热的时间(h)。

A. 传热系数

传热系数 K,表示围护结构的不同厚度、不同材料的传热性能。总传热系数 K_0 由吸热、传热和放热三个系数组成,其数值为三个系数之和。这三个系数中的吸热系数和放热系数为常数、传热系数与材料的导热系数 λ 成正比,与材料的厚度 δ 成反比,即 $K = \lambda/\delta$。其中 λ 值与材料的密度和孔隙率有关。密度大的材料,导热系数也大,如砖砌体的导热系数为 0.81(W/m · K)钢筋混凝土的导热系数为 1.74(W/m · K)。孔隙率大的材料,导热系数则小,如加气混凝土导热系数为 0.22(W/m · K),膨胀珍珠岩的导热系数为 0.07(W/m · K)。导热系数在 0.23 及以下的材料叫保温材料。传热系数愈小,则围护结构的保温能力愈强。

B. 热阻

传热阻 R,表示围护结构阻止热流传播的能力。总传热阻 R_0 由吸热阻(内表面换热阻)R_i、传热阻 R 和放热阻(外表面换热阻)R_e 三部分组成。其中 R_i 和 R_e 为常数,R 与材料的导热系数 λ 成反比,与围护结构的厚度 δ 成正比,即 $R = \dfrac{1}{K} = \dfrac{\delta}{\lambda}$。热阻值愈大,则围护结构的保温能力愈强。

C. 热阻的计算

a. 单一材料层的热阻

b. 多层围护结构的热阻 $R = R_1 + R_2 + \cdots + R_n$

c. 围护结构总热阻 $R_0 = R_i + R + R_e$

式中　R——材料层的热阻(m² · K/W);

　　　δ——材料层的厚度(m);

　　　λ——材料的导热系数(W/m · K);

　　　R_0——围护结构的总热阻(m² · K/W);

　　　R_i——内表面的换热阻(m² · K/W),墙面、地面、顶棚 $R_i = 0.11$;

　　　R_e——外表面的换热阻(m² · K/W),与室外空气直接接触的表面 $R_e = 0.04$。

本 章 习 题

1.1　简答题

1. 在墙体设计中,应从哪些方面满足墙体使用要求?

2. 如何提高外墙的保温能力?你在课程设计中,采取了哪些措施?

3. 比较几种常用隔墙的特点。你在课程设计中,采用哪种隔墙,为什么?

4. 简述墙面装修的种类及特点。你在课程设计中，内外墙装修的材料、颜色如何确定，有何优点？

1.2 墙体设计

用 3 号图纸画出你课程设计的外墙详图(比例 1:20)。

1. 外墙详图应包括的内容

外墙详图以墙身剖面为主，必要时还应配以外墙平面图及立面图。外墙剖面的内容如下。

(1) 墙脚构造。它表明基础墙的厚度、室内地坪的位置、散水、坡道或台阶的做法、墙身防潮层、首层地面与暖气槽、暖气罩和暖气管沟的做法、踢脚、勒脚和墙裙的做法以及本层窗台范围的全部内容，它包括门窗过梁及首层室内窗台、室外窗台的做法。

(2) 楼层处节点做法(可在学完楼地层构造后完成)。它表明从下层窗过梁、雨罩、遮阳板、楼板、圈梁、阳台板、阳台栏板或栏杆至上层楼地面、踢脚或墙裙、楼层处窗台(内外窗台)、窗帘盒(杆)、吊顶棚及内外墙面做法等。当若干楼层做法完全一致时，应标出若干层的楼面标高(按标高层画)。

(3) 屋顶檐口处构造(可在学完屋顶构造后完成)。它表明自顶层窗过梁到檐口、女儿墙上皮范围内的全部内容。它包括顶层门窗过梁、雨罩或遮阳板、顶层屋顶板或屋架、圈梁、屋面、室内吊顶、檐口或女儿墙、屋面排水的天沟、下水口、雨水斗或雨水管、窗帘盒、窗帘杆等。

2. 外墙详图应标注的内容

(1) 墙与轴线的关系尺寸，轴线编号、墙厚或梁宽。

(2) 标注出细部尺寸，其中包括散水宽度、窗台高度、窗上口尺寸、挑出窗口过梁，挑檐的细部尺寸、挑檐板的挑出尺寸、女儿墙的高度尺寸、层高尺寸及总高度尺寸。

(3) 标注出主要标高。其中包括室外地坪、室内地坪、楼层标高、顶板标高。

(4) 应标出室内地面、楼面、吊顶、内墙面、踢脚、墙裙、散水、台阶、外墙面、内墙面、屋面、突出线脚的构造做法。

第**8**章
楼地层及其他水平构件

【教学目标与要求】
- 熟悉楼板层与地面的设计要求、组成和类型
- 熟悉钢筋混凝土楼板的主要类型，掌握其构造
- 掌握民用建筑常用的楼地面和顶棚构造
- 掌握阳台、雨篷构造

8.1 概　　述

楼地层包括楼板层和地坪层，是水平方向分隔房屋空间的承重构件，楼板层分隔上下楼层空间，地坪层分隔底层空间并与土壤直接相连。由于它们均是供人们在上面活动的，因而有相同的面层；但由于它们所处位置及受力情况不同，因而结构层有所不同。楼板层的结构层为楼板，楼板将所承受的上部荷载及自重传递给墙或柱，并由墙、柱传给基础，楼板层有隔声等功能要求；地坪层的结构层为垫层，垫层将所承受的荷载及自重均匀地传给夯实的地基。

8.1.1　楼板层的构造组成

楼板层一般由面层、结构层、附加层和顶棚组成[图 8.1(a)]。

1. 面层

面层位于楼板层的最上层，起着保护楼板层、分布荷载和绝缘的作用，同时对室内起美化装饰作用。

2. 结构层

结构层的主要功能是承受楼板层上的全部荷载并将这些荷载传给墙或柱；同时还对墙身起水平支撑作用，以加强建筑物的整体刚度。

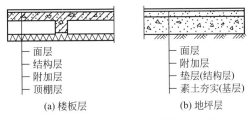

- 面层
- 结构层
- 附加层
- 顶棚层

(a) 楼板层

- 面层
- 附加层
- 垫层(结构层)
- 素土夯实(基层)

(b) 地坪层

图 8.1　楼板层、地坪层的构造组成

3. 附加层

附加层又称功能层，根据楼板层的具体要求而设置，主要作用是隔声、隔热、保温、防水、防潮、防腐蚀、防静电等。根据需要，有时和面层合二为一，有时和吊顶合为一体。

4. 顶棚

顶棚位于楼板层最下层，其主要作用是保护楼板，安装灯具，遮挡各种水平管线，改善使用功能，装饰美化室内空间。

8.1.2 地坪层的构造组成

地坪层是指建筑物底层与土壤相接触的结构构件，它承受着地坪上的荷载，并均匀传给地基。

地坪由面层和垫层(结构层)构成，垫层下基层也称地基，一般为素土夯实。通常是将300 mm厚的土层夯实成200 mm厚，使之能均匀承受荷载，如图8.1(b)所示。对有特殊要求的地坪，常在面层与结构层之间增设附加层。

1. 面层

地坪面层与楼板面层一样，是人们日常生产、生活直接接触的地方，起着保护结构层和美化室内的作用，根据使用性质不同对面层有不同的要求。

2. 附加层

附加层主要是为了满足某种特殊的使用要求而设置的，如结合层、保温层、防水层、埋管线层等。

3. 垫层(结构层)

垫层是承受并传递荷载给地基的结构层，一般为60~80 mm厚C10混凝土，也可用80~100 mm厚碎石灌M2.5砂浆。如果荷载较大或回填土较深且回填土承载力较小，达不到地面承载力要求，则可用双层做法，即在100~150 mm厚碎石灌M2.5砂浆上做60~80 mm厚C10混凝土形成垫层。

8.1.3 楼板的类型

根据所用材料不同，楼板可分为木楼板、钢筋混凝土楼板、压型钢板组合楼板等多种类型(图8.2)。

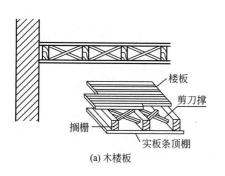

(a) 木楼板

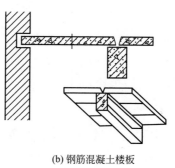

(b) 钢筋混凝土楼板

(c) 压型钢板组合楼板

图8.2 楼板的类型

1. 木楼板

木楼板自重轻、保温隔热性能好、舒适、有弹性，只在木材产地采用较多，但耐火性和耐久性均较差，且关系到自然资源的可持续利用，造价偏高，为节约木材和满足防火要求，现国内已经较少采用。本章将不对其进行讨论。

2. 钢筋混凝土楼板

钢筋混凝土楼板具有强度高、刚度好、耐火性和耐久性好，还具有良好的可塑性，便于工业化生产在我国应用最广泛。按其施工方法不同，可分为现浇式、装配式和装配整体式三种。

3. 压型钢板组合楼板

压型钢板组合楼板是在钢筋混凝土楼板基础上发展起来的，利用压型钢板作为楼板的受弯构件和底模，既提高了楼板的强度和刚度，又加快了施工进度，是目前正大力推广的一种新型楼板。

8.1.4 楼板层的设计要求

1. 具有足够的强度和刚度

强度要求是指楼板层应保证在自重和活荷载作用下安全可靠，不发生任何破坏。这主要是通过结构设计来满足要求。刚度要求是指楼板层在一定荷载作用下不发生过大变形，以保证正常使用状况。结构规范规定楼板的允许挠度不大于跨度(L)的1/250，可用板的最小厚度($1/40L \sim 1/35L$)来保证其刚度。

2. 具有一定的隔声能力

不同使用性质的房间对隔声的要求不同，如我国对住宅楼板的隔声标准中规定：一级隔声标准为65 dB，二级、三级隔声标准为75 dB等。对一些特殊性质的房间如广播室、录音室、演播室等的隔声要求则更高。楼板主要是隔绝固体传声，如人的脚步声、拖动家具、敲击楼板等都属于固体传声。防止固体传声可采取以下措施。

（1）在楼板表面铺设地毯、橡胶、塑料毡等柔性材料[图8.3(a)]。

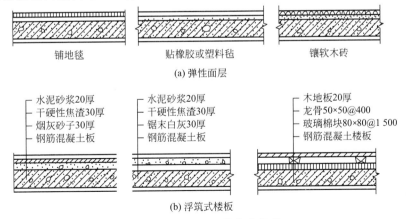

图 8.3 楼板隔固体传声构造

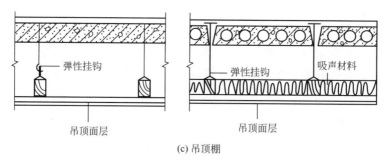

(c) 吊顶棚

图 8.3　楼板隔固体传声构造(续)

(2) 在楼板与面层之间加弹性垫层以降低楼板的振动,即"浮筑式楼板"[图 8.3(b)]。

(3) 在楼板下加设吊顶,使固体噪声不直接传入下层空间[图 8.3(c)]。

3. 具有一定的防火能力

保证在火灾发生时,在耐火极限时间内不至于因楼板塌陷而给生命和财产带来损失。《建筑设计防火规范》(GB 50016—2014)对于多层建筑楼板的耐火极限做了明确规定。

4. 具有防潮、防水能力

对有水侵蚀的房间,如厕所、盥洗室、淋浴室、实验室等,由于有小便槽、盥洗台等各种设备,同时水管较多,用水频繁,室内积水的机会也多,容易发生渗漏水现象。因此,设计时需对这些房间的楼板层、墙身采取有效的防潮、防水措施。如果忽视这样的问题或者处理不当,就容易使楼板和墙身发生渗漏水,影响正常使用,并有碍建筑物的美观,严重的将影响建筑物的结构,降低使用寿命。通常从以下两方面着手解决以上问题。

1) 楼面排水

为便于排水,楼面需有一定坡度,并设置地漏以引导水流入地漏。排水坡度一般为1%~1.5%。为防止室内积水外溢,对有水房间的地面或楼面应比其他房间或走廊低20~30 mm;如两地面标高相平,则可做一高出地面20~30 mm的门槛[图 8.4(a)、(b)]。

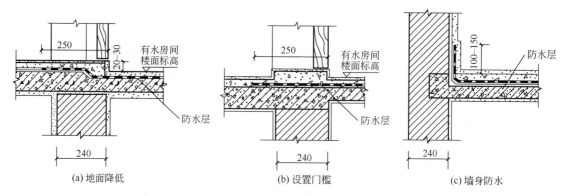

(a) 地面降低　　　　　(b) 设置门槛　　　　　(c) 墙身防水

图 8.4　有水房间楼板层的防水处理

2) 楼板、墙身的防水处理

楼板防水要考虑多种情况及多方面的因素,通常需解决以下问题。

（1）楼板防水。

对有水侵袭的楼板应以现浇为佳。对防水质量要求较高的地方，可在楼板与面层之间设置防水层一道，然后再做面层（见图8.4）。常见的防水材料有卷材防水、防水砂浆防水或涂料防水层，以防止水的渗透。有水房间地面常采用水泥地面、水磨石地面、马赛克地面、地砖地面或缸砖地面等。为防止水沿房间四周侵入墙身，应将防水层沿着房间四周墙边向上深入踢脚线内100～150 mm［图8.4(c)］。当遇到开门处，其防水层应铺出门外至少250 mm。

（2）穿楼板立管的防水处理。

一般采用两种办法：一种是在管道穿过的周围用C20级干硬性细石混凝土捣固密实，再以防水涂料做密封处理［图8.5(a)］；二是对某些暖气管、热水管穿过楼板层时，为防止由于温度变化出现胀缩变形，致使管周围漏水，常在楼板走管的位置埋设一个比热水管直径稍大的管套，以保证热水管能自由伸缩而不致影响混凝土开裂，套管比楼面高出30 mm左右［图8.5(b)］。

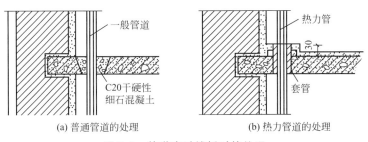

图8.5 管道穿过楼板时的处理

（3）对淋水墙面的处理。

淋水墙面常指浴室、盥洗室、小便槽等处有水侵蚀墙体。对于这些部位，如果防水处理不当，亦会造成严重后果。最常见的问题是男小便槽的渗漏水，它不仅影响室内，而且严重地影响到室外或其他房间。对小便槽的处理首先是迅速排水，其次是小便槽本身须用混凝土材料制作，内配构造钢筋（$\phi 6$ mm@200～300 mm 双向钢筋网），槽壁厚40 mm以上。为提高防水质量，可在槽底加设防水层一道，并将其延伸到墙身，然后在槽表面做水磨石面层或贴瓷砖，如图8.6所示。水磨石面层由于经常受尿液侵蚀或水冲刷，使用时间长后表面会受到腐蚀，致使面层呈粗糙状，变成水刷石，容易积脏。一般贴瓷砖或涂刷防水防腐蚀涂料效果较好，但贴瓷砖其拼缝要严，且须用酚醛树脂胶泥勾缝，否则，水、尿仍能侵蚀墙体，致使瓷砖剥落。现在很多场所以洁具小便池代替小便槽，但也需注意小便池所挂墙面的防水处理。

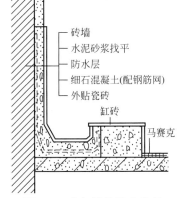

图8.6 小便槽的防水处理

5. 满足各种管线的设置

楼板设计应满足现代建筑的"智能化"要求，须合理安排各种设备管线的走向。

此外，楼板设计，应尽量为工业化施工创造条件，提高建筑质量和施工速度，并满足建筑经济的要求。

8.2 钢筋混凝土楼板构造

钢筋混凝土楼板按其施工方法不同，可分为现浇式、装配式和装配整体式三种。

8.2.1 楼板的基本形式

根据力的传递方式，建筑物的楼板可分为板式、梁板式和无梁楼板等几种类型。

1. 板式楼板

在墙体承重建筑中，当房间尺度较小，楼板上的荷载直接由楼板传给墙体，这种楼板称板式楼板。它多适用于跨度较小的房间或走廊，如居住建筑中的厨房、卫生间以及公共建筑的走廊等。板式楼板结构层底部平整，可以得到最大的使用净高。

楼板根据受力特点和支承情况，分为单向板和双向板。为满足施工要求和经济要求，对各种板式楼板的最小厚度和最大厚度，一般规定如下。

（1）单向板（板的长边与短边之比≥3）：屋面板板厚 60～80 mm；民用建筑楼板厚 60～100 mm；工业建筑楼板厚 70～180 mm。

（2）双向板（板的长边与短边之比≤2）：板厚为 80～160 mm。

当板的长边与短边之比大于 2 小于 3 时，宜按双向板计算。

2. 梁板式楼板

当房间的空间尺度较大，为使楼板结构的受力与传力较为合理，常在楼板下设梁以增加板的支点，从而减小板的跨度。这样楼板上的荷载是先由板传给梁，再由梁传给墙或柱。这种楼板结构称梁板式楼板结构（图 8.7 和图 8.8）。梁有主梁、次梁之分。主梁的经济跨度为 5～8 m，主梁高为主梁跨度的 1/14～1/8，主梁宽为高的 1/3～1/2；次梁的经济跨度为 4～6 m，次梁高为次梁跨度的 1/18～1/12，宽度为梁高的 1/3～1/2，次梁跨度即为主梁间距；板的厚度确定同板式楼板，由于板的混凝土用量占整个肋梁楼板混凝土用量的 50%～70%，因此板宜取薄些，通常板跨不大于 3 m；其经济跨度为 1.7～2.5 m。

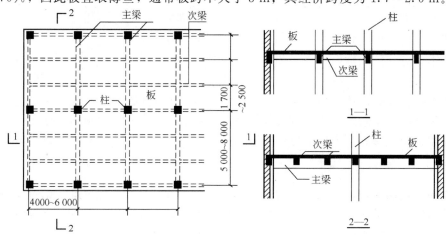

图 8.7 梁板式楼板布置图

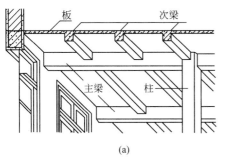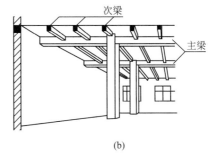

(a)   (b)

图 8.8 梁板式楼板透视图

梁板式楼板板底的梁也可以两个方向交叉布置成井格状，无主次梁之分，称为井格式楼板(图 8.9)。井式楼板适用于长宽比不大于 1.5 的矩形平面，井式楼板中井格板的跨度在 3 m 左右，梁的跨度可达 20～30 m，梁截面高度不小于梁跨的 1/15，宽度为梁高的1/4～1/2，且不少于 120 mm。井式楼板可以用于较大的无柱空间，井格可布置成正交正放、正交斜放、斜交斜放，楼板底部的井格整齐，很有韵律，稍加处理就可形成艺术效果很好的顶棚。

3. 无梁楼板

无梁楼板(图 8.10)为等厚的平板直接支承在柱上，分为有柱帽和无柱帽两种。当楼面荷载比较小时，可采用无柱帽楼板；当楼面荷载较大时，必须在柱顶加设柱帽。无梁楼板的柱可设计成方形、矩形、多边形和圆形；柱帽可根据室内空间要求和柱截面形式进行设计；板的最小厚度不小于 150 mm 且不小于板跨的 1/35～1/32。无梁楼板的柱网一般布置为正方形或矩形，间跨一般不超过 6 m。

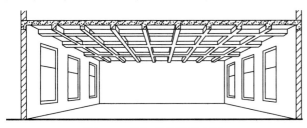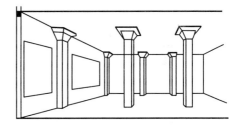

图 8.9 井格式楼板透视图   图 8.10 无梁楼板透视图

8.2.2 钢筋混凝土楼板

钢筋混凝土楼板，具有强度高、刚度好、不燃烧、耐久性好、有利于工业化生产等优点，是建筑物广泛采用的一种楼板形式。根据其施工工艺不同，有现浇整体式钢筋混凝土楼板、预制装配式钢筋混凝土楼板和装配整体式钢筋混凝土楼板三种类型。

1. 现浇整体式钢筋混凝土楼板

现浇整体式钢筋混凝土楼板，是在施工现场经过支模、绑扎钢筋、浇灌混凝土、养护、拆模等施工程序而形成的楼板。这种楼板整体性好，特别适用于有抗震设防要求及对整体性要求较高的建筑物。有管道穿过的房间、平面形状不规整的房间、尺度不符合模数要求的房间和防水要求较高的房间，都适合采用现浇钢筋混凝土楼板。但是其湿作业量大，工序繁多，需要养护，施工工期较长，而且受气候条件影响较大。

2. 预制装配式钢筋混凝土楼板

预制装配式钢筋混凝土楼板，是把楼板分成若干构件，在预制加工厂或施工现场外预先制作，然后运到施工现场进行安装的钢筋混凝土楼板。预制装配式钢筋混凝土楼板可节省模板用量，提高劳动生产率，提高施工速度，施工不受季节限制，有利于实现建筑的工业化；缺点是楼板的整体性较差，不宜用于抗震要求较高的地区和建筑中。

预制楼板可分为预应力和非预应力两种。采用预应力楼板，可推迟裂缝的出现和限制裂缝的开展，从而提高了构件的抗裂度和刚度。预应力与非预应力楼板相比较，可节省钢材 30%～50%，节省混凝土 10%～30%，从而减轻自重，降低造价。

预制钢筋混凝土楼板常用类型有实心平板、槽形板、空心板三种。

1) 实心平板

实心平板的板跨一般≤2.4 m，板宽为 600～900 mm，板厚为 60～80 mm。预制实心平板由于其跨度小，常用于过道和小房间、卫生间、厨房的楼板，也可作为架空搁扳、管沟盖板等(图 8.11)。

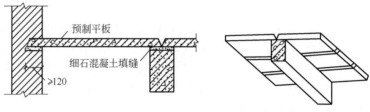

图 8.11　实心平板

2) 槽形板

槽形板是一种梁板结合的预制构件，由板和肋组成，在实心板的两侧设有纵肋。为了提高楼板的刚度并方便板的放置，通常在板的端部设端肋封闭。板的跨度大于 6 m 时，每500～700 mm 设一道横肋。作用在板上的荷载主要由纵肋来承担，因此板的厚度较薄，跨度较大，板厚通常为 30～50 mm，板宽为 500～1 200 mm，预应力槽形板跨长可达 6 m 以上，非预应力槽形板通常在 4 m 以内。槽形板自重轻，材料省，可在板上临时开洞，但隔声能力较差。

槽形板的搁置有正置与倒置两种；正置板受力合理，但板底不平，多作吊顶；倒置板受力不太合理，板底平整，但需另作面层，并可利用其肋间空隙填充保温或隔声材料(图 8.12)。

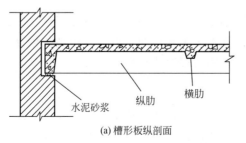

(a) 槽形板纵剖面　　　　　　　　　　　(b) 槽形板底面

图 8.12　槽形板

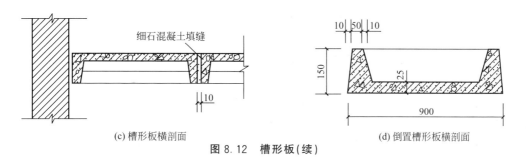

(c) 槽形板横剖面

(d) 倒置槽形板横剖面

图 8.12　槽形板(续)

3) 空心板

空心板也是一种梁板结合的预制构件,其结构计算理论与槽形板相似,两者的材料消耗也相近,但空心板上下板面平整,且隔声效果优于槽形板。其抽空方式以圆孔为主,还有方形孔和椭圆形孔(图 8.13)。

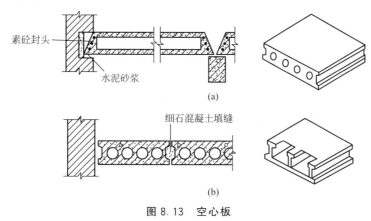

图 8.13　空心板

空心板有中型空心板与大型空心板之分。中型空心板的板跨一般小于 4.5 m,板宽为 500~1 500 mm,板厚为 90~120 mm。大型空心板板跨为 4.5~7.2 m,板宽为 1 200~1 500 mm,板厚为 180~240 mm。空心板安装时,应在板端的圆孔内填砖、砂浆块、混凝土块(即堵头),以免浇灌端缝时混凝土进入孔中,同时能使荷载更好地传递给下部构件,避免板端被压坏。

4) 细部构造

(1) 板在梁上的搁置。

在使用预制板作为楼层结构构件时,为减小结构的高度,可把结构梁的截面做成花篮形或十字形(图 8.14)。但要注意除去花篮梁和十字梁两侧的支撑后,梁的有效高度与宽度不能够小于原来的形状。根据不同的需要,预制梁的截面形式有矩形、T 形、倒 T 形、十字形、花篮形等。

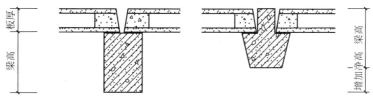

图 8.14　板在梁上的搁置

使用预制板尽管施工方便，但结构整体刚度远不及现浇整体式好。在房屋发生诸如不均匀沉降引起变形的情况下，预制板板缝易出现裂缝，影响美观，还可能造成漏雨。在地震作用下，板搁置端的拉结至关重要。为了保证板与墙或梁有很好的连接，首先应使板有足够的搁置长度。板在墙上的搁置长度外墙不应小于 120 mm，内墙不应小于 100 mm，板在梁上的搁置长度一般不应小于 80 mm。同时，必须在墙或梁上铺约 20 mm 厚的水泥砂浆（俗称坐浆）；此外，用锚固钢筋（又称拉结钢筋）将板与板以及板与墙、梁锚固在一起，以增强房屋的整体刚度（图 8.15）。

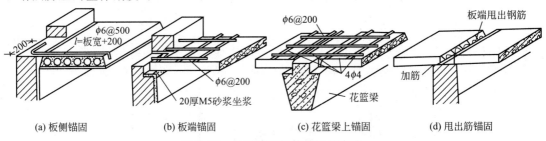

(a) 板侧锚固　　(b) 板端锚固　　(c) 花篮梁上锚固　　(d) 甩出筋锚固

图 8.15　各种锚固钢筋的配置方法

（2）板缝处理。

预制板的接缝有端缝和侧缝两种，板端缝一般需将板缝内灌以砂浆或细石混凝土。为了增强板的整体性和抗震能力，可将板端露出的钢筋交错搭接在一起，或加钢筋网片，然后灌细石混凝土。

预制板的侧缝一般有三种形式：V 形缝、U 形缝和凹槽缝（图 8.16）。其中以凹槽缝对楼板的受力最好。

(a) V 形缝　　　　　　(b) U 形缝　　　　　　(c) 凹槽缝

图 8.16　预制板的侧缝形式

（3）预制装配式钢筋混凝土楼板的抗震构造。

圈梁应紧贴预制楼板板底设置，外墙则应设缺口圈梁（L 形梁），将预制板箍在圈梁内。当板的跨度大于 4.8 m 并与外墙平行时，靠外墙的预制板边应设拉结筋与圈梁拉结。

注：2008 年 5 月 12 日在四川省汶川县发生的里氏 8.0 级地震中，很多预制楼板的建筑物都发生坍塌，虽然有诸多原因，但这提示工程设计与建造者们，在抗震设防要求较高的地区，一般不宜选用预制板。

3. 装配整体式钢筋混凝土楼板

装配整体式钢筋混凝土楼板是一种预制装配和现浇相结合的楼板类型，兼有现浇与预制的双重优越性，目前常用的是预制薄板叠合楼板。

预制薄板叠合楼板是预制薄板与现浇混凝土面层叠合而成的装配整体式楼板，又简称叠合式楼板。这种楼板以预制混凝土薄板为永久模板而承受施工荷载，板面现浇混凝土叠合层如图 8.17 所示。预制薄板一般采用预应力钢筋混凝土薄板。

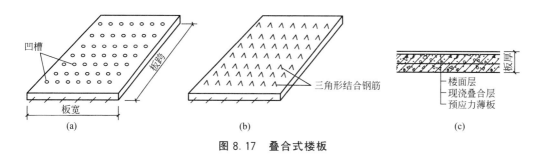

图 8.17　叠合式楼板

　　叠合楼板跨度一般为 4～6 m，最大可达 9 m，通常以 5.4 m 以内较为经济。预应力薄板厚 50～70 mm，板宽 1.1～1.8 m。为了保证预制薄板与叠合层有较好的连接，薄板上表面应做处理。常见的有两种：一是在上表面作刻槽处理，刻槽直径 50 mm、深 20 mm、间距 150 mm；另一种是在薄板表面露出较规则的三角形的结合钢筋。

8.3 压型钢板组合楼板

　　压型钢板组合楼板是一种钢与混凝土组合的楼板，是利用压型钢板作衬板（简称钢衬板）与现浇混凝土浇筑在一起，支撑在钢梁上构成的整体式楼板结构。它主要适用于大空间、高层民用建筑及大跨工业厂房中，目前在国际上已普遍采用[图 8.18(a)]。

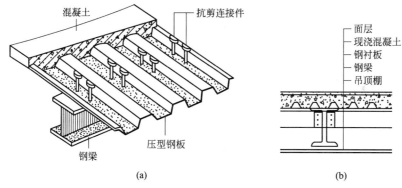

图 8.18　压型钢板组合楼板

　　压型钢板两面镀锌，冷压成梯形截面。其板宽 500～1 000 mm，肋或肢高 35～150 mm。钢衬板有单层钢衬板和双层孔格式钢衬板之分(图 8.19)。

　　(1)压型钢板组合楼板的特点：压型钢板以衬板形式作为混凝土楼板的永久性模板，简化了施工程序，加快了施工进度。压型钢板组合楼板可使混凝土、钢衬板共同受力，即混凝土承受剪力和压力，钢衬板承受下部的拉弯应力。因此钢衬板起着模板和受拉钢筋的双重作用。此外，还可利用压型钢板肋间的空隙敷设室内电力管线，亦可在钢衬板底部焊接悬吊管道、通风管和吊顶的支托，从而充分利用了楼板结构中的空间。

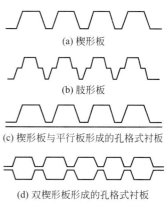

图 8.19　压型钢衬板形式

（2）压型钢板组合楼板的构造：压型钢板组合楼板主要由楼面层、组合楼板(包括现浇混凝土和钢衬板)与钢梁等几部分组成，可根据需要设吊顶棚[图 8.18(b)]。组合楼板的跨度为 1.5～4.0 m。它的构造形式较多，根据压型钢板形式的不同，有单层钢衬板组合楼板和双层孔格式钢衬板组合楼板之分(图 8.20 和图 8.21)。

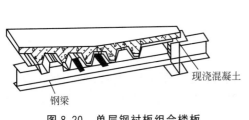

图 8.20 单层钢衬板组合楼板

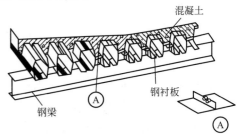

图 8.21 双层钢衬板组合楼板

8.4 楼地面构造

楼板层的面层和地坪层的面层在构造和要求上是一致的，均属室内装修范畴，称楼地面。

8.4.1 对楼地面的要求

楼地面是人们日常生活、工作、生产、学习时必须接触的部分，也是建筑中直接承受荷载，经常受到摩擦、清扫和冲洗的部分，因此，对它应有一定的要求。

（1）具有足够的坚固性。要求楼地面在外力作用下不易被磨损、破坏，且表面平整、光洁，易清洁和不起灰。

（2）面层的保温性能要好。要求楼地面材料的导热系数小，给人以温暖舒适的感觉，冬季时走在上面不致感到寒冷。

（3）面层应具有一定弹性。当人们行走时不致有过硬的感觉，同时，有弹性的地面对防撞击声有利。

（4）有特殊用途的楼地面则应有如下要求：对有水作用的房间，要求楼地面能抗潮湿，不透水；对有火源的房间，要求楼地面防火、耐燃；对有酸、碱腐蚀的房间，则要求楼地面具有防腐蚀的能力。

总之，在设计楼地面时应根据房间使用功能的要求，选择有针对性的材料，提出适宜的构造措施。

8.4.2 楼地面的类型

按面层所用材料和施工方式不同，常见楼地面做法可分为以下几类。

（1）整体面层楼地面：水泥砂浆楼地面、细石混凝土楼地面、水磨石楼地面、彩色耐磨混凝土楼地面等。

（2）块材面层楼地面：面砖、缸砖、陶瓷锦砖及人造石材、天然石材楼地面等。

（3）木材面层楼地面：常采用条木楼地面、拼花木楼地面等。

（4）粘贴面层楼地面：聚氯乙烯板楼地面、橡胶板楼地面、无纺织地毯楼地面等。

（5）涂料面层楼地面：丙烯酸涂料楼地面、环氧涂料楼地面、聚氨酯彩色楼地面等。

8.4.3 楼地面构造分类

1. 整体面层楼地面

1）水泥砂浆楼地面

水泥砂浆楼地面构造简单，坚固耐磨，防潮防水，造价低廉，是目前使用最普遍的一种低档地面。但水泥砂浆地面导热系数大，对不采暖的建筑，在严寒的冬季走上去感到寒冷；再加上它的吸水性差，容易返潮；此外它还具有易起灰，不易清洁等问题。其常见构造做法如图 8.22 所示。

重量/kN/m²	厚度	简 图	构 造 地 面	楼 面
0.40	D80 L20		(1) 1:2.5 水泥砂浆 20 厚 (2) 水泥浆一道（内掺建筑胶） (3) C10 混凝土垫层 60 厚 (4) 夯实土	(3) 现浇钢筋混凝土楼板或预制板之现浇叠合层
1.25	D230 L80		(1) 1:2.5 水泥砂浆 20 厚 (2) 刷水泥浆一道（内掺建筑胶） (3) C10 混凝土垫层 60 厚 (4) 碎石夯入土中 150 厚	(3) CL7.5 轻集料混凝土 60 厚 (4) 现浇钢筋混凝土楼板或预制楼板之现浇叠合层

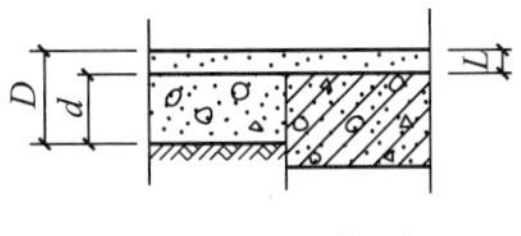

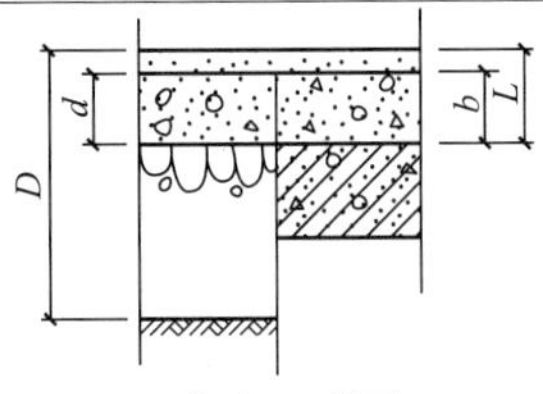

图 8.22 水泥砂浆楼地面构造

2）水磨石楼地面

水磨石楼地面构造如图 8.23 所示。水磨石楼地面是一种现浇整体式楼地面，表面光洁、美观，不易起灰，造价较水泥地面高，常用作公共建筑的大厅、走廊、楼梯以及卫生

重量/kN/m²	厚度	简 图	构 造 地 面	楼 面
1.50	D240 L90		(1) 1:2.5 水泥彩色石子地面 10 厚，表面磨光打蜡 (2) 1:3 水泥砂浆结合层 20 厚 (3) 刷水泥浆一道（内掺建筑胶） (4) C10 混凝土垫层 60 厚 (5) 5～32 卵石灌 M2.5 混合砂浆，振捣密实或 3:7 灰土 150 厚 (6) 夯实土	(3) 1:6 水泥焦渣填充层 60 厚 (4) 现浇钢筋混凝土楼板或预制楼板之现浇叠合层

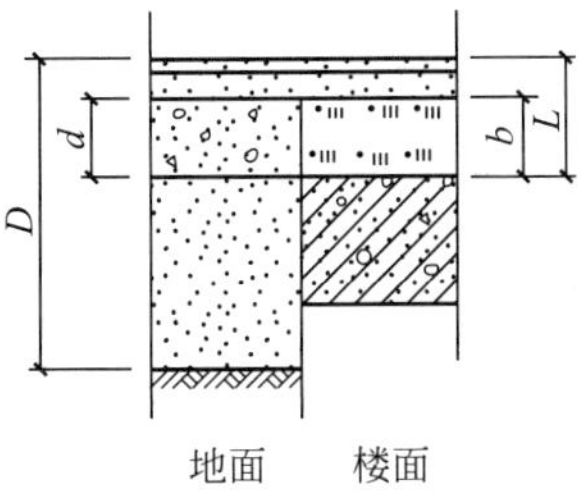

图 8.23 水磨石楼地面构造

间的地面。为防止楼地面开裂，方便施工，表面美观及日后维修，常需设分格条，分格条一般高 10 mm，用 1∶1 水泥砂浆固定。其构造做法如图 8.24 所示。

2. 块材面层楼地面

块材面层楼地面是利用各种人造或天然的预制块材、板材镶铺在基层上面。常见的有以下几种。

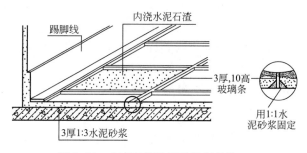

图 8.24　水磨石楼地面分格条构造

1）缸砖、陶瓷锦砖及地面砖楼地面

缸砖是陶土加矿物颜料烧制而成的一种无釉砖块，主要有红棕色和深米黄色两种。缸砖质地细密、坚硬，强度较高，耐磨、耐水、耐油、耐酸碱，易于清洁，不起灰，施工简单，因此广泛应用于卫生间、盥洗室、浴室、厨房、实验室及有腐蚀性液体的房间楼地面。

陶瓷锦砖质地坚硬，经久耐用，色泽多样，耐磨、防水、耐腐蚀、易清洁，适用于有水、有腐蚀的楼地面。其构造做法如图 8.25 所示。

重量/kN/m²	厚度	简　图	构　造	
			地　面	楼　面
1.35	D240 L90	地面　楼面	(1) 陶瓷锦砖 5 厚铺实拍平，干水泥擦缝 (2) 1∶3 干硬性水泥砂浆结合层 20 厚，表面撒水泥粉 (3) 刷水泥浆一道(内掺建筑胶) (4) C10 混凝土垫层 60 厚 (5) 5～32 卵石灌 M2.5 混合砂浆振捣密实或 3∶7 灰土 150 厚 (6) 夯实土	(3) 1∶6 水泥焦渣填充层 60 厚 (4) 现浇钢筋混凝土楼板或预制楼板之现浇叠合层

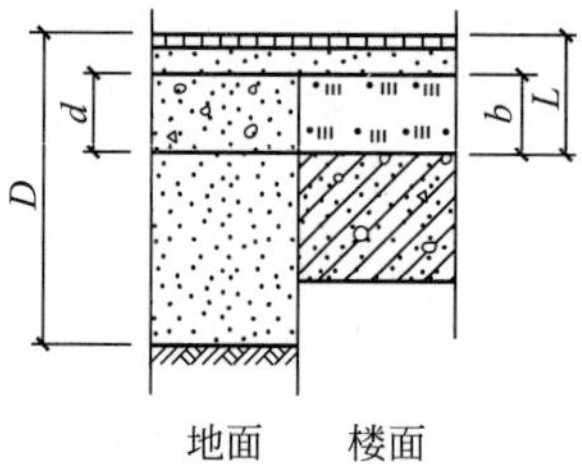

图 8.25　陶瓷锦砖楼地面构造

地面砖的各项性能都优于缸砖，且色彩图案丰富，装饰效果好，造价也较高，多用于高档楼地面装修。其构造做法如图 8.26 所示。

重量/kN/m²	厚度	简　图	构　造	
			地　面	楼　面
1.45	D240 L90	地面　楼面	(1) 彩色釉面砖 8～10 厚，干水泥擦缝 (2) 1∶3 干硬性水泥砂浆结合层 20 厚，表面撒水泥粉 (3) 刷水泥浆一道(内掺建筑胶) (4) C10 混凝土垫层 60 厚 (5) 碎石夯入土中 150 厚	(3) CL7.5 轻集料混凝土 60 厚 (4) 现浇钢筋混凝土楼板或预制楼板之现浇叠合层

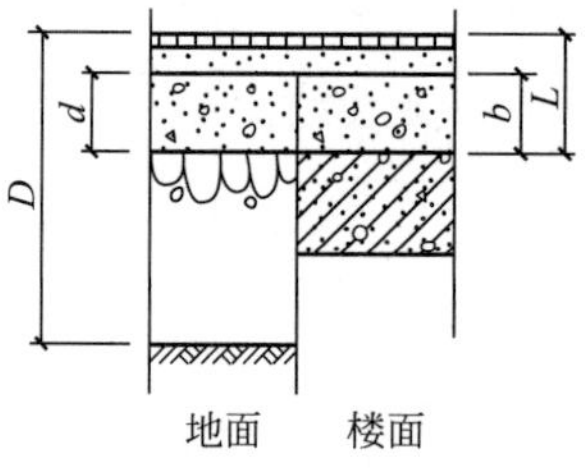

图 8.26　彩色釉面砖楼地面构造

2）天然（人造）石板楼地面

常用的天然石板指大理石和花岗石板，由于它们质地坚硬，色泽丰富艳丽，属高档楼地面装饰材料，一般多用于高级宾馆、会堂、公共建筑的大厅、门厅等处。其构造做法如图 8.27 所示。

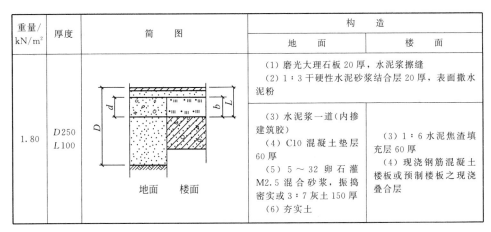

重量/ kN/m²	厚度	简　图	构　造	
			地　面	楼　面
1.80	D250 L100	地面　楼面	（1）磨光大理石板 20 厚，水泥浆擦缝 （2）1∶3 干硬性水泥砂浆结合层 20 厚，表面撒水泥粉 （3）水泥浆一道（内掺建筑胶） （4）C10 混凝土垫层 60 厚 （5）5～32 卵石灌 M2.5 混合砂浆，振捣密实或 3∶7 灰土 150 厚 （6）夯实土	（3）1∶6 水泥焦渣填充层 60 厚 （4）现浇钢筋混凝土楼板或预制楼板之现浇叠合层

图 8.27　磨光大理石板楼地面构造

3. 木材面层楼地面

木材面层楼地面具有弹性好，导热系数小，不起尘，易清洁等特点，是理想的楼地面材料。如图 8.28 所示为单层长条硬木楼地面构造。图中是将木地板直接铺设在木龙骨上。木龙骨为 50 mm×50 mm 方木，中距 400 mm。为了防腐，可在搁栅及木地板背面满刷防腐剂。如图 8.29 所示为强化复合木地板楼地面构造。近些年，国内强化复合木地板产品种类繁多，花色较多且耐磨性很强，故较多采用。

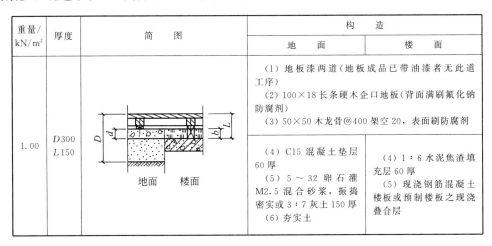

重量/ kN/m²	厚度	简　图	构　造	
			地　面	楼　面
1.00	D300 L150	地面　楼面	（1）地板漆两道（地板成品已带油漆者无此道工序） （2）100×18 长条硬木企口地板（背面满刷氟化钠防腐剂） （3）50×50 木龙骨@400 架空 20，表面刷防腐剂 （4）C15 混凝土垫层 60 厚 （5）5～32 卵石灌 M2.5 混合砂浆，振捣密实或 3∶7 灰土 150 厚 （6）夯实土	（4）1∶6 水泥焦渣填充层 60 厚 （5）现浇钢筋混凝土楼板或预制楼板之现浇叠合层

图 8.28　单层长条硬木楼地面构造

4. 粘贴面层楼地面

这类人造的块材和卷材产品近些年发展得也较快，它可以加工成多种色彩及表面纹理，施工也很简便，有的产品还可以通过热熔接的方法使单片制品之间施工后没有缝隙，方便清扫，所以大量用作商场、医院展示空间及其他公共场所的楼地面材料。例如聚氯乙烯板楼地面、橡胶板楼地面、无纺织地毯楼地面等。橡胶板楼地面的构造如图 8.30 所示。

重量/ kN/m²	厚度	简 图	构 造	
			地 面	楼 面
1.30	D250 L100	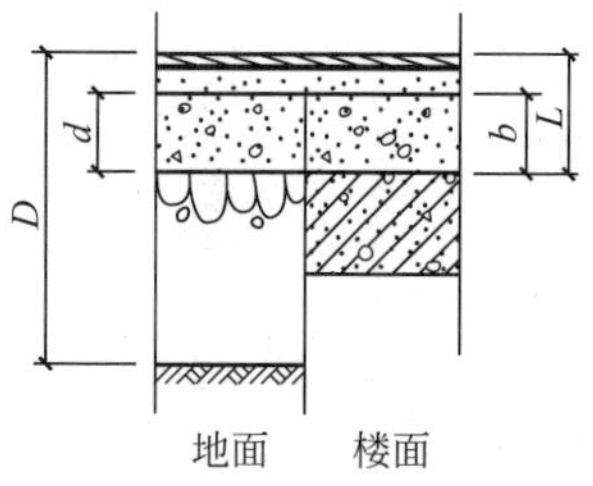	(1) 8 厚企口强化复合木地板，板缝用胶黏剂粘铺 (2) 3～5 厚泡沫塑料衬垫 (3) 1：2.5 水泥砂浆 20 厚 (4) 水泥浆一道(内掺建筑胶)	
			(5) C15 混凝土垫层 60 厚 (6) 碎石夯入土中 150 厚	(5) CL7.5 轻集料混凝土 60 厚 (6) 现浇钢筋混凝土楼板或预制楼板之现浇叠合层

图 8.29　强化复合木地板楼地面构造

重量/ kN/m²	厚度	简 图	构 造	
			地 面	楼 面
1.30	D240 L90	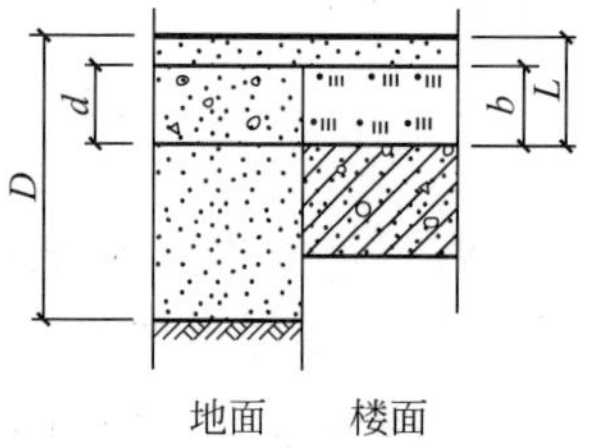	(1) 橡胶板 3 厚，用专用胶黏剂粘贴 (2) 1：2.5 水泥砂浆 20 厚，压实抹光 (3) 水泥浆一道(内掺建筑胶)	
			(4) C10 混凝土垫层 60 厚 (5) 5～32 卵石灌 M2.5 混合砂浆，振捣密实或 3：7 灰土 150 厚 (6) 夯实土	(4) 1：6 水泥集渣填充层 60 厚 (5) 现浇钢筋混凝土楼板或预制楼板之现浇叠合层

图 8.30　橡胶板楼地面构造

5. 涂料面层楼地面

涂料面层楼地面耐磨性好，耐腐蚀、耐水防潮，整体性好，易清洁，不起灰，弥补了水泥砂浆和混凝土楼地面的缺陷，同时价格低廉，易于推广。

涂料面层楼地面要求水泥楼地面坚实、平整；涂料与面层黏结牢固，不得有掉粉、脱皮、开裂等现象。同时，涂层的色彩要均匀，表面要光滑、洁净，给人以舒适、明净、美观的感觉。其构造如图 8.31 所示。

重量/ kN/m²	厚度	简 图	构 造	
			地 面	楼 面
1.90	D250 L100	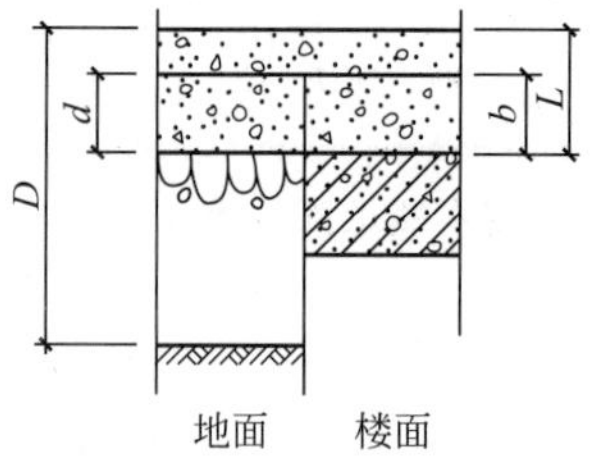	(1) C20 细石混凝土 40 厚，随打随磨光，表面涂环氧 200 μm (2) 刷水泥浆一道(内掺建筑胶)	
			(3) C10 混凝土垫层 60 厚 (4) 碎石夯入土中 150 厚	(3) CL7.5 轻集料混凝土 60 厚 (4) 现浇钢筋混凝土楼板或预制楼板之现浇叠合层

图 8.31　环氧涂料楼地面构造

在楼地面与墙面交接处，通常按楼地面做法进行处理，即作为楼地面的延伸部分，这部分称踢脚线，也有的称踢脚板。踢脚线的主要功能是保护墙面，以防止墙面因受外界的碰撞而损坏，或在清洗楼地面时脏污墙面。

踢脚线的高度一般为 100～150 mm，其材料基本与楼地面一致，构造也按分层制作，通常比墙面抹灰突出 4～6 mm。踢脚线构造如图 8.32 所示。

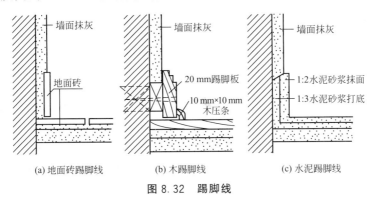

图 8.32　踢脚线

8.5 顶棚构造

8.5.1　直接式顶棚

直接在钢筋混凝土屋面板或楼板下表面直接喷浆、抹灰或粘贴装修材料的一种构造方法。当板底平整时，可直接喷、刷大白浆或 106 涂料；当楼板结构层为钢筋混凝土预制板时，可用 1∶3 水泥砂浆填缝刮平，再喷刷涂料。这类顶棚构造简单，施工方便，其具体做法和构造与内墙面的抹灰类、涂刷类、裱糊类基本相同（可以参考墙面装修的做法），常用于装饰要求不高的一般建筑。

8.5.2　悬吊式顶棚

悬吊式顶棚又称"吊顶"，它离开屋顶或楼板的下表面有一定的距离，通过悬挂物与主体结构连接在一起。

1. 吊顶的类型

（1）根据结构构造形式的不同，吊顶可分为整体式吊顶、活动式装配吊顶、隐蔽式装配吊顶、开敞式吊顶等。

（2）根据材料的不同，吊顶可分为板材吊顶、轻钢龙骨吊顶、金属吊顶等。

2. 吊顶的构造组成

（1）吊顶龙骨。

吊顶龙骨分为主龙骨和次龙骨，主龙骨是吊顶的承重结构，次龙骨则是吊顶的基层。主龙骨通过吊筋或吊件固定在楼板结构层上，次龙骨用同样的方法固定在主龙骨上。龙骨可用木材、轻钢、铝合金等材料制作，其断面大小视其材料品种、是否上人及面层构造和做法等因素而定。主龙骨断面比次龙骨大，间距约为 2 m。悬吊主龙骨的吊筋为 $\phi 8 \sim \phi 10$ mm 钢筋，间距也是不超过 2 m。次龙骨间距视面层材料而定，间距一般不超过 600 mm。

（2）吊顶面层。

吊顶面层分为抹灰面层和板材面层两大类。抹灰面层为湿作业施工，费工、费时；板材面层，既可加快施工速度，又容易保证施工质量。板材吊顶有植物板材、矿物板材和金属板材等。

3. 木质（植物）板材吊顶构造

吊顶龙骨一般用木材制作，分格大小应与板材规格相协调。为了防止植物板材因吸湿而产生凹凸变形，面板宜锯成小块板铺钉在次龙骨上，板块接头必须留 3～6 mm 的间隙作为预防板面翘曲的措施。板缝缝形根据设计要求可做成密缝、斜槽缝、立缝等形式（图 8.33）。

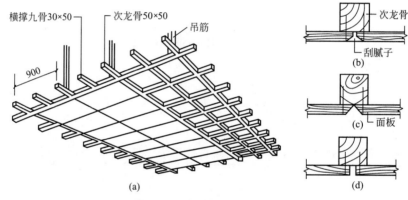

图 8.33 木质板材吊顶构造

4. 矿物板材吊顶构造

矿物板材吊顶常用石膏板、石棉水泥板、矿棉板等板材做面层，轻钢或铝合金型材做龙骨。这类吊顶的优点是自重轻，施工安装快，无湿作业，耐火性能优于植物板材吊顶和抹灰吊顶，故在公共建筑或高级工程中应用较广。

轻钢和铝合金龙骨的布置方式有两种：龙骨外露的布置方式（图 8.34）和不露龙骨的布置方式。

不露龙骨吊顶的主龙骨仍采用槽形断面的轻钢型材，但次龙骨采用 U 形断面轻钢型材，用专门的吊挂件将次龙骨固定在主龙骨上，面板用自攻螺钉固定于次龙骨上（图 8.35）。

5. 金属板材吊顶构造

金属板材吊顶最常用的是以铝合金条板作面层，龙骨采用轻钢型材。

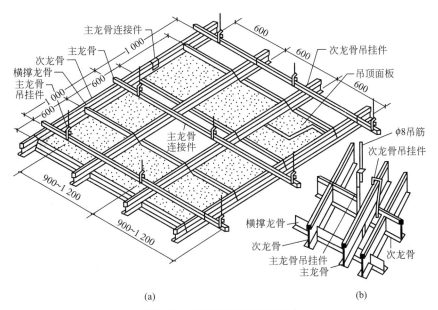

图 8.34 龙骨外露吊顶的构造

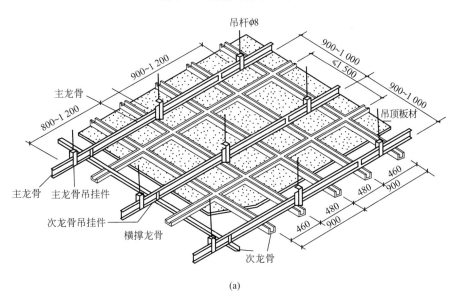

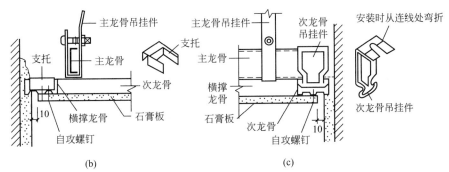

图 8.35 不露龙骨吊顶的构造

（1）密铺铝合金条板吊顶如图8.36所示。

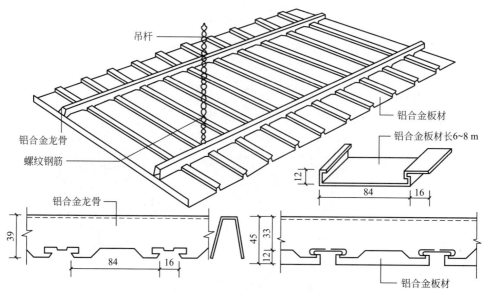

图 8.36　密铺铝合金条板吊顶

（2）开敞式铝合金条板吊顶如图8.37所示。

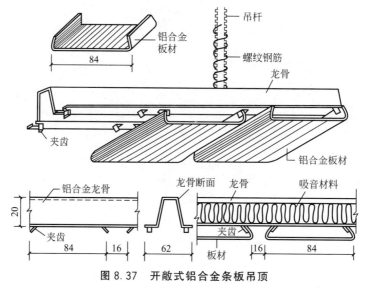

图 8.37　开敞式铝合金条板吊顶

8.6 阳台与雨篷

阳台是连接室内的室外平台，给居住在建筑里的人们提供一个舒适的室外活动空间，是多层住宅、高层住宅和旅馆等建筑中不可缺少的一部分。

雨篷位于建筑物出入口的上方，用来遮挡雨雪，保护外门免受侵蚀，给人们提供一个从室外到室内的过渡空间，并起到保护门和丰富建筑立面的作用。

8.6.1 阳台

1. 阳台的类型和设计要求

1) 类型

阳台按其与外墙面的关系分为挑阳台、凹阳台和半挑半凹阳台(图 8.38);按其在建筑中所处的位置可分为中间阳台和转角阳台。

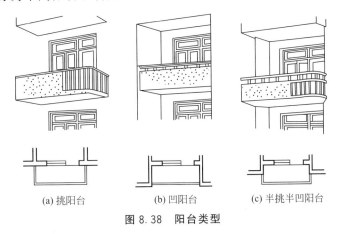

(a) 挑阳台   (b) 凹阳台   (c) 半挑半凹阳台

图 8.38　阳台类型

阳台按使用功能不同又可分为生活阳台(靠近卧室或客厅)和服务阳台(靠近厨房)。

2) 设计要求

(1) 安全、坚固。

挑阳台的挑出长度不宜过大,应保证在荷载作用下不发生倾覆现象,以 1.2～1.8 m 为宜。低层、多层住宅阳台栏杆净高不低于 1.05 m,中高层住宅阳台栏杆(栏板)净高不低于 1.1 m,但也不大于 1.2 m。阳台栏杆形式应防坠落(垂直栏杆间净距不应大于 110 mm)、防攀爬(不设水平栏杆),且放置花盆处应采取防坠落措施。

(2) 适用、美观。

阳台所用材料应经久耐用,金属构件应做防锈处理,表面装修应注意色彩的耐久性和抗污染性。阳台栏杆(栏板)应结合地区气候特点和风俗习惯,满足使用及立面造型的要求。还应考虑地区气候特点。南方地区宜采用有助于空气流通的空透式栏杆,而北方寒冷地区和中高层住宅应采用实体栏杆,并满足立面美观的要求,为建筑物的形象增添风采。

2. 阳台结构布置方式

1) 挑板式

挑板式阳台悬挑长度一般为 1.2 m 左右。悬挑阳台板具体的悬挑方式有两种。一种是楼板悬挑阳台板[图 8.39(a)],通常将阳台板与墙梁浇在一起,墙梁的截面应比圈梁大,以保证阳台的稳定,而且阳台悬挑不宜过长,阳台板靠墙梁(可加长)与梁上外墙的自重平衡。这种方式的阳台板底平整、美观,而且阳台平面形式可做成半圆形、弧形、梯形、斜三角等各种形状,挑板厚度不小于挑出长度的 1/12。另一种方式是采用装配式楼板,装配式楼板会增加板的类型[图 8.39(b)]。

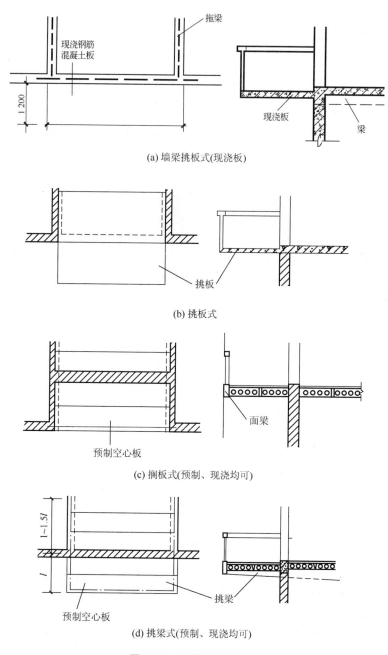

(a) 墙梁挑板式(现浇板)

(b) 挑板式

(c) 搁板式(预制、现浇均可)

(d) 挑梁式(预制、现浇均可)

图 8.39　阳台结构形式

2) 搁板式

将阳台板直接搁置在承重墙上，称为搁板式阳台。这种结构布置多用于凹阳台，如图 8.39(c) 所示。

3) 挑梁式

从横墙内外伸挑梁，其上搁置预制楼板，这种阳台称为挑梁式阳台。这种结构布置简单，传力直接明确，阳台长度与房间开间一致。挑梁根部截面高度 H 为 $(1/6 \sim 1/5)$ L，L 为悬挑净长，截面宽度为 $(1/3 \sim 1/2)H$。为美观起见，可在挑梁端头设置面梁，既可以遮挡挑梁头，又可以承受阳台栏杆重量，还可以加强阳台的整体性，如图 8.39(d)所示。

3. 阳台细部构造

1) 阳台栏杆

阳台栏杆的形式有实体、空花式和混合式三种。按材料可分为砖砌、钢筋混凝土和金属栏杆。扶手有金属和钢筋混凝土两种：金属扶手一般为钢管与金属栏杆焊接；而钢筋混凝土扶手用途广泛，形式多样。

2) 细部构造

阳台细部构造(图 8.40)主要包括如下几种。

(1) 栏杆与扶手的连接：连接方式有焊接、现浇等。

(2) 栏杆与面梁的连接：连接方式有焊接、榫接坐浆、现浇等。

(3) 栏杆与墙体的连接：扶手与墙的连接，应将扶手或扶手中的钢筋伸入外墙的预留洞中，用细石混凝土或水泥砂浆填实固牢。

(4) 现浇钢筋混凝土栏杆与墙连接，应在墙体内预埋 240 mm×240 mm×120 mm C20 细石混凝土块，从中伸出二根外径 $\phi6$，长 300 mm 的钢筋，与扶手中的钢筋绑扎后再进行现浇。

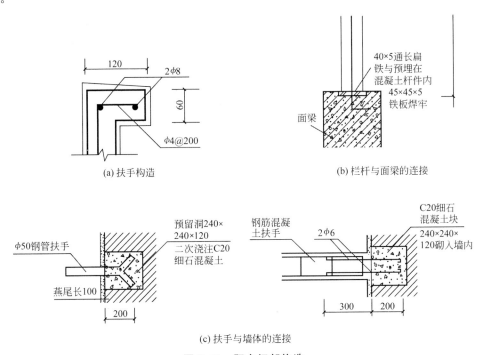

(a) 扶手构造
(b) 栏杆与面梁的连接
(c) 扶手与墙体的连接

图 8.40 阳台细部构造

3) 阳台隔板

阳台隔板用于连接双阳台，有砖砌和钢筋混凝土隔板两种。砖砌隔板一般采用 60 mm 和 120 mm 厚两种，由于荷载较大且整体性较差，所以现多采用钢筋混凝土隔板。隔板采用 C20 细石混凝土预制 60 mm 厚，下部预埋铁件与阳台预埋铁件焊接，其余各边伸出 $\phi6$ 钢筋与墙体、挑梁和阳台栏杆、扶手相连(图 8.41)。

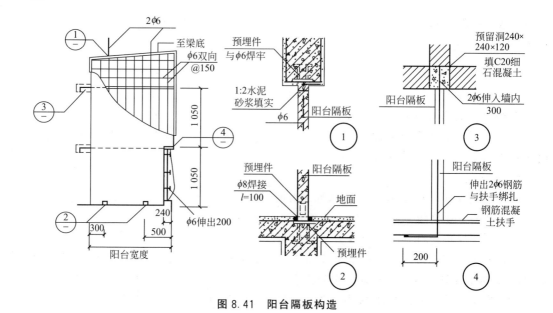

图 8.41　阳台隔板构造

4）阳台排水

阳台排水有外排水和内排水两种(图 8.42)。外排水适用于低层和多层建筑，即在阳台外侧设置泄水管将水排出。内排水适用于高层建筑和高标准建筑，即在阳台内侧设置排水立管和地漏，将雨水直接排入地下管网，以保证建筑立面美观。为防止阳台上的雨水流入室内，设计时要求将阳台楼地面标高低于室内楼地面标高 30～50 mm，并将阳台楼地面抹出 5‰～1‰ 的排水坡将水导入排水孔，排水孔内预埋 $\phi50～\phi80$ mm 镀锌管或 PVC 管，管口水舌向外挑出至少 80 mm，使雨水能顺利排出。

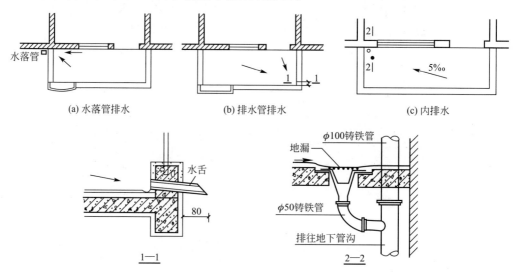

图 8.42　阳台排水构造

5）阳台的保温及封闭阳台

在严寒、寒冷地区一般将栏板以上用玻璃窗封闭，形成封闭阳台。封闭阳台既可起到保温隔热作用，又可增大室内使用空间。图 8.43 为低窗台封闭保温阳台构造。

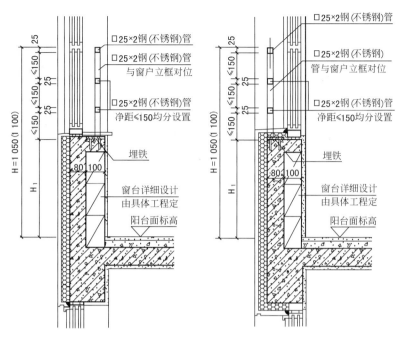

图 8.43 低窗台封闭保温阳台
注：H_1 及封闭窗按个体工程设计。

8.6.2 雨篷

雨篷是建筑物入口处位于外门上部用以遮挡、保护外门免受雨水侵害的水平构件，多采用现浇钢筋混凝土悬臂板，其悬臂长度一般为 $1 \sim 1.5$ m。也可采用其他结构形式，如轻钢雨篷等，其伸出尺度可以更大。

常见的钢筋混凝土悬臂雨篷有板式和梁板式两种。为防止雨篷产生倾覆，常将雨篷与入口处门上过梁（或圈梁）浇在一起。

由于雨篷承受的荷载不大，因此雨篷板的厚度较薄，通常还做成变截面形式。采用无组织排水方式，在板底周边设滴水［图 8.44(a)］。另外，对出挑较多的雨篷，多采用梁板式。为了美观，同时也为了防止周边滴水，常将周边梁向上翻起成反梁式。为防止水舌阻塞而在上部积水并出现渗漏，在雨篷顶部及四周则须做防水砂浆粉面，形成泛水［图 8.44(b)］。对于有节能保温要求的建筑，在对应部位还应做相应处理。

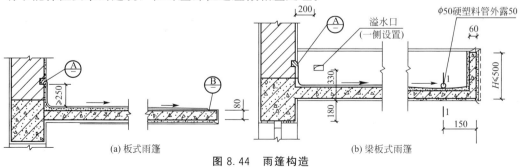

(a) 板式雨篷   (b) 梁板式雨篷

图 8.44 雨篷构造

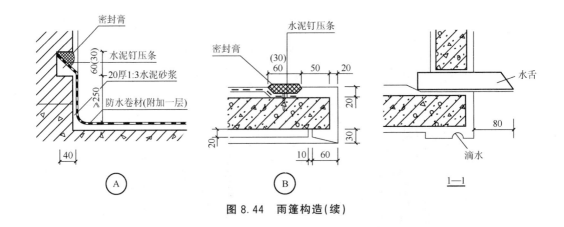

图 8.44　雨篷构造(续)

本 章 小 结

1.楼地层是水平方向分隔房屋空间的承重构件。楼板层的设计应满足建筑的使用、结构施工以及经济等方面的要求。

2.钢筋混凝土楼板根据其施工方法不同可分为现浇式、装配式和装配整体式三种。现浇式钢筋混凝土楼板有板式楼板、梁板式楼板和无梁楼板。装配式钢筋混凝土楼板常用的板型有实心平板、槽形板、空心板。装配整体式楼板有叠合式楼板和压型钢板组合楼板。

3.楼地面按其材料和做法可分为五大类，即整体面层楼地面、块料面层楼地面、木材面层楼地面、粘贴面层楼地面和涂料面层楼地面。

4.直接式顶棚有直接喷、刷涂料或做抹灰粉面或粘贴饰面材料等多种方式。吊顶按材料的不同分为板材吊顶、轻钢龙骨吊顶、金属吊顶等。

5.阳台、雨篷应满足安全坚固、适用美观的要求。阳台结构布置方式有挑板式、搁板式和挑梁式。阳台应注意栏杆与扶手、栏杆与面梁、阳台隔板、阳台排水、阳台的保温等细部构造。雨篷有板式和梁板式之分，构造重点在雨篷板面和雨篷板与墙体的防水处理。

知识拓展——现浇混凝土空心楼板

目前，在我国工业与民用建筑中，钢筋混凝土结构因原材料广泛、技术成熟、造价低廉、有很强的生命力，仍是应用最为广泛的建筑结构形式。但由于现代建筑对层高、自重、大空间、灵活间隔等提出了更高的要求，人们致力于研究新的、更舒适的、技术经济效果更好的钢筋混凝土结构体系。在现浇混凝土结构中，现浇钢筋混凝土空心板是继普通的梁板、密肋楼板、无黏结预应力平板后新开发的一种现浇新结构体系。

现浇钢筋混凝土空心板是在板中埋设非抽芯式空心管(一般为圆管)以形成封闭空腔的钢筋混凝土板(图 8.45)。现浇空心板与梁、柱整浇在一起，一般为双向受力，整体性强，具有广泛的应用前景。

图8.45 空心管安装

1. 现浇空心板的适用范围

此种新结构体系适用于各种跨度和各种荷载的建筑，特别适用于如下几种。

（1）大跨度、大空间和大荷载的建筑，如商业楼、办公楼、图书馆、展览馆、教学楼、车站、多层停车场等大中型公共建筑和工业厂房、仓库。

（2）需灵活间隔或经常改变使用用途的建筑，如宾馆、娱乐场所、住宅、公寓等。

（3）采用集中式空调的建筑。

（4）有特殊隔音、保温要求的建筑。

2. 现浇空心板无梁楼盖的优点

与普通实心板相比，现浇钢筋混凝土空心板具有如下优点。

（1）结构自重轻。适用于大跨度、大荷载和大空间的多层和高层建筑。

（2）抗震性能好。由于结构自重小，显著降低了地震作用。设计可根据荷载情况，任意设置暗梁。

（3）隔热、隔音性能优良。空心板中的封闭空腔大大减小了楼层之间噪声的传递，隔音效果提高10～20分贝，有效解决了图书馆、教学楼、住宅、娱乐场所等噪声问题；封闭空腔同时减少了热量的传递，对于建筑节能效果显著。

（4）综合造价低。预埋空心管虽需增加一定的工程费用，但混凝土用量和钢筋用量也显著减小，且板中形成空腔而使自重大大减小，实际工程应用表明，整个建筑物的重量显著减小。因此，结构的综合造价将明显降低，可降低工程总造价3%～8%。

本 章 习 题

1．楼地层的主要功能是什么？楼地层的设计要求有哪些？

2．楼地层由哪些部分组成？各起什么作用？

3．现浇钢筋混凝土楼板按受力分哪几种？各适用什么情况？

4．楼地面的类型有哪几种？画图说明各种类型构造做法。

5．画图说明你的课程设计中采用何种楼地面构造。

6．画图说明你的课程设计中的阳台栏板构造。

7．画图说明你的课程设计中的雨篷构造。

第9章
楼梯及其他垂直交通设施

【教学目标与要求】
- 掌握楼梯的设计要求、尺度、组成和类型
- 熟悉钢筋混凝土楼梯的构造原理和构造方法
- 熟悉室外台阶及坡道的设计原理及构造方法
- 熟悉电梯与自动扶梯的设计原理,了解其构造方法
- 熟悉无障碍设计的原理和构造方法

9.1 概　述

建筑物各个不同楼层之间的联系,需要有垂直交通设施,该项设施有楼梯、电梯、自动扶梯、台阶、坡道以及爬梯等。

楼梯作为垂直交通和人员紧急疏散的主要交通设施,使用最为广泛。楼梯的设计要求为:坚固、耐久、安全、防火;做到上下通行方便,能搬运必要的家具物品,有足够的通行和疏散能力。另外,楼梯尚应有一定的美观要求。当楼梯坡度大于45°时,称爬梯,爬梯主要用于屋面及设备检修。

电梯用于层数较多或有特殊需要的建筑物中。即使以电梯或自动扶梯为主要交通设施的建筑物,也必须同时设置楼梯,以便设备检修和紧急疏散时使用。

在建筑物入口处,因室内外地面的高差而设置的踏步段,称为台阶。为方便车辆和轮椅通行,也可增设坡道。坡道也可用于多层车库及医疗建筑中的无障碍交通设施。

9.2 楼梯的组成、类型及尺度

9.2.1 楼梯的组成

楼梯一般由楼梯段、平台及栏杆(或栏板)三部分组成(图9.1)。

1. 楼梯段

楼梯段又称楼梯跑,是楼梯的主要使用和承重部分。它由若干个踏步组成。为减少人们上下楼梯时的疲劳和适应人行的习惯,一个楼梯段的踏步数要求最多不超过18级,最少不少于3级。

2. 平台

平台是指两楼梯段之间的水平板，有楼层平台、中间平台之分。平台主要作用在于缓解疲劳，让人们在连续上楼时可在其上稍加休息，故又称休息平台。同时，平台还是梯段之间转换方向的连接处。

3. 栏杆（或栏板）

栏杆是楼梯段的安全设施，一般设置在楼梯段的边缘和平台临空的一边，设计要求必须坚固可靠，有足够的安全高度。

9.2.2 楼梯的类型

（1）按不同位置分，楼梯有室内与室外两种。

（2）按使用性质分，室内有主要楼梯、辅助楼梯；室外有安全楼梯、防火楼梯等。

（3）按材料分，有木质、钢筋混凝土、钢质、混合式及金属楼梯。

（4）按楼梯的平面形式不同，则可分为如图 9.2～9.9 所示的多种，其中最简单的是直跑楼梯。直跑楼梯又分为单跑和多跑几种。楼梯中最常见的是双跑并列成对折关系的楼梯，称为双跑楼梯或折角式楼梯。另外，剪刀式楼梯、圆弧形楼梯、内径较小的螺旋形楼梯、带扇步的楼梯以及各种坡度比较陡的爬梯也都是楼梯的常用形式。

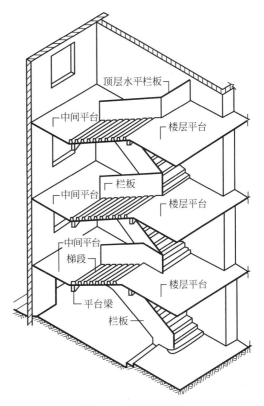

图 9.1 楼梯的组成

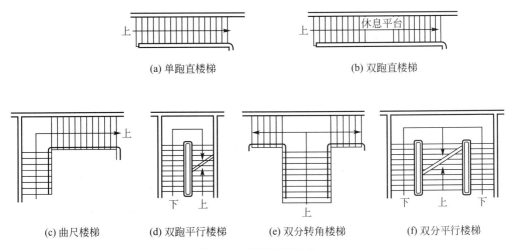

(a) 单跑直楼梯　　　　　(b) 双跑直楼梯

(c) 曲尺楼梯　　(d) 双跑平行楼梯　　(e) 双分转角楼梯　　(f) 双分平行楼梯

图 9.2 楼梯平面形式

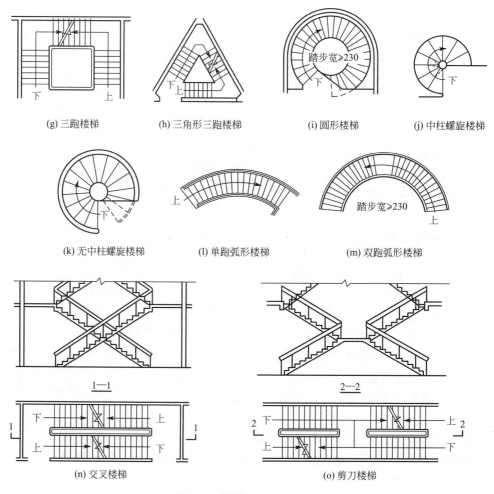

(g) 三跑楼梯　　　(h) 三角形三跑楼梯　　　(i) 圆形楼梯　　　(j) 中柱螺旋楼梯

(k) 无中柱螺旋楼梯　　　(l) 单跑弧形楼梯　　　(m) 双跑弧形楼梯

踏步宽≥230

踏步宽≥230

1—1　　　　　　　2—2

(n) 交叉楼梯　　　　　　(o) 剪刀楼梯

图 9.2　楼梯平面形式 (续)

图 9.3　单跑直楼梯

图 9.4　合上双分转角楼梯

图 9.5 三跑楼梯

图 9.6 双分平行楼梯

图 9.7 剪刀楼梯

图 9.8 中柱螺旋楼梯

图 9.9 无中柱螺旋楼梯

9.2.3 楼梯的设计要求

（1）作为主要楼梯，应与主要出入口邻近，且位置明显；同时还应避免垂直交通与水平交通在交接处拥挤、堵塞等问题的出现。

（2）必须满足防火要求，楼梯间除允许直接对外开窗采光外，不得向室内任何房间开窗；楼梯间四周墙壁必须为防火墙；对防火要求高的建筑物，特别是高层建筑，应设计成封闭式楼梯或防烟楼梯。

（3）楼梯间必须有良好的自然采光。

9.2.4 楼梯的尺度

1. 楼梯的坡度与踏步尺寸

楼梯的坡度是指梯段中各级踏步前缘的假定连线与水平面形成的夹角。楼梯的坡度

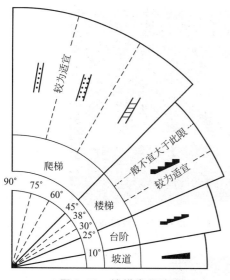

图 9.10　楼梯常用坡度

大小应适中，坡度过大，行走易疲劳；坡度过小，楼梯占用的建筑面积增加，不经济。楼梯的坡度范围为 $25°\sim45°$，最适宜的坡度为 $1:2$ 左右。坡度较小时（小于 $10°$），可将楼梯改为坡道。坡度大于 $45°$ 为爬梯。楼梯、爬梯、坡道等的坡度范围（图 9.10）。楼梯坡度应根据使用要求和行走舒适性等方面来确定。公共建筑的楼梯，一般人流较多，坡度应较平缓，常在 $26°34'(1:2)$ 左右；住宅中的公用楼梯通常人流较少，坡度可稍陡些，多为 $1:1.5\sim1:2$，楼梯坡度一般不宜超过 $38°$；供少量人员通行的内部专用楼梯，其坡度可适当加大。

用角度表示楼梯的坡度虽然准确、形象，但不宜在实际工程中操作。因此我们经常用踏步的尺寸来表述楼梯的坡度。

踏步是由踏面（b）和踢面（h）组成（图 9.11）。踏面（踏步宽度）与成人的平均脚长相适应，一般不宜小于 260 mm。为了适应人们上下楼时脚的活动情况，踏面宜适当宽一些，常用 $260\sim320$ mm。在不改变梯段长度的情况下，为加宽踏面，可将踏步的前缘挑出，形成突缘，挑出长度一般为 $20\sim25$ mm；也可将踢面做成倾斜面[图 9.11(b)、(c)]。踏步高度一般宜为 $140\sim175$ mm，各级踏步高度均应相同。在通常情况下，踏步尺寸可根据经验公式求得。

$$b+2h=600\sim620 \text{ mm}$$

其中 $600\sim620$ mm 为成人的平均步距，室内楼梯选用低值，室外台阶选用高值。

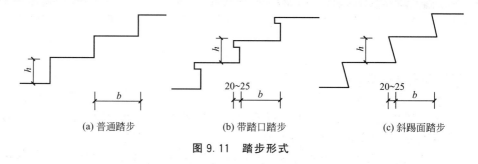

(a) 普通踏步　　　　　　(b) 带踏口踏步　　　　　　(c) 斜踢面踏步

图 9.11　踏步形式

常用踏步的最小宽度和最大高度可以从表 9-1 中找到较为合适的数据。

表 9-1　楼梯踏步最小宽度和最大高度

楼梯类别	最小宽度 b/mm	最大高度 h/mm
住宅公用楼梯	260	175
幼儿园、小学校楼梯	260	150
电影院、剧场、体育场、商场、医院、旅馆、大中学校等楼梯	280	160

续表

楼梯类别	最小宽度 b/mm	最大高度 h/mm
其他建筑楼梯	260	170
专用疏散楼梯	250	180
服务楼梯、住宅套内楼梯	220	200

注：无中柱螺旋楼梯和弧形楼梯离内侧扶手中心 0.25 m 处的踏步宽度不应小于 0.22 m。

2. 梯段尺度

梯段尺度分为梯段宽度和梯段长度。梯段宽度根据紧急疏散时要求通过的人流股数多少确定。按每股人流为 0.55＋(0～0.15)m 的人流股数确定，并不应少于两股人流。公共建筑中人流众多的场所应取上限值。同时，需满足各类建筑设计规范中对梯段宽度的限定，如住宅≥1 100 mm，商店建筑≥1 400 mm 等。

梯段长度 L(图 9.12)是每一梯段的水平投影长度，其值为 $L=b(N/2-1)$，其中 b 为踏面水平投影步宽，N 为楼层踏步个数。

3. 平台宽度

平台宽度分为中间平台宽度 D_1 和楼层平台宽度 D_2，对于平行和折行多跑等类型楼梯，其转向后的中间平台宽度应不小于梯段宽度，并应≥1 200 mm，以保证可通行与梯段同股数的人流。同时，要便于家具搬运，医院建筑还应保证担架在平台处能转向通行，其中间平台宽度应≥1 800 mm。对于直行多跑楼梯，其中间平台宽度可等于梯段宽，或者≥$2b+h$。楼层平台宽度，应比中间平台更宽松一点，以利人流分配和停留。

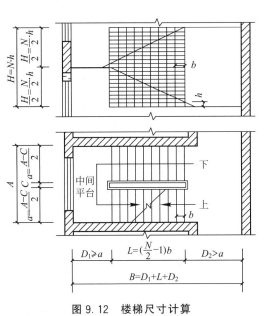

图 9.12 楼梯尺寸计算

4. 梯井宽度

所谓梯井，系指梯段之间形成的空当，此空当从顶层到底层贯通(图 9.12 中的"C"段)。多层公共建筑的室内疏散楼梯两梯段扶手间的水平净距不宜小于 150 mm，超过 200 mm 应采取防护措施。

5. 栏杆扶手尺度

楼梯应至少于一侧设扶手，梯段净宽达三股人流时应两侧设扶手，达四股人流时宜加设中间扶手。室内楼梯扶手高度自踏步前缘线量起至扶手顶面不宜小于 0.90 m (图 9.13)。靠楼梯井一侧水平扶手长度超过 0.50 m 时，其高度不应小于 1.05 m。供儿童使用的楼梯应在 500～600 mm 高度增设扶手。托儿所、幼儿园、中小学及少年儿童专用活动场所的楼梯，梯井净宽大于 0.20 m 时，必须采取防止少年儿童攀滑的措施，楼梯栏杆应采取不易攀登的构造，当采用垂直杆件做栏杆时，其杆件净距不应大于 0.11 m。

6. 楼梯的净空高度

楼梯各部位的净空高度应保证人流通行和家具搬运，楼梯平台上部及下部过道处的净高不应小于 2 m，梯段净高不宜小于 2.20 m(图 9.14)。

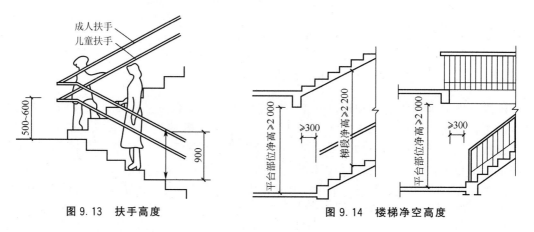

图 9.13 扶手高度   图 9.14 楼梯净空高度

注：梯段净高为自踏步前缘(包括最低和最高一级踏步前缘线以外 0.30 m 范围内)量至上方突出物下缘间的垂直高度。

当在平行双跑楼梯底层中间平台下需设置通道时，为保证平台下净高满足通行要求(一般净高≥2 000 mm)，可通过以下方式解决(图 9.15)。

(1) 底层采用长短跑梯段。起步第一跑设为长跑，以提高中间平台标高。

(2) 局部降低底层中间平台下地坪标高，使其低于底层室内地坪标高±0.000，以满足净空高度要求。

(3) 综合以上两种方式，在底层采取长短跑梯段的同时，再降低中间平台下地坪标高。

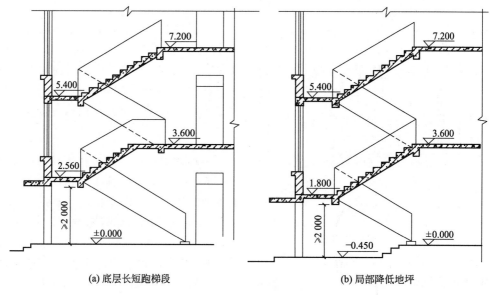

(a) 底层长短跑梯段   (b) 局部降低地坪

图 9.15 平台下作出入口时楼梯净高设计的几种方式

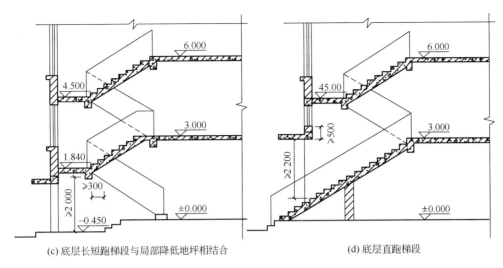

(c) 底层长短跑梯段与局部降低地坪相结合   (d) 底层直跑梯段

图 9.15   平台下作出入口时楼梯净高设计的几种方式(续)

(4) 底层用直行单跑或直行双跑楼梯直接从室外上二层。

7. 楼梯尺寸计算

在进行楼梯构造设计时,应对楼梯各细部尺寸进行详细的计算。下面以常用的平行双跑楼梯为例,说明楼梯尺寸的计算方法(图9.12)。

(1) 根据层高 H 和初选步高 h 确定每层步数 N,即 $N=H/h$。为了减少构件规格,一般应尽量采用等跑梯段,因此 N 宜为偶数。如所求出 N 为奇数或非整数,可反过来调整步高 h。

(2) 根据步数 N 和初选步宽 b 确定梯段水平投影长度 L,即

$$L=(N/2-1)\cdot b$$

(3) 确定是否设梯井。如楼梯间宽度较富裕,可在两梯段之间设梯井。供少年儿童使用的楼梯梯井不应大于 120 mm,以利安全。

(4) 根据楼梯间开间净宽 A 和梯井宽 C 确定梯段宽度 a,即

$$a=(A-C)/2$$

同时检验其通行能力是否满足紧急疏散时人流股数要求,如不能满足,则应对梯井宽 C 或楼梯间开间净宽 A 进行调整。

(5) 根据初始楼梯间进深净长度 B 及梯段水平投影长度 L,并根据式 $B=D_1+L+D_2$,初步确定中间平台宽 D_1 和楼层平台宽 D_2;检验是否满足($D_1 \geqslant a$),($D_2 > a$)。如不能满足,则可对 L 值进行调整(即调整 b 值),必要时,则须调整 B 值。

在 B 值一定的情况下,如尺寸有富裕,一般可加宽 b 值以减缓坡度或加宽 D_2 值,以利于楼层平台分配人流。

(6) A、B 值确定后,应根据 A、B 值加上其到轴线距离分别得到楼梯的开间及进深,并进行调整使其符合建筑模数。

在装配式楼梯中,D_1 和 D_2 值的确定尚需注意使其符合预制板安放尺寸,或使异形规格尺寸板仅在一个平台,以减少异形规格板数量。图9.16为楼梯各层参考平面图示。

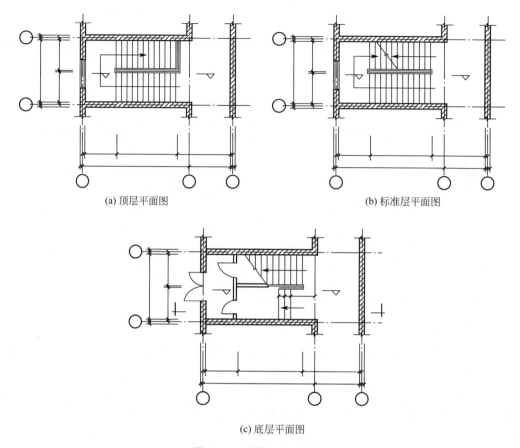

(a) 顶层平面图

(b) 标准层平面图

(c) 底层平面图

图 9.16 楼梯各层平面图

9.3 楼梯构造

楼梯的形式虽然很多，但基本组成不外乎梯段、平台和栏杆扶手三部分。研究清楚最常用的双跑式楼梯的构造，就可以掌握楼梯的基本构造，其他形式楼梯的构造也就触类旁通了。

从材料角度讲，楼梯可以采用木材、钢材、钢筋混凝土或多种材料混合制作。由于钢筋混凝土楼梯具有较好的结构刚度和强度，较理想的耐久、耐火性能，并且在施工、造型和造价等方面也有较多优势，故应用最为普遍。

从施工方式分，钢筋混凝土楼梯有现浇式和预制装配式两大类。

9.3.1 现浇钢筋混凝土楼梯

现浇钢筋混凝土楼梯的整体性能好，刚度大，有利于抗震。但模板耗费大，施工周期长。特别适用于抗震要求高及楼梯形式和尺寸变化多的建筑物。现浇楼梯根据梯段的传力方式不同有板式梯段和梁板式梯段两类。

1. 板式梯段

板式楼梯(图9.17)通常由梯段板、平台梁和平台板组成。梯段板是一块带踏步的斜板,它承受着梯段的全部荷载,并通过平台梁将荷载传给墙体或柱子,如图9.17(a)所示。必要时,也可取消梯段板一端或两端的平台梁,使平台板与梯段板联为一体,形成折线形的板,直接支承于墙或梁上[图9.17(b)]。

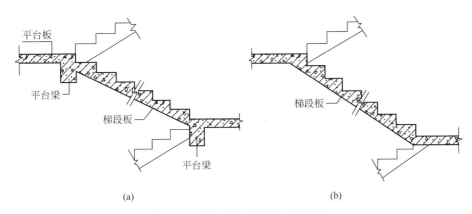

(a)   (b)

图9.17 现浇钢筋混凝土板式梯段

近年来在一些公共建筑和庭园建筑中,出现了一种悬臂板式楼梯。其特点是梯段和平台均无支承,完全靠上下楼梯段与平台组成的空间板式结构与上下层楼板结构共同来受力,且造型新颖,空间感好。

现浇钢筋混凝土弧形楼梯底面平顺,结构占用空间少,造型优美,但由于板跨大,受力复杂,因此结构设计和施工难度较大,钢筋和混凝土用量也较大。如图9.18所示为现浇扭板式钢筋混凝土弧形楼梯,一般用于观感要求高的建筑,特别是公共建筑的大厅中。为了使梯段边缘线条轻盈,可在靠近边缘处局部减薄板厚进行出挑。板式楼梯的梯段底面平整,外形简洁,便于支模施工。当梯段跨度不大时(一般不超过3 m)常采用。当梯段跨度较大时,梯段板厚度增加,自重较大,钢材和混凝土用量较多,经济性较差,这时常采用梁板式梯段替代之。

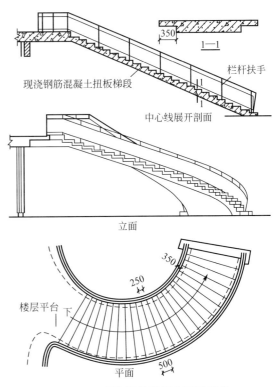

图9.18 现浇钢筋混凝土弧形楼梯

2．梁板式梯段

当梯段较宽或楼梯荷载较大时，采用
板式梯段往往不经济，须增加梯段斜梁（简称梯梁）以承受板的荷载，并将荷载传给平台梁，这种梯段称梁板式梯段。

梁板式梯段在结构布置上有双梁布置和单梁布置之分。梯梁在板下部的称为正梁式梯段［图 9.19（a）］；将梯梁反向上面称为反梁式梯段［图 9.19（b）］。正梁式梯段踏步可以从侧面看到，称为"明步"；反梁式梯段踏步从侧面看不到，称为"暗步"。

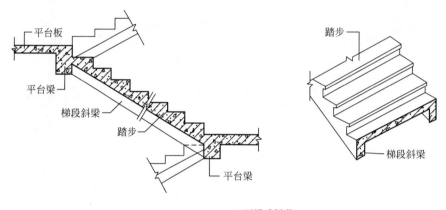

(a) 正梁式梯段

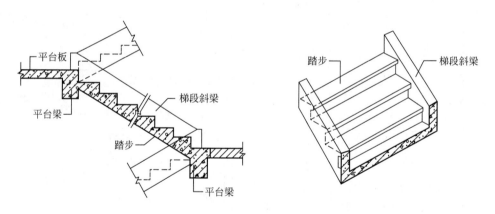

(b) 反梁式梯段

图 9.19　现浇钢筋混凝土梁板式梯段

在梁板式结构中，单梁式楼梯是近年来公共建筑中采用较多的一种结构形式。这种楼梯的每个梯段由一根梯梁支承踏步。梯梁布置有两种方式：一种是单梁悬臂式楼梯［图 9.20（a）］；另一种是单梁挑板式楼梯［图 9.20（b）］。单梁楼梯受力复杂，梯梁不仅受弯，而且受扭，但这种楼梯外形轻巧、美观，常为建筑空间造型所采用。

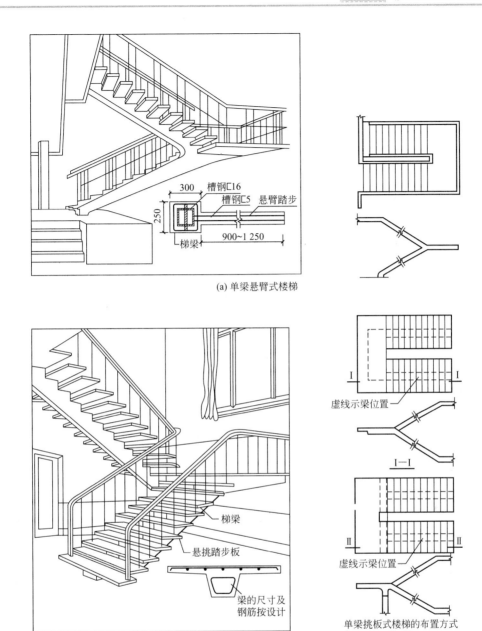

(a) 单梁悬臂式楼梯

(b) 单梁挑板式楼梯

图 9.20 单梁式楼梯

9.3.2 预制装配式楼梯

预制装配式钢筋混凝土楼梯按其构造方式可分为梁承式、墙承式和墙悬臂式等类型。

1. 预制装配梁承式钢筋混凝土楼梯

预制装配梁承式钢筋混凝土楼梯系指梯段由平台梁支承的楼梯构造方式。预制构件可按梯段(板式或梁板式梯段)、平台梁和平台板三部分进行划分(图9.21)。

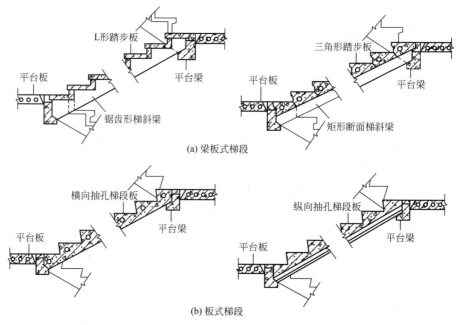

(a) 梁板式梯段

(b) 板式梯段

图 9.21　预制装配梁承式楼梯

1) 梯段

(1) 梁板式梯段。

梁板式梯段由梯斜梁和踏步板组成[图 9.21(a)]。一般在踏步板两端各设一根梯斜梁，踏步板支承在梯斜梁上。由于构件小型化，无须大型起重设备即可安装，故施工简便。

踏步板(图 9.22)：踏步板断面形式有一字形、L 形、三角形等断面，厚度根据受力情况为 $40\sim80$ mm。一字形踏步板断面制作简单，踢面可漏空或用砖填充，但其受力不太合理、仅用于简易楼梯、室外楼梯等。L 形与倒 L 形断面踏步板为平板带肋形式构件，较一字形断面踏步板受力合理，用料省，自重轻；其缺点是底面呈折线形，不平整。三角形断面踏步板使梯段底面平整、简洁，解决了前几种踏步板底面不平整的问题。为了减轻自重，常将三角形断面踏步板抽孔，形成空心构件。

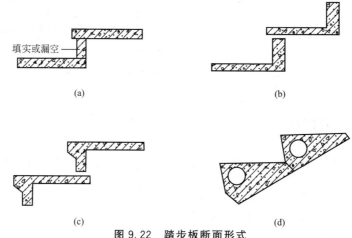

图 9.22　踏步板断面形式

梯斜梁：用于搁置一字形、L 形断面踏步板的梯斜梁为锯齿形变断面构件 [图 9.23(a)]。用于搁置三角形断面踏步板的梯斜梁为等断面构件[图 9.23(b)]。

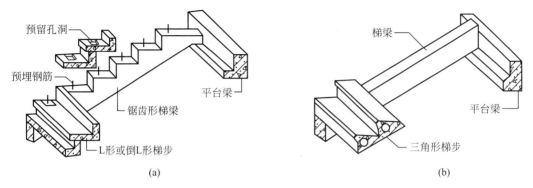

(a)   (b)

图 9.23　预制梯斜梁的形式

（2）板式梯段。

板式梯段如图 9.21(b)所示。如图 9.24 所示为带踏步的钢筋混凝土锯齿形板，其上、下端直接支承在平台梁上。由于没有斜梁，梯段底面平整，结构厚度小，其有效断面厚度可按板跨 $l/30 \sim l/12$ 估算。由于梯段板厚度小，且无斜梁，使平梁截面高度相应减小，从而增大了平台下净空高度。

为了减轻梯段板自重，也可将梯段板做成空心构件，有横向抽孔和纵向抽孔两种方式，横向抽孔较纵向抽孔合理、易行，较为常用。

2）平台梁

为了便于支承梯斜梁或梯段板，以及平衡梯段水平分力并减少平台梁所占结构空间，一般将平台梁做成 L 形断面，其构造高度按 $L/12$ 估算（L 为平台梁跨度）（图 9.25）。

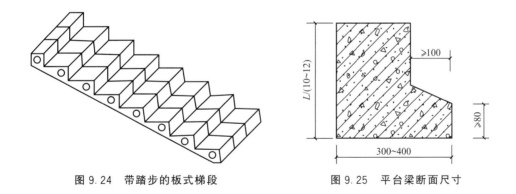

图 9.24　带踏步的板式梯段　　　　**图 9.25　平台梁断面尺寸**

3）平台板

平台板可根据需要采用钢筋混凝土空心板、槽板或平板。需要注意的是，在平台上有管道井处，不宜布置空心板。平台板一般平行于平台梁布置，以利于加强楼梯间整体刚度[图 9.26(a)]。当垂直于平台梁布置时，常用小块平台板[图 9.26(b)]。

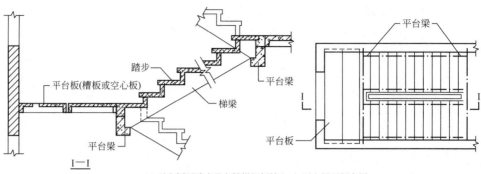

(a) 平台板两端支承在楼梯间侧墙上，与平台梁平行布置

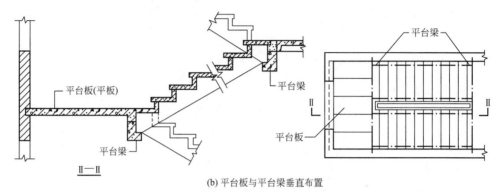

(b) 平台板与平台梁垂直布置

图 9.26 梁承式梯段与平台的结构布置

4）构件连接构造

（1）踏步板与梯斜梁连接。

一般在梯斜梁支承踏步板处用水泥砂浆坐浆连接。如需加强，可在梯斜梁上预埋插筋，与踏步板支承端预留孔插接，用高标号水泥砂浆填实[图 9.27(a)]。

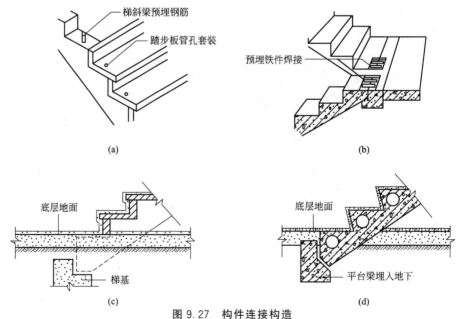

图 9.27 构件连接构造

（2）梯斜梁或梯段板与平台梁连接。

在支座处除了用水泥砂浆坐浆外，应在连接端预埋钢板进行焊接[图9.27(b)]。

（3）梯斜梁或梯段板与梯基连接。

在楼梯底层起步处，梯斜梁或梯段板下应做梯基，梯基常用砖或混凝土制成如图9.27(c)所示；也可用平台梁代替梯基[图9.27(d)]，但需注意该平台梁无梯段处与地坪的关系。

2. 预制装配墙承式钢筋混凝土楼梯

预制装配墙承式钢筋混凝土楼梯系指预制钢筋混凝土踏步板直接搁置在墙上的一种楼梯形式(图9.28)。其踏步板一般采用上面提到的一字形、L形断面。

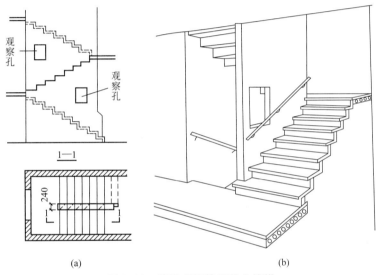

图9.28 墙承式钢筋混凝土楼梯

这种楼梯由于在梯段之间有墙，搬运家具不方便，也阻挡视线，上下人流易相撞。通常在中间墙上开设观察口，以使上下人流视线流通。也可将中间墙两端靠平台部分局部收进，以使空间通透，有利于改善视线和搬运家具物品。但这种方式对抗震不利，施工也较麻烦，现已较少采用。

3. 预制装配墙悬臂式钢筋混凝土楼梯

预制装配墙悬臂式钢筋混凝土楼梯系指预制钢筋混凝土踏步板一端嵌固于楼梯间侧墙上，另一端凌空悬挑的楼梯形式(图9.29)。

装配式楼梯按照构件划分有小型构件装配式楼梯和大中型构件装配式楼梯。

以楼梯踏步板为主要装配构件，安装在梯段梁上，其构件尺寸一般较小，数量

图9.29 预制装配墙悬臂式楼梯

较多，故称之为小型构件装配式楼梯。小型构件装配式楼梯在选材上可采用单一材料，如上述的钢筋混凝土梯段梁上安装混凝土踏步板，或者钢梁上安装钢踏步板等；亦可使用混合材

料，例如在钢梁上安装混凝土、玻璃或各种天然及复合的木踏步板等，一般均结合楼梯造型与建筑饰面一同考虑。其构件的连接方式可根据选用材料的特点，采用焊接、套接、拴接等。

大中型构件装配式楼梯主要是钢筋混凝土楼梯和重型钢楼梯。其中大型构件主要是以整个梯段以及整个平台为单独的构件单元，在工厂预制好后运到现场安装。中型构件主要是沿着平行于梯段或平台跨度方向将构件划分成几块，以减少对大型运输和起吊设备的要求。钢构件在现场一般是采用焊接的工艺拼装。钢筋混凝土构件在现场可以通过预埋件焊接，也可以通过构件上的预埋件和预埋孔相互套接。

9.3.3 楼梯的面层及扶手栏杆构造

1. 踏步的踏面

楼梯面层的构造做法大致与楼板面层相同，面层常采用水泥砂浆、水磨石等，也可采用铺缸砖、铺釉面砖或铺大理石板。前两种多用于一般工业与民用建筑中，后几种多用于有特殊要求或较高级的公共建筑中。但楼梯作为垂直交通工具，在火灾等灾害发生时往往是疏散人流的唯一通道，所以踏步面层一定要防滑。防滑措施与饰面材料有关。例如水磨石面层以及其他表面光滑的面层，常在踏步的踏口处用不同于面层的材料做出略高于踏面的防滑条；或用带有槽口的陶土块或金属板包住踏面口（图 9.30）。

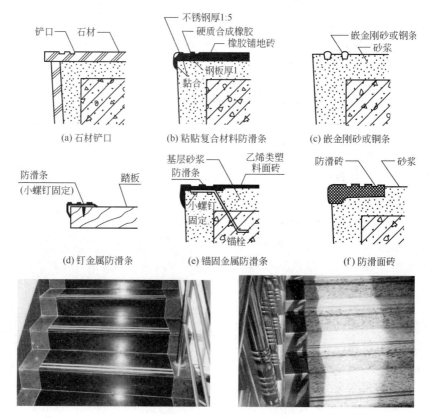

图 9.30 防滑处理及实例

2. 栏杆、栏板与扶手

栏杆和栏板位于梯段或平台临空一侧，是重要的安全设施，也是装饰性较强的构件。栏杆和扶手组合后应有一定的强度，能够经受住一定的冲击力。

1) 栏杆

栏杆多采用方钢、圆钢、钢管或扁钢等材料，并可焊接或铆接成各种图案，既起防护作用，又起装饰作用。

如图 9.31 所示为栏杆示例。在构造设计中应保证其竖杆具有足够的强度，以抵抗侧向冲击力，最好将竖杆与水平杆及斜杆连为一体共同工作。其杆件形成的空花尺寸不宜过大，通常控制在 110～150 mm，不应采用易于攀登的花饰，特别是供少年儿童使用的楼梯尤应注意。当竖杆间距较密时，其杆件断面可小一些；反之则应大一些。常用的钢竖杆断面为圆形和方形，并分为实心和空心两种。

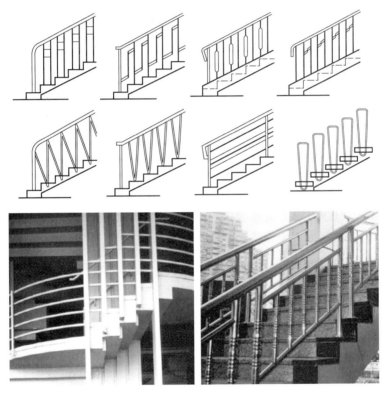

图 9.31 栏杆

栏杆与踏步的连接方式有锚接、焊接和拴接三种（图 9.32）。锚接是在踏步上预留孔洞，然后将钢条插入孔内，预留孔一般为 50 mm×50 mm，插入洞内至少 80 mm，洞内浇注水泥砂浆或细石混凝土嵌固。焊接则是在浇注楼梯踏步时，在需要设置栏杆的部位，沿踏面预埋钢板或在踏步内埋套管，然后将钢条焊接在预埋钢板或套管上。拴接系指利用螺栓将栏杆固定在踏步上，方式可有多种。

2) 栏板

栏板式栏杆取消了杆件，免去了栏杆的不安全因素，节约钢材，无锈蚀问题，但板式

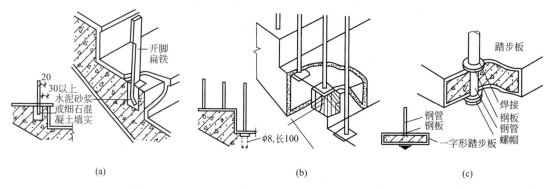

图 9.32　栏杆与踏步的连接方式

图 9.33　采用栏板的楼梯

构件应能承受侧向推力。栏板材料常采用砖、钢丝网水泥抹灰、钢筋混凝土等。如图 9.33 所示为多用于室外楼梯或受到材料经济限制、采用栏板的室内楼梯。

　　另外一种常见的栏杆形式是以上两种的组合(图 9.34 和图 9.35)。在这种形式中，栏杆竖杆作为主要抗侧力构件，栏板则作为防护和美观装饰构件，其栏杆竖杆常采用钢材或不锈钢等材料，其栏板部分常采用轻质、美观材料制作，如木板、塑料贴面板、铝板、有机玻璃板和钢化玻璃板等。

　　3）扶手

　　楼梯扶手按材料分有木扶手、金属扶手、塑料扶手等，以构造分有镂空栏杆扶手、栏板扶手和靠墙扶手等。木扶手、塑料扶手用木螺丝通过扁铁与镂空栏杆连

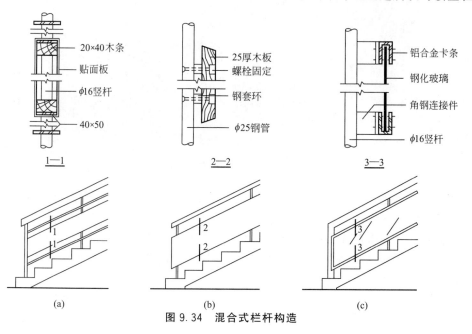

图 9.34　混合式栏杆构造

图 9.35　混合式栏杆实例

接；金属扶手则通过焊接或螺钉连接；靠墙扶手则由带预埋铁脚的扁钢用木螺丝来固定；栏板扶手多采用抹水泥砂浆或水磨石粉面的处理方式(图 9.36)。

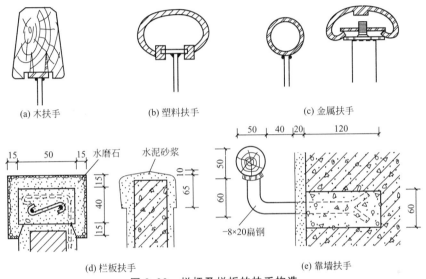

(a) 木扶手　　　(b) 塑料扶手　　　(c) 金属扶手

(d) 栏板扶手　　　(e) 靠墙扶手

图 9.36　栏杆及栏板的扶手构造

　　在底层第一跑梯段起步处，为增强栏杆刚度和美观，可以对第一级踏步和栏杆扶手进行特殊处理(图 9.37)。

　　在梯段转折处，由于梯段间的高差关系，为了保持栏杆高度一致和扶手的连续，应根据不同情况进行处理(图 9.38)。当上下梯段齐步时，上下扶手在转折处同时向平台延伸半步，使两扶手高度相等，连接自然，但这样做缩小了平台的有效深度；如扶手在转折处不伸入平台，下跑梯段扶手在转折处须上弯形成鹤颈扶手，因鹤颈扶手制作较麻烦，也可改用直线转折的硬接方式；当上下梯段错一步时，扶手在转折处不需向平台延伸即可自然连接，当长短跑梯段错开几步时，将出现一段水平栏杆。

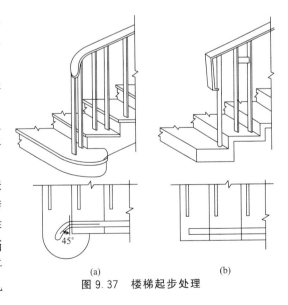

(a)　　　　　　　(b)

图 9.37　楼梯起步处理

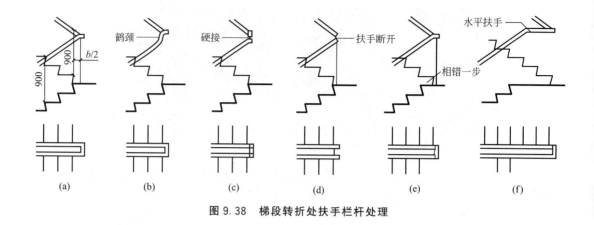

图 9.38　梯段转折处扶手栏杆处理

9.4 室外台阶与坡道

9.4.1 台阶与坡道的形式

室外台阶是建筑出入口处室内外高差之间的交通联系部件。通常情况下，除了大型公共建筑像体育馆、影剧院及一些纪念性建筑外，所需联系的室内外高差都不大。坡道作为室外工程因为坡度的限制所以可能很长，占地会较多。近些年，随着地下空间的开发与利用，特别是多高层建筑的地下室被设计成停车场，坡道在其中是必不可少的。

台阶由踏步和平台组成，如图 9.39 和图 9.40 所示。其形式有三面踏步式[图 9.39(a)]和单面踏步式[图 9.39(b)]。台阶坡度较楼梯平缓，每级踏步高为 100～150 mm，踏面宽为 300～400 mm。人流密集的场所台阶高度超过 0.70 m 并侧面临空时，应有防护设施。在台阶和出入口之间设置平台可作为缓冲之用，平台表面应向外倾斜 1%～4% 的坡度以利排水。

坡道多为单面坡形式[图 9.39(c)]，极少三面坡的。坡道坡度应以有利车辆通行为佳，一般为(1∶12)～(1∶6)，坡度大于 1∶10 的坡道应设防滑措施，锯齿形坡道坡度可加大到 1∶4。对残疾人通行的坡道设计要求见无障碍设计。

有些大型公共建筑，为考虑汽车能在大门入口处通行，常采用台阶与坡道相结合的形式[图 9.39(d)]。

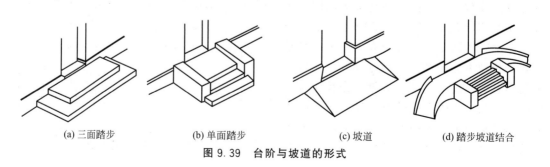

(a) 三面踏步　　　　(b) 单面踏步　　　　(c) 坡道　　　　(d) 踏步坡道结合

图 9.39　台阶与坡道的形式

图 9.40　台阶与坡道

9.4.2　台阶与坡道构造

台阶(图 9.41)与坡道(图 9.42)在构造上的要点是对变形的处理。由于房屋主体沉降、热胀冷缩、冰冻等因素，都有可能造成台阶与坡道的变形。常见的情况有平台向房屋主体方向倾斜，造成倒泛水；台阶与坡道的某些部位开裂等。解决方法有两种：一是加强房屋主体与台阶及坡道之间的联系，以形成整体沉降；二是将两者完全断开，加强节点处理，一般预留 20 mm 宽变形缝，在缝内填油膏或沥青砂浆。在严寒地区，实铺的台阶与坡道可以采用换土法将冰冻线以下至所需标高的土换上保水性差的混砂垫层，以减小冰冻的影响。此外，配筋对防止开裂也很有效，大面积的平台还应设置分仓缝。

台阶与坡道应采用耐久、耐磨、抗冻性好的材料，如混凝土、天然石、缸砖等。

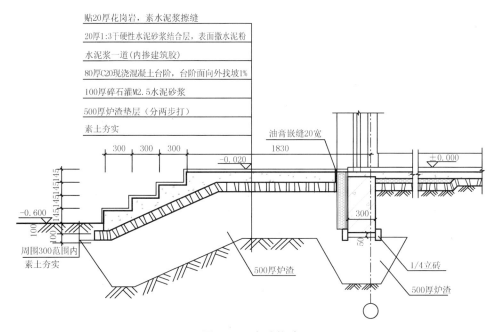

图 9.41　台阶构造

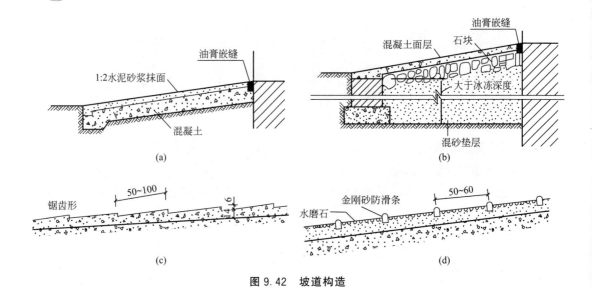

图 9.42 坡道构造

9.5 电梯与自动扶梯

在多层和高层建筑以及某些工厂、医院中，为了上下运行的方便、快速和实际需要，常设有电梯。由于不同厂家提供的设备尺寸、运行速度及对土建的要求都不同，因此在设计中应按厂家提供的产品尺度进行设计。

9.5.1 电梯的类型

1. 按使用性质分

（1）客梯：主要用于人们在建筑物中的垂直联系。
（2）货梯：主要用于运送货物及设备。
（3）消防电梯：用于发生火灾、爆炸等紧急情况下作安全疏散人员和消防人员紧急救援使用。

2. 按电梯行驶速度分

（1）高速电梯：速度大于 2 m/s，梯速随层数增加而提高，消防电梯常用高速。
（2）中速电梯：速度在 2 m/s 之内，一般货梯按中速考虑。
（3）低速电梯：运送食物电梯常用低速，速度在 1.5 m/s 以内。

3. 观光电梯

观光电梯是把竖向交通工具与登高流动观景相结合的电梯。透明的轿厢使电梯内外景观相互沟通。

除此以外，还有按单台、双台分；按交流电梯、直流电梯分；按轿厢容量分；按电梯门开启方向分等。

9.5.2　电梯的设计要求

（1）电梯不得计作安全出口。

（2）以电梯为主要垂直交通工具的高层公共建筑和 12 层及 12 层以上的高层住宅，每栋楼设置电梯的台数不应少于 2 台。

（3）建筑物每个服务区单侧排列的电梯不宜超过 4 台，双侧排列的电梯不宜超过 2×4 台；电梯不应在转角处贴邻布置。

（4）电梯候梯厅的深度应符合表 9-2 的规定，并不得小于 1.50 m。

（5）电梯井道和机房不宜与有安静要求的用房贴邻布置，否则应采取隔振、隔声措施。

（6）机房应为专用的房间，其围护结构应保温、隔热，室内应有良好通风、防尘，宜有自然采光，不得将机房顶板作水箱底板及在机房内直接穿越水管或蒸汽管。

（7）消防电梯的布置应符合防火规范的有关规定。

表 9-2　电梯候梯厅深度

电梯类别	布置方式	候梯厅深度
住宅电梯	单台	$\geq B$
	多台单侧排列	$\geq B^*$
	多台双侧排列	$\geq$ 相对电梯 B^* 之和，并 $<$ 3.50 m
公共建筑电梯	单台	$\geq 1.5B$
	多台单侧排列	$\geq 1.5B^*$，当电梯群为 4 台时应 $\geq$ 2.40 m
	多台双侧排列	$\geq$ 相对电梯 B^* 之和，并 $<$ 4.50 m
病床电梯	单台	$\geq 1.5B$
	多台单侧排列	$\geq 1.5B^*$
	多台双侧排列	$\geq$ 相对电梯 B^* 之和

注：B 为轿箱深度，B^* 为电梯群中最大轿箱深度。

9.5.3　电梯的组成

1. 电梯井道

电梯井道是电梯运行的通道，井道内包括出入口、电梯轿厢、导轨、导轨撑架、平衡锤及缓冲器等。不同用途的电梯，井道的平面形式也不同（图 9.43）。

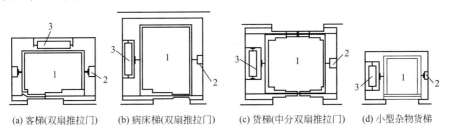

(a) 客梯(双扇推拉门)　(b) 病床梯(双扇推拉门)　(c) 货梯(中分双扇推拉门)　(d) 小型杂物货梯

图 9.43　电梯分类及井道平面

1—电梯厢；2—导轨及撑架；3—平衡锤

2. 电梯机房

电梯机房一般设在井道的顶部。机房和井道的平面相对位置允许机房任意向一个或两个相邻方向伸出，并满足机房有关设备安装的要求。机房楼板应按机器设备要求的部位预留孔洞。

3. 井道地坑

井道地坑在最底层平面标高 1.4 m 以下，是考虑电梯停靠时的冲力，作为轿厢下降时所需的缓冲器的安装空间。

4. 组成电梯的有关部件

(1) 轿厢：直接载人、运货的厢体。电梯轿厢应造型美观，经久耐用。当今轿厢通常都采用金属框架结构，内部用光洁有色钢板壁面或有色有孔钢板壁面，花格钢板地面，荧光灯局部照明以及不锈钢操纵板等。入口处则采用钢材或坚硬铝材制成的电梯门槛。

(2) 井壁导轨和导轨支架：支承、固定轿厢上下升降的轨道。

(3) 辅助部件：牵引轮及其钢支架、钢丝绳、平衡锤、轿厢开关门、检修起重吊钩等。

(4) 有关电器部件：包括交流电动机、直流电动机、控制柜、继电器、选层器、动力、照明、电源开关、厅外层数指示灯和厅外上下召唤盒开关等。

9.5.4　电梯与建筑物相关部位的构造

1. 井道、机房建筑的一般要求

(1) 通向机房的通道和楼梯宽度不小于 1.2 m，楼梯坡度不大于 45°。

(2) 机房楼板应平坦整洁，能承受 6 kPa 的均布荷载。

(3) 井道壁多为钢筋混凝土井壁或框架填充墙井壁。当井道壁为钢筋混凝土时，应预留 150 mm 见方、150 mm 深孔洞，垂直中距为 2 m，以便安装支架。

(4) 框架(圈梁)上应预埋铁板，铁板后面的焊件与梁中钢筋应焊牢。每层中间应加圈梁一道，并设置预埋铁板。

(5) 当电梯为两台并列时，中间可不用隔墙而按一定的间隔放置钢筋混凝土梁或型钢过梁，以便安装支架。

2. 电梯导轨支架的安装

安装导轨支架分预留孔插入式和预埋铁件焊接式。

9.5.5　电梯井道构造

1. 电梯井道的设计要求

1) 井道的防火

井道是建筑中的垂直通道，极易引起火灾的蔓延，因此井道四周应为防火结构。井道壁一般采用现浇钢筋混凝土或框架填充墙井壁。同时当井道内超过两部电梯时，需用防火围护结构予以隔开。

2）井道的隔振与隔声

电梯运行时产生振动和噪声，一般在机房机座下设弹性垫层隔振（图 9.44）；在机房与井道间设高 1.5 m 左右的隔声层。

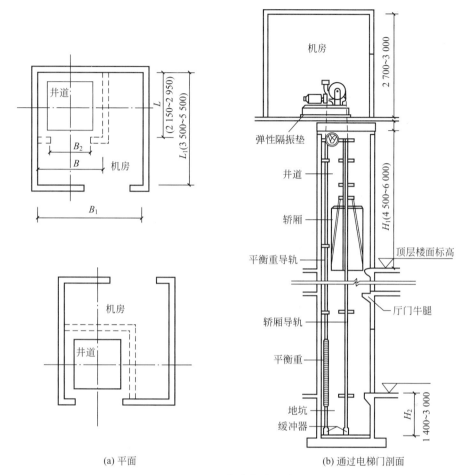

(a) 平面　　　　　(b) 通过电梯门剖面

图 9.44　电梯构造示意

3）井道的通风

为使井道内空气流通，火警时能迅速排除烟和热气，应在井道肩部和中部适当位置（高层时）及地坑等处设置不小于 300 mm×600 mm 的通风口，上部可以和排烟口结合，排烟口面积不少于井道面积的 3.5%。通风口总面积的 1/3 应经常开启。通风管道可在井道顶板上或井道壁上直接通往室外。

4）其他

地坑应注意防水、防潮处理，坑壁应设爬梯和检修灯槽。

2. 电梯井道细部构造

电梯井道的细部构造包括厅门的门套装修处理（图 9.45）及厅门的牛腿处理（图 9.46），导轨撑架与井壁的固结处理等。

电梯井道可用砖砌加钢筋混凝土圈梁，但大多为钢筋混凝土结构。井道各层的出入口

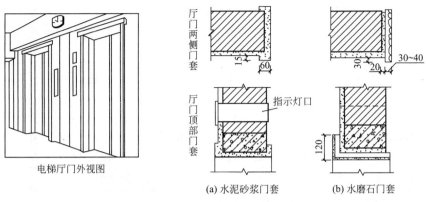

图 9.45　厅门门套装修构造

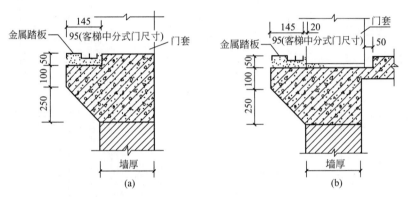

图 9.46　厅门牛腿部位构造

即为电梯间的厅门，在出入口处的地面应向井道内挑出一牛腿。

由于厅门是人流或货流频繁经过的部位，故不仅要求做到坚固适用，而且还要满足一定的美观要求。具体的措施是在厅门洞口上部和两侧装上门套。门套装修可采用多种做法，如水泥砂浆抹面、贴水磨石板、大理石板以及硬木板或金属板贴面。除金属板为电梯厂定型产品外，其余材料均为现场制作或预制。

9.5.6　自动扶梯

自动扶梯适用于有大量人流上下的公共场所，如车站、超市、商场、地铁车站等。自动扶梯可正、逆两个方向运行，可作提升及下降使用，机器停转时可作普通楼梯使用。

自动扶梯应符合下列规定。

(1) 自动扶梯不得计作安全出口。

(2) 出入口畅通区的宽度不应小于 2.50 m，畅通区有密集人流穿行时，其宽度应加大。

(3) 栏板应平整、光滑和无突出物；扶手带顶面距自动扶梯前缘、自动人行道踏板面或胶带面的垂直高度不应小于 0.90 m；扶手带外边至任何障碍物不应小于 0.50 m，否则应采取措施防止障碍物引起人员伤害。

（4）扶手带中心线与平行墙面或楼板开口边缘间的距离及相邻平行交叉设置时两梯（道）之间扶手带中心线的水平距离，不宜小于 0.50 m，否则应采取措施防止障碍物引起人员伤害。

（5）自动扶梯的梯级的踏板或胶带上空，垂直净高不应小于 2.30 m。

（6）自动扶梯的倾斜角不应超过 30°，当提升高度不超过 6 m，额定速度不超过 0.50 m/s 时，倾斜角允许增至 35°。

（7）自动扶梯单向设置时，应就近布置相匹配的楼梯。

（8）设置自动扶梯所形成的上下层贯通空间，应符合防火规范所规定的有关防火分区等要求。

自动扶梯是电动机械牵动梯段踏步连同栏杆扶手带一起运转，机房悬挂在楼板下面（图 9.47）。

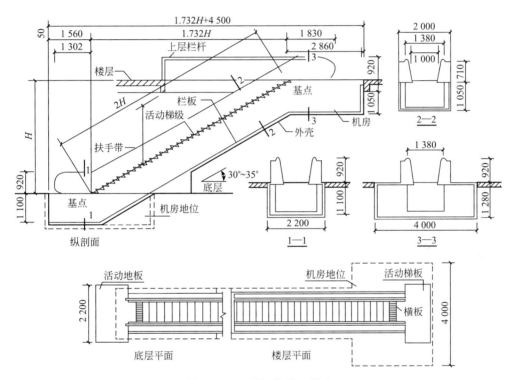

图 9.47 自动扶梯基本尺寸

自动扶梯的坡道比较平缓，一般采用 30°，运行速度为 0.5～0.7 m/s，宽度按输送能力有单人和双人两种。其型号规格见表 9-3。

表 9-3 自动扶梯型号规格

梯型	输送能力/（人/h）	提升高度 H	速度/（m/s）	扶梯宽度	
				净宽 B/mm	外宽 B₁/mm
单人梯	5 000	3～10	0.5	600	1 350
双人梯	8 000	3～8.5	0.5	1 000	1 750

9.6 无障碍设计

在建筑物室内外有高差的部位，虽然可以采用诸如坡道、楼梯、台阶等设施解决其高差的过渡，但这些设施在为某些残疾人使用时仍然会造成不便，特别是下肢残疾和视觉残疾的人。下肢残疾的人往往会借助拐杖和轮椅代步，而视觉残疾的人则往往会借助导盲棍来帮助行走。建筑无障碍设计就是充分考虑具有不同程度生理伤残缺陷者和正常活动能力衰退者（如残疾人、老年人）群众的使用需求，而做的相关建筑设计及构造设计。下面主要将无障碍设计中一些有关坡道、楼梯、台阶等的特殊构造问题作简要介绍。

9.6.1 坡道

坡道是最适合残疾人轮椅通过的设施，它还适合于借助拐杖和导盲棍通过的残疾人。其坡度必须较为平缓，还必须保证一定的宽度。以下是一些有关的规定。

1. 坡道的坡度

我国对便于残疾人通行的坡道的坡度标准定为不大于 $l/12$，同时还规定与之相匹配的每段坡道的最大高度为 750 mm，最大坡段水平长度为 9 000 mm。

2. 坡道的宽度及平台宽度

为便于残疾人使用轮椅顺利通过，室内坡道的最小宽度应不小于 1 000 mm，室外坡道的最小宽度应不小于 1 200 mm，休息平台宽度不应小于 1 500 mm。图 9.48 所示为室外坡道所应具有的最小尺度。

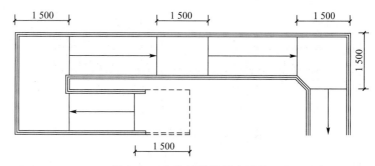

图 9.48　室外坡道的最小尺度

9.6.2 楼梯形式及扶手栏杆

1. 楼梯形式及相关尺度

供借助拐杖者及视力残疾者使用的楼梯，应采用直行形式，例如直跑楼梯、对折的双跑楼梯或成直角折行的楼梯等(图 9.49)，不宜采用弧形梯段或在休息平台上设置扇步(图 9.50)。

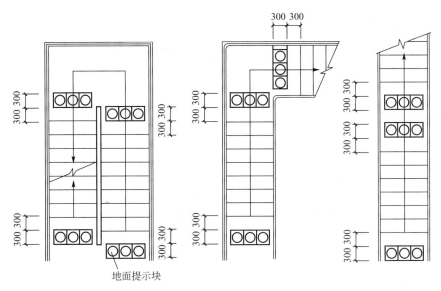

图 9.49 楼梯梯段宜采取直行方式

地面提示块

楼梯的坡度应尽量平缓，其坡度宜在 35°以下，踏面高不宜大于 160 mm，且每步踏步应保持等高。楼梯的梯段宽度不宜小于 1 200 mm。

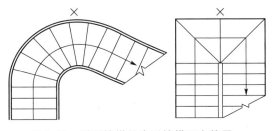

图 9.50 弧形楼梯及扇形楼梯不宜使用

2. 踏步设计注意事项

供借助拐杖者及视力残疾者使用的楼梯踏步应选用合理的构造形式及饰面材料，注意无直角凸缘，以防发生勾绊行人或其助行工具的意外事故(图 9.51)；注意表面不滑，不得积水，防滑条不得高出踏面 5 mm 以上。

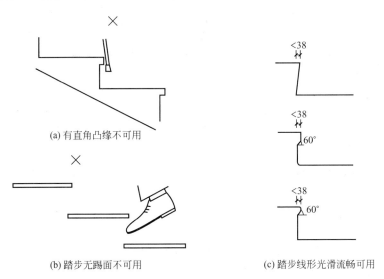

(a) 有直角凸缘不可用

(b) 踏步无踢面不可用

(c) 踏步线形光滑流畅可用

图 9.51 踏步的构造形式

3. 楼梯、坡道的栏杆扶手

楼梯、坡道的扶手栏杆应坚固适用，且应在两侧都设有扶手。公共楼梯可设上下双层扶手。在楼梯的梯段(或坡道的坡段)的起始及终结处，扶手应自梯段或坡段前缘向前伸出300 mm 以上，两个相邻梯段的扶手应该连通；扶手末端应向下或伸向墙面(图 9.52)。扶手的断面形式应便于抓握(图 9.53)。

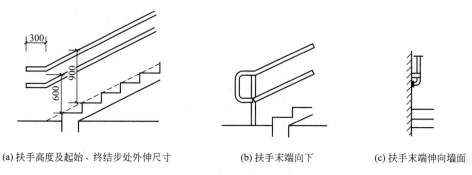

(a) 扶手高度及起始、终结步处外伸尺寸   (b) 扶手末端向下   (c) 扶手末端伸向墙面

图 9.52   扶手基本尺寸及收头

4. 导盲块的设置

导盲块又称地面提示块，一般设置在有障碍物及需要转折和存在高差等场所，利用其表面上的特殊构造形式，向视力残疾者提供触摸信息，提示行走、停步或改变行进方向等。如图 9.54 所示为常用的导盲块的两种形式。图 9.49 中已经标明了导盲块在楼梯中的位置，同样在坡道上也适用。

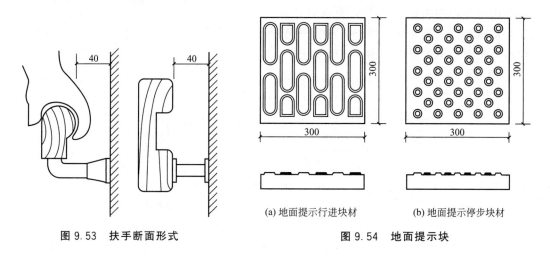

(a) 地面提示行进块材   (b) 地面提示停步块材

图 9.53   扶手断面形式   图 9.54   地面提示块

5. 构件边缘处理

鉴于安全方面的考虑，凡有凌空处的构件边缘都应该向上翻起，包括楼梯段和坡道的凌空一面、室内外平台的凌空边缘等。这样可以防止拐杖或导盲棍等工具向外滑出，而且对轮椅也是一种制约。图 9.55 给出了相关尺寸。

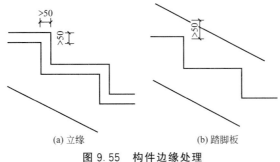

(a) 立缘 　　　　　(b) 踏脚板

图 9.55　构件边缘处理

本 章 小 结

1. 楼梯是建筑物中重要的部件，由楼梯段、平台和栏杆所构成。楼梯应满足日常使用和安全疏散的要求。

2. 楼梯段和平台的宽度应按人流股数确定，应保证人流和货物的顺利通行。楼梯段应根据建筑物的使用性质和层高确定其坡度，一般最大坡度不超过 38°。梯段坡度与楼梯踏步密切相关，而踏步尺寸又与人行步距有关。

3. 钢筋混凝土楼梯有现浇式和预制装配式之分，现浇式楼梯可分为板式梯段和梁板式梯段两种结构形式。

4. 楼梯的细部构造包括踏步面层处理、栏杆与踏步的连接方式以及扶手与栏杆的连接方式等。

5. 室外台阶与坡道是建筑物出入口处解决室内外地面高差，方便人们进出的辅助构件，其平面布置形式有单面踏步式、三面踏步式、坡道式和踏步、台阶与坡道结合式之分。

6. 电梯是高层建筑的主要文通工具。自动扶梯适用于有大量人流上下的公共场所。

7. 考虑残疾人通行方便，对建筑物有高差处应做无障碍设计。

知识拓展——常用建筑楼梯基本技术要求表

单位：mm

项目 类别	在限定条件下对楼梯净宽及踏步的要求		踏步 高度	踏步 宽度	楼梯栏杆的要求	楼梯平台 净宽要求	备注
	限定条件	楼梯净宽					
住宅	公用楼梯	七层及七层以上	≥1 100	≤175	≥260	栏杆高度≥900，栏杆垂直杆件间净距≤110	平台净宽≥梯段净宽且不小于1 200	楼梯水平段栏杆长度＞500时，其扶手高度≥1 050。梯井宽度＞110时必须采取防止儿童攀滑的措施
		六层及六层以下，一边设有栏杆	≥1 000					

续表

项目类别	在限定条件下对楼梯净宽及踏步的要求				楼梯栏杆的要求	楼梯平台净宽要求	备注
	限定条件		楼梯净宽	踏步高度	踏步宽度		
住宅	户内楼梯	一边临空时	≥750	≤200	≥220	—	—	楼梯水平段栏杆长度>500时，其扶手高度≥1 050。梯井宽度>110时必须采取防止儿童攀滑的措施
		两侧有墙时	≥900					
托儿所幼儿园	少年儿童专用活动场所（教学楼）楼梯		≥1 000	≤150	≥260	栏杆高度≥900，栏杆应采用不易攀登的构造，垂直杆件间净距≤110	平台净宽≥梯段净宽且不小于1 200	梯井宽度>200时，必须采取防止攀滑的安全措施，严寒及寒冷地区设置的室外疏散梯，应有防滑措施
小学	少年儿童专用活动场所（教学楼）楼梯		≥1 400大于3 000时宜设中间扶手	≤150不得采用螺旋或扇形踏步	≥260	室内楼梯栏杆高度≥900室外楼梯栏杆高度≥1 100栏杆应采用不易攀登的构造，垂直杆件间净距≤110	平台净宽≥梯段净宽	楼梯间不应设遮挡视线的隔墙，楼梯坡度≤30°。梯井宽度>200时，必须采取防止攀滑的安全措施，楼梯水平段栏杆长度>500时，其扶手高度≥1 100
中学	少年儿童专用活动场所（教学楼）楼梯		≥1 400大于3 000时宜设中间扶手	≤160不得采用螺旋或扇形踏步	≥280	室内楼梯栏杆高度≥900室外楼梯栏杆高度≥1 100栏杆应采用不易攀登的构造，垂直杆件间净距≤110	平台净宽≥梯段净宽	
医院	门诊、急诊、病房楼		主楼梯≥1 650疏散楼梯≥1 300	≤160	≥280	室内楼梯栏杆高度≥900室外楼梯栏杆高度≥1 100	主楼梯及疏散楼梯的平台深（宽）度≥2 000	楼梯水平段栏杆长度>500时，其扶手高度>1 050
交通建筑	港口客运站疏散楼梯		≥1 400	≤160	≥280	室内楼梯栏杆高度≥900		楼梯水平段栏杆长度>500时，其扶手高度>1 050
	铁路、旅客客运站疏散楼梯		≥1 600	≤150	≥300	室外楼梯栏杆高度≥1 100，当采用垂直杆件作栏杆时，垂直杆件间净距≤110	平台净宽≥梯段净宽	

本 章 习 题

1.1 简答题

1. 楼梯是由哪些部分组成的？各组成部分的作用及设计要求有哪些？

2. 楼梯的设计要求有哪些？

3. 楼梯间的开间、进深应如何确定？

4. 当建筑物底层平台下作出入口时，为增加净高，常采取哪些措施？

5. 画图说明台阶与坡道构造。

6. 电梯设计有何要求？

7. 无障碍设计有何要求？

1.2 楼梯设计

1. 设计目的

通过本次作业，使学生掌握楼梯构造设计的主要内容，训练绘制和识读施工图的能力。

2. 设计内容

以学生课程作业的平面设计为依据，要求完成以下内容：

楼梯首层、标准层和顶层的平面图、剖面图、踏步详图、栏杆(或栏板)详图。其比例：平、剖面 1：50(或 1：100)，详图 1：10。A2 绘图纸，铅笔绘制。

3. 设计深度

在各图中绘出定位轴线及轴号，标出定位轴线至墙边的尺寸；平面图中绘出门窗、楼梯踏步、折断线；以各层楼地面为基准标注楼梯的上、下指示箭头；在各层平面图中注明中间平台及各层楼地面的标高；在首层平面图中绘制剖切符号及编号，并注意剖切符号的剖视方向；剖切线应通过楼梯间的门窗。

(1) 平面图上标注三道尺寸。

① 进深方向

第一道：平台宽，梯段长(＝踏面宽×步数)。

第二道：楼梯间净进深。

第三道：楼梯间进深轴线尺寸。

② 开间方向。

第一道：楼梯段宽度，楼梯井宽。

第二道：楼梯间净宽。

第三道：楼梯间开间轴线尺寸。

(2) 首层平面绘出室外(内)台阶、散水，二层平面应绘出雨篷。

(3) 剖面图可绘至顶层栏杆扶手，以上用折断线切断，不要求绘屋顶。

(4) 剖面图内容有楼梯的断面形式、栏杆(栏板)、扶手形式，墙、楼板和楼层地面、顶棚、台阶、室外地面、首层地面等。

(5) 标注室内外地面、各层平台、窗台及窗顶、门顶、雨篷等处标高。

(6) 剖面图应绘出定位轴线，标注定位轴线间尺寸，注出详图索引号。

(7) 详图应注明材料、做法和尺寸，并标注详图编号。

第10章 屋顶

【教学目标与要求】
- 了解屋顶的作用与要求，熟悉屋顶的类型和常用坡度及影响坡度的因素
- 掌握屋面的防水等级，熟悉屋面排水设计步骤
- 掌握平屋顶、坡屋顶的节能构造原理和构造方法
- 掌握泛水、天沟、雨水口、檐口等屋面防水薄弱部位的细部构造

10.1 概　　述

10.1.1 屋顶的作用与要求

屋顶是建筑物最上层的外围护构件，用以承重及抵抗雨雪、避免日晒等自然因素的影响。屋顶由屋面和承重结构两部分组成。它应该满足以下几点要求。

（1）承重要求：屋顶应能够承受雨、积雪、风荷载、面层和上人所产生的荷载并顺利地传递给墙柱。

（2）保温隔垫要求：屋面是建筑物最上部的围护结构，它应具有一定的热阻能力，以保证室内舒适的使用环境。

（3）防水要求：屋顶积水(积雪)以后，应很快地排除，以防渗漏。屋面在处理防水问题时，应兼顾"导"和"堵"两个方面。所谓"导"，就是要将屋面积水顺利排除，因而应该有足够的排水坡度及相应的一套排水设施。所谓"堵"，就是要采用相应的防水材料，采取妥善的构造做法，防止渗漏。

（4）美观要求：屋顶是建筑物的重要装修内容之一。屋顶采取什么形式，选用什么材料和颜色均与美观有关。在解决屋顶构造做法时，应兼顾技术和艺术两大方面。

10.1.2 屋顶的类型

屋顶的类型很多，大体可以分为平屋顶(图 10.1)、坡屋顶(图 10.2)和其他形式的屋顶(图 10.3)。各种形式的屋顶，其主要区别在于屋顶坡度的大小。而屋顶坡度又与屋面材料、屋顶形式、地理气候条件、结构选型、构造方法、经济条件等多种因素有关。

（1）平屋顶：坡度<10%的屋顶，称为平屋顶。

（2）坡屋顶：坡度在 10%～100%的屋顶，称为坡屋顶。

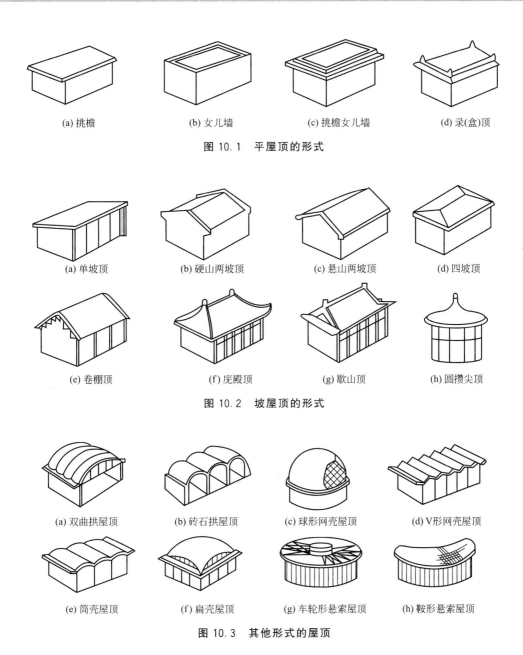

(a) 挑檐　　(b) 女儿墙　　(c) 挑檐女儿墙　　(d) 录(盒)顶

图 10.1　平屋顶的形式

(a) 单坡顶　　(b) 硬山两坡顶　　(c) 悬山两坡顶　　(d) 四坡顶

(e) 卷棚顶　　(f) 庑殿顶　　(g) 歇山顶　　(h) 圆攒尖顶

图 10.2　坡屋顶的形式

(a) 双曲拱屋顶　　(b) 砖石拱屋顶　　(c) 球形网壳屋顶　　(d) V形网壳屋顶

(e) 筒壳屋顶　　(f) 扁壳屋顶　　(g) 车轮形悬索屋顶　　(h) 鞍形悬索屋顶

图 10.3　其他形式的屋顶

（3）其他形式的屋顶：这部分屋顶坡度变化大、类型多，大多应用于特殊的平面中。常见的有网架、悬索、壳体、折板等类型。

10.1.3　屋顶的组成

1. 屋顶承重结构

坡屋顶的屋顶承重结构包括钢筋混凝土屋面板、屋架、檩条等部分。平屋顶的屋顶承重结构一般为钢筋混凝土屋面板。

2. 屋面部分

坡屋顶的屋面包括瓦、挂瓦条、防水卷材、保温层或隔热层等部分；平屋顶的屋面则包含有防水层、保温层或隔热层、钢筋混凝土面层及防水砂浆面层等。

10.1.4 屋顶坡度的表示方法及影响坡度的因素

1. 屋顶坡度的表示方法

屋面的坡度通常采用单位高度与相应长度的比值（即高跨比）来标定，如 1：2、1：3 等；较大的坡度也有用角度，如 30°、45°等来表示；较平坦的坡度常用百分比，如 2%或 5%等来表示。屋顶坡度只选择一种方式进行表达即可。

2. 影响屋顶坡度的因素

各种屋面的坡度，是由多方面的因素决定的。它与屋面材料、地理气候条件、屋顶结构形式、施工方法、构造组合方式、建筑造型要求以及经济等方面的影响都有一定的关系。其中屋面防水材料及其尺寸大小对屋面坡度形成的关系比较大。对于尺寸小的屋面防水材料，由于屋面接缝多，漏水的可能性大，其坡度应大一些，以便迅速排除雨水，减少漏水的机会。而卷材屋面和混凝土防水屋面，基本上是整体的防水层，拼缝少，故坡度可以小一些。屋面排水坡度表如表 10-1 所示。

屋面防水材料及最小坡度应符合《民用建筑设计通则》（GB 50352—2005)的规定。

表 10-1 屋面排水坡度表

屋面类别	屋面排水坡度/(%)	屋面类别	屋面排水坡度/(%)
卷材防水、刚性防水的平屋面	2~5	网架、悬索结构金属板	≥4
平瓦	20~50	压型钢板	5~35
波形瓦	10~50	种植土屋面	1~3
油毡瓦	≥20		

注：1. 平屋面采用结构找坡不应小于 3%，采用材料找坡宜为 2%。
   2. 卷材屋面的坡度不宜大于 25%，当坡度大于 25%时应采取固定和防上滑落的措施。
   3. 卷材防水屋面天沟、檐沟纵向坡度不应小于 1%，沟底水落差不得超过 200 mm。天沟檐沟排水不得流经变形缝和防火墙。
   4. 平瓦必须铺置牢固，地震设防地区或坡度大于 50%的屋面。应采取固定加强措施。
   5. 架空隔热屋面坡不宜大于 5%，种植屋面坡度不宜大于 3%。

10.1.5 屋面的防水等级

屋面工程应根据建筑物的性质、重要程度、使用功能及防水层合理使用年限，并结合工程特点、地区自然条件等，按不同等级进行设防。屋面的防水等级分为四级，其划分方法见表 10-2。

表 10-2　屋面防水等级和设防要求

项　目	屋面防水等级			
	Ⅰ	Ⅱ	Ⅲ	Ⅳ
建筑物类别	特别重要或对防水有特殊要求的建筑	重要的建筑和高层建筑	一般的建筑	非永久性建筑
防水层合理使用年限	25 年	15 年	10 年	5 年
防水层选用材料	宜选用合成高分子防水卷材、高聚物改性沥青防水卷材、合成高分子防水涂料、细石防水混凝土等材料	宜选用高聚物改性沥青防水卷材、合成高分子防水卷材、合成高分子防水涂料、高聚物改性沥青防水涂料、细石防水混凝土、平瓦、油毡瓦等材料	宜选用高聚物改性沥青防水卷材、合成高分子防水卷材、三毡四油沥青防水卷材、高聚物改性沥青防水涂料、合成高分子防水涂料、细石防水混凝土、平瓦、油毡瓦等材料	可选用二毡三油沥青防水卷材、高聚物改性沥青防水涂料等材料
设防要求	三道或三道以上防水设防	二道防水设防	一道防水设防	一道防水设防

注：1. 本规范中采用的沥青均指石油沥青，不包括煤沥青和煤焦油等材料。
　　2. 石油沥青纸胎油毡和沥青复合胎柔性防水卷材，系限制使用材料。
　　3. 在Ⅰ、Ⅱ级屋面防水设防中，如仅做一道金属板材时，应符合有关技术规定。

10.2 平屋顶构造

10.2.1 平屋顶的排水

1. 排水坡度

要使屋面排水通畅，首先应选择合适的屋面排水坡度。从排水角度考虑，要求排水坡度越大越好；但从结构上、经济上以及上人活动等的角度考虑，又要求坡度越小越好。一般常视屋面材料的表面粗糙程度按功能需要而定，常见的防水卷材屋面和混凝土屋面，多采用 2%～3%，上人屋面多采用 1%～2%。

2. 屋顶排水坡度的形成

屋顶排水坡度有材料找坡和结构找坡两种形成方法。

（1）材料找坡：是指将屋面板水平搁置，利用价廉、轻质的材料垫置形成坡度的一种做法，因而材料找坡又称垫置坡度。常用找坡材料有水泥炉渣、水泥珍珠岩等。找坡材料最薄处以不小于 30 mm 为宜。这种做法可获得室内的水平顶棚面，空间完整。垫置坡度不宜过大，避免徒增材料和荷载。对于须设保温层的地区，也可用保温材料来形成坡度。

（2）结构找坡：是指将屋面板倾斜搁置在下部的墙体或屋面梁及屋架上的一种做法，因而结构找坡又称搁置坡度。这种做法无须在屋面上另加找坡层，具有构造简单，施工方便，节省人工和材料，减轻屋顶自重的优点。但室内顶棚面是倾斜的，空间不够完整，因此结构找坡常用于设有吊顶棚或室内美观要求不高的建筑工程中。当房屋平面凹凸变化时，应另加局部垫坡。

平屋顶采用结构找坡不应小于 3%，采用材料找坡宜为 2%。单坡跨度大于 9 m 的屋面宜作结构找坡，坡度不应小于 3%。

3. 屋顶排水方式

平屋顶的排水坡度较小，要把屋面上的雨雪水尽快地排除出去，不要积存，就要组织好屋顶的排水系统。同时，排水组织系统又与檐口做法有关，要与建筑外观结合起来统一考虑。

屋顶排水方式分为无组织排水和有组织排水两大类。

1）无组织排水

无组织排水又称自由落水，是指屋面雨水直接从檐口落至室外地面的一种排水方式。这种做法具有构造简单、造价低廉的优点。但檐口排下的雨水容易淋湿墙面和污染门窗，外墙墙脚常被飞溅的雨水侵蚀，影响到外墙的坚固耐久性，并可能影响人行道的交通。无组织排水方式主要适用于少雨地区或檐口高度在 5 m 以下的建筑物中，不宜用于临街建筑和高度较高的建筑。

2）有组织排水

有组织排水是指屋面雨水通过排水系统，有组织地排至室外地面或地下管沟的一种排水方式。这种排水方式具有不妨碍人行交通，不易溅湿墙面的优点，因而在建筑工程中应用非常广泛。但与无组织排水相比，其构造复杂，造价相对较高。

有组织排水方案可分为外排水及内排水两种基本形式。常用外排水方式有女儿墙外排水[图 10.4(a)]、檐沟外排水[图 10.4(b)]、女儿墙檐沟外排水三种[图 10.4(c)]。有组织排水构造较复杂，极易造成渗漏。在一般民用建筑中，最常用的排水方式有女儿墙外排水和檐沟外排水两种。但对于大面积、多跨房屋的中间跨、高层以及有特殊要求的平屋顶，常做成内排水方式[图 10.4(d)]。

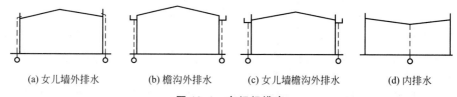

(a) 女儿墙外排水   (b) 檐沟外排水   (c) 女儿墙檐沟外排水   (d) 内排水

图 10.4　有组织排水

4. 屋顶排水组织设计

屋顶排水组织设计的主要任务是将屋面划分成若干排水区，分别将雨水引向雨水管，做到排水线路简捷、雨水口负荷均匀、排水顺畅、避免屋顶积水而引起渗漏。有组织排水屋顶平面图如图 10.5 所示。

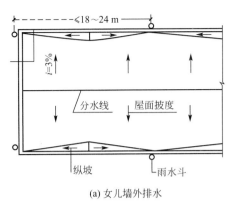
(a) 女儿墙外排水

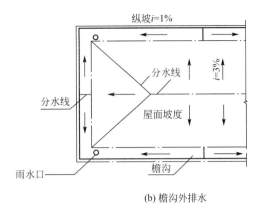
(b) 檐沟外排水

图 10.5 屋顶平面图

1) 确定排水坡面的数目

为避免水流路线过长，由于雨水的冲刷力使防水层损坏，应合理地确定屋面排水坡面的数目。一般情况下，平屋顶屋面宽度小于 12 m 时，可采用单坡排水；当宽度大于 12 m 时，宜采用双坡排水，但临街建筑的临街面不宜设水落管时也可采用单坡排水。坡屋顶应结合建筑造型要求选择单坡、双坡或四坡排水。

2) 划分排水区

划分排水区的目的在于合理地布置水落管。排水区的面积是指屋面水平投影的面积，每一根水落管的屋面最大汇水面积不宜大于 200 m²。

3) 确定天沟所用材料和断面形式及尺寸

天沟即屋面上的排水沟，位于檐口部位时又称檐沟。设置天沟的目的是汇集屋面雨水。并将屋面雨水有组织地迅速排除。天沟根据屋顶类型的不同有多种做法，如坡屋顶中可用钢筋混凝土、镀锌铁皮、石棉水泥等材料做成槽形或三角形天沟。平屋顶的天沟一般用钢筋混凝土制作，当采用女儿墙外排水方案时，可利用倾斜的屋面与垂直的墙面构成三角形天沟。当采用檐沟外排水方案时，一般用钢筋混凝土现浇或预制而成，其断面尺寸应根据地区降雨量和汇水面积的大小确定，天沟的净宽应不小于 200 mm，沟底沿长度方向设置纵坡坡向雨水口，天沟、檐沟纵向坡度不应小于 1%，沟底水落差不得超过 200 mm，天沟上口与分水线的距离应不小于 120 mm。天沟、檐沟排水不得流经变形缝和防火墙。

4) 确定水落管所用材料、大小及间距

水落管按材料的不同有铸铁、镀锌铁皮、塑料、石棉水泥和陶土等，目前多采用铸铁和塑料水落管。其直径有 50 mm、75 mm、100 mm、125 mm、150 mm 和 200 mm 几种规格，一般民用建筑最常用的水落管直径为 100 mm。面积较小的露台或阳台可采用 50 mm 或 75 mm 的水落管。水落管的位置应在实墙面处，其间距一般在 18 m 以内，最大间距不宜超过 24 m，因为间距越大，沟底纵坡面越长，会使沟内的垫坡材料增厚，减少了天沟的容水量，造成雨水溢向屋面引起渗漏或从檐沟外侧涌出。排水口距女儿墙端部（山墙）不宜小于 500 mm，雨水管下口距散水的高度不应大于 200 mm。

10.2.2 平屋顶构造层次材料的选择

平屋顶主要由结构层、找平层、隔气层、保温层、找坡层、防水层、保护层等组成。

1. 结构层

平屋顶的结构层材料及结构形式同楼板层，可采用现场浇筑钢筋混凝土，也可采用预制钢筋混凝土板。

2. 找平层

一般采用 20 mm 厚 1：3 水泥砂浆抹平。

3. 隔气层

隔气层的作用是隔离水蒸气，避免保温层吸收水蒸气而降低保温性能或产生膨胀变形。《屋面工程技术规范》(GB 50345—2004)规定：在纬度 40 度以北地区且室内空气湿度大于 75％或其他地区室内空气湿度常年大于 80％时，若采用吸湿性保温材料做保温层，应选用气密性、水密性好的防水卷材或防水涂料做隔气层。隔气层应沿墙面向上铺设，并与屋面的防水层相连接，形成全封闭的整体。隔气层常与防水层采用同种材料。

4. 保温层(隔热层)

保温隔热屋面的类型和构造设计，应根据建筑物的使用要求、屋面的结构形式、环境气候条件、防水处理方法和施工条件等因素，经技术、经济比较确定。目前常用的保温隔热材料有聚苯板(EPS)和挤塑板(XPS)等。

保温层(隔热层)厚度设计应根据所在地区按现行建筑节能设计标准计算确定。当保温层(隔热层)设置在防水层上部时，保温层(隔热层)的上面应做保护层；当保温层(隔热层)设置在防水层下部时，保温层(隔热层)的上面应做找平层。当屋面坡度较大时，保温层(隔热层)应采取防滑措施。吸湿性保温隔热材料不宜用于封闭式保温层(隔热层)。屋面亦可采用架空间层通风、蓄水降温、屋面种植、反射降温等达到屋顶隔热降温目的。

5. 找坡层

当材料找坡时，可用轻质材料或保温层找坡，坡度宜为 2％。一般可采用 1：8 水泥陶粒，最薄处 30 mm。当采用刚性防水屋面或建筑物的跨度在 18 m 及以上时，应选用结构找坡。

6. 防水层

平屋顶防水层的可选材料很多，根据防水材料的不同，分为卷材防水屋面、刚性防水屋面和涂膜防水屋面。防水层做法选用见《平屋面建筑构造》(一、二)99(03)J201。

7. 保护层

卷材防水层上应设保护层，可采用浅色涂料、铝箔、粒砂、块体材料、水泥砂浆、细石混凝土等材料。水泥砂浆、细石混凝土保护层应设分格缝。架空屋面、倒置式屋面的柔性防水层上可不做保护层。外表面采用浅色饰面，可以减少外表面对太阳辐射热的吸收量。例如，浅黄或浅绿色表面比深色表面要少吸收 30％左右的太阳辐射热。

10.2.3 卷材防水屋面构造

1. 卷材防水屋面防水材料

卷材防水屋面适用于防水等级为 Ⅰ～Ⅳ 级的屋面防水。常用材料有高聚物改性沥青防水卷材、合成高分子防水卷材、沥青防水卷材。卷材厚度选用见表 10-3。

表 10-3 卷材厚度选用表

屋面防水等级	设防道数	合成高分子防水卷材/mm	高聚物改性沥青防水卷材/mm	沥青防水卷材和沥青复合胎柔性防水卷材	自粘聚醋胎改性沥青防水卷材/mm	自粘橡胶沥青防水卷材/mm
Ⅰ级	三道或三道以上设防	≥1.5	≥3	—	≥2	≥1.5
Ⅱ级	二道设防	≥1.2	≥3	—	≥2	≥1.5
Ⅲ级	一道设防	≥1.2	≥4	三毡四油	≥3	≥2
Ⅳ级	一道设防	—	—	二毡三油	—	—

高聚物改性沥青防水卷材,包括 SBS 弹性体防水卷材、APP 塑性体防水卷材和优质氧化沥青防水卷材等。

合成高分子防水卷材包括合成橡胶类,如三元乙丙橡胶防水卷材(EPDM)、氯丁橡胶防水卷材(CR);合成树脂类,如聚氯乙烯防水卷材(PVC)、氯化聚乙烯防水卷材(CPE)等;橡塑共混类,如氯化聚乙烯-橡胶共混卷材。

卷材防水屋面基层与突出屋面结构(女儿墙、立墙、天窗壁、变形缝、烟囱等)的交接处,以及基层的转角处(水落口、檐口、天沟、檐沟、屋脊等),均应做成圆弧,砂浆找平层应抹成圆弧形或 45°斜面,上刷卷材胶黏剂,使卷材铺贴牢实,避免卷材架空或折断,并加铺一层卷材。内部排水的水落口周围应做成略低的凹坑。

2. 卷材防水屋面构造

卷材防水屋面构造层次如图 10.6 所示。

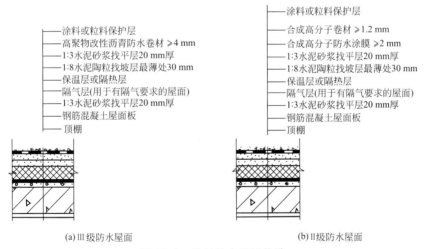

(a) Ⅲ级防水屋面   (b) Ⅱ级防水屋面

图 10.6 卷材防水屋面构造

3. 卷材防水屋面细部构造

1) 自由落水檐口

无组织排水檐口在 800 mm 范围内的卷材应采用满粘法,卷材收头应固定密封,檐口下端应做滴水处理(图 10.7)。

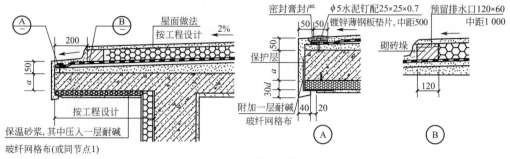

图 10.7　自由落水保温挑檐

注：a，d 按工程设计

2）天沟、檐沟防水构造

天沟、檐沟应增铺附加层。当采用沥青防水卷材时，应增铺一层卷材；当采用高聚物改性沥青防水卷材或合成高分子防水卷材时，宜设置防水涂膜附加层。

檐口、天沟、檐沟与屋面交接处的附加层宜空铺，空铺宽度不应小于 200 mm。天沟、檐沟卷材收头应固定密封（图 10.8）。

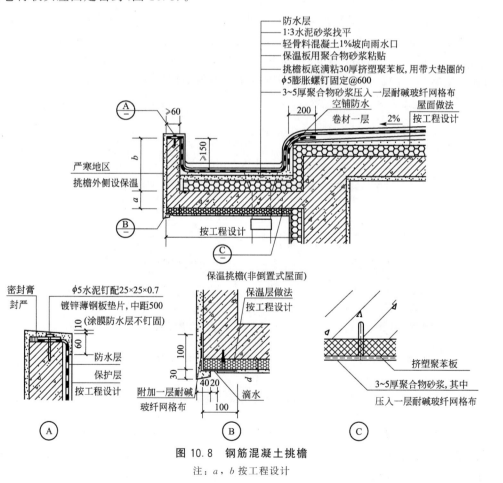

图 10.8　钢筋混凝土挑檐

注：a，b 按工程设计

3）女儿墙压顶及泛水构造

女儿墙的材料有钢筋混凝土（图10.9）和块材（图10.10）两种，墙顶部应做压顶。压顶宽度应超出墙厚，并做成内低、外高，坡向屋顶内部。压顶用豆石混凝土浇筑，沿墙长放 $3\phi 6$ mm 钢筋，沿墙宽放 $\phi 4@300$ mm 钢筋，以保证其强度和整体性。

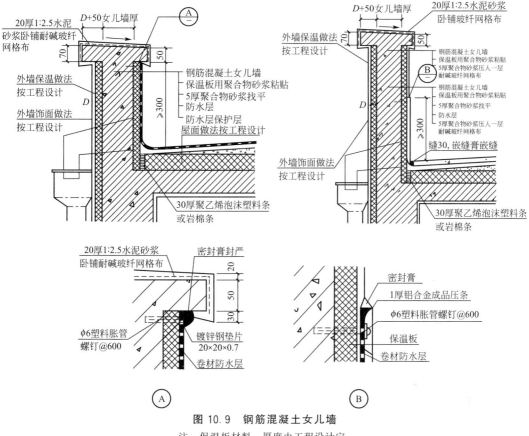

图 10.9　钢筋混凝土女儿墙

注：保温板材料、厚度由工程设计定。

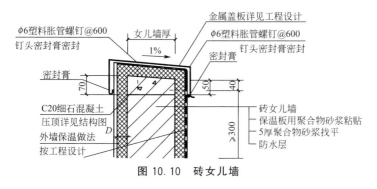

图 10.10　砖女儿墙

屋顶卷材遇有女儿墙时，应将卷材沿墙上卷形成泛水。铺贴泛水处的卷材应采用满粘法。泛水收头应根据泛水高度和泛水墙体材料确定其密封形式。泛水高度不应低于300 mm，泛水宜采取隔热防晒措施，可在泛水卷材面砌砖后抹水泥砂浆或浇筑细石混凝土保护，也可采用涂刷浅色涂料或粘贴铝箔保护。

4）雨水口构造

雨水口有女儿墙外排水的弯管式雨水口（图 10.11）和檐沟排水的直管式雨水口（图 10.12）两种。雨水口宜采用金属或塑料制品。雨水口埋设标高，应考虑雨水口设防时增加的附加层和柔性密封层的厚度及排水坡度加大的尺寸。雨水口周围直径 500 mm 范围内坡度不应小于 5％，并应用防水涂料涂封，其厚度不应小于 2 mm。雨水口与基层接触处，应留宽 20 mm、深 20 mm 凹槽，嵌填密封材料。

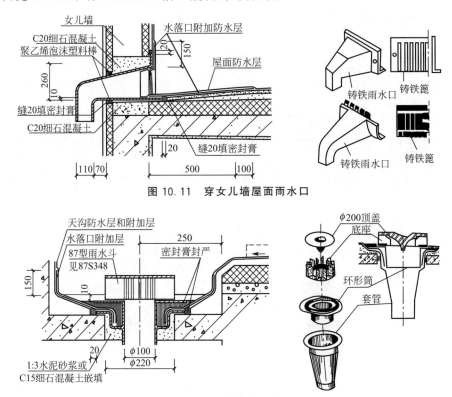

图 10.11　穿女儿墙屋面雨水口

图 10.12　直管式雨水口

5）屋面出入孔

平屋顶上的出入孔是为了检修而设，开洞尺寸应不小于 700 mm×700 mm。为了防漏，应将板边上翻，形成泛水，上盖木板，以遮挡风雨。屋面垂直出入口防水层收头，应压在混凝土压顶圈下（图 10.13）；水平出入口防水层收头，应压在混凝土踏步下，防水层的泛水应设护墙。

6）层面出入口出屋面楼梯间一般须设屋面出入口，如不能保证顶层楼梯间的室内地坪高出室外，就要在出入口设挡水的门槛，屋面出入口处的构造类同于泛水构造，水平出入口防水层收头，应压在混凝土踏步下，防水层的泛水应设护墙（图 10.14）。

7）管道出屋面泛水

伸出屋面管道周围的找平层应做成圆锥台，管道与找平层间应留凹槽，并嵌填密封材料；防水层收头处应用金属箍箍紧，并用密封材料填严，泛水高度以不低于 300 mm 为宜（图 10.15）。

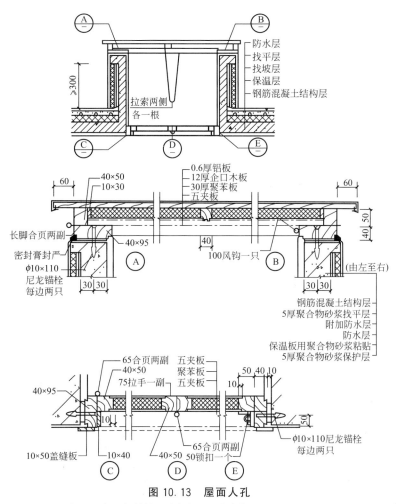

图 10.13 屋面人孔

注：1. 保温板材料、厚度由工程设计定。
2. 外露木材表面刷油漆两遍，靠室内一侧为乳白色，
其余为中灰色或按工程设计。

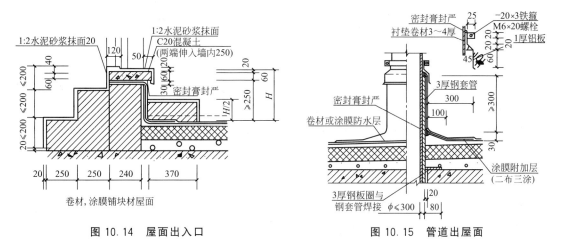

图 10.14 屋面出入口

图 10.15 管道出屋面

10.2.4 刚性防水屋面构造

刚性防水屋面，是以细石混凝土做防水层的屋面。刚性防水屋面主要适用于防水等级为Ⅲ级的屋面防水，也可用作Ⅰ、Ⅱ级屋面多道防水设防中的一道防水层。刚性防水屋面要求基层变形小，一般只适用于无保温层的屋面，因为保温层多采用轻质多孔材料，其上不宜进行浇筑混凝土的湿作业。此外，刚性防水屋面也不宜用于高温、有振动和基础有较大不均匀沉降的建筑。选择刚性防水设计方案时，应根据屋面防水设防要求、地区条件和建筑结构特点等因素，经技术、经济比较确定。

1. 刚性防水屋面构造层次

刚性防水屋面的构造一般有结构层、找平层、隔离层、防水层等（图 10.16）。刚性防水屋面应采用结构找坡，坡度宜为 2%～3%。

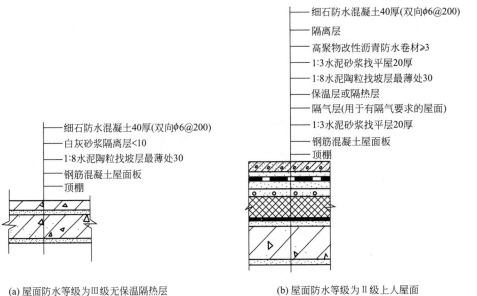

(a) 屋面防水等级为Ⅲ级无保温隔热层   (b) 屋面防水等级为Ⅱ级上人屋面

图 10.16 刚性防水屋面构造层次

（1）结构层：一般采用预制或现浇的钢筋混凝土屋面板。

（2）找平层：当结构层为预制钢筋混凝土屋面板时，其上应用 1:3 水泥砂浆做找平层，厚度为 20 mm。若屋面板为整体现浇混凝土结构时，则可不设找平层。

（3）隔离层：细石混凝土防水层与基层间宜设置隔离层，使上下分离以适应各自的变形，减少结构变形对防水层的不利影响。隔离层可采用干铺塑料膜、土工布或卷材，也可采用铺抹低强度等级的砂浆。

（4）防水层：采用不低于 C20 的细石混凝土整体现浇而成，其厚度不小于 40 mm。为防止混凝土开裂，可在防水层中配直径 4～6 mm、间距 100～200 mm 的双向钢筋网片，钢筋网片在分格缝处应断开，钢筋的保护层厚度不小于 10 mm。防水层的细石混凝土宜掺外加剂（膨胀剂、减水剂、防水剂）以及掺合料、钢纤维等材料，并应用机械搅拌和机械振捣。

2. 分格缝

分格缝是防止屋面不规则裂缝以适应屋面变形而设置的人工缝。分格缝应设置在屋面年温差变形的许可范围内和结构变形敏感的部位。分格缝服务的面积宜控制在 15～25 m²，间距控制在 3～6 m 为好，分格缝纵横边长比不宜超过 1∶1.5。在预制屋面板为基层的防水层，分格缝应设在屋面板的支承端、屋面转折处、防水层与突出屋面结构的交接处，并应与板缝对齐。对于长条形房屋，进深在 10 m 以下，可在屋脊设纵向缝；进深大于10 m，最好在坡中某一板缝上再设一道纵向分仓缝。

普通细石混凝土和补偿收缩混凝土防水层，分格缝的宽度宜为 5～30 mm，分格缝内应嵌填密封材料，上部应设置保护层，为了有利于伸缩，缝内一般用油膏嵌缝，厚度约20～30 mm，为不使油膏下落，缝内用弹性材料如泡沫塑料或沥青麻丝填底。分格缝构造如图 10.17 所示。

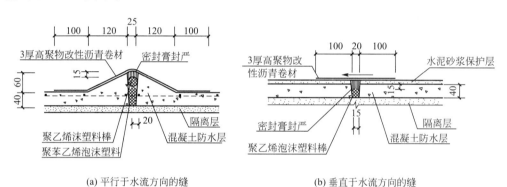

(a) 平行于水流方向的缝   (b) 垂直于水流方向的缝

图 10.17 屋面分格缝

3. 女儿墙压顶及泛水

刚性防水层与屋面突出物(女儿墙、烟囱等)间须留分格缝，另铺贴附加卷材盖缝形成泛水(图10.18)。刚性防水层与山墙、女儿墙交接处，应留宽度为 30 mm 的缝隙，并应用密封材料嵌填；泛水处应铺设卷材或涂膜附加层。卷材或涂膜的收头处理，应符合相应规定。

4. 天沟、檐沟

天沟、檐沟应用水泥砂浆找坡，找坡厚度大于 20 mm 时宜采用细石混凝土。刚性防水层内严禁埋设管线。檐沟构造如图 10.19 所示。

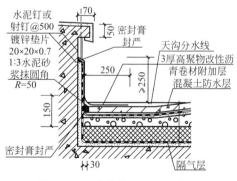

图 10.18 女儿墙压顶及泛水

5. 雨水口

刚性防水屋面雨水口的规格和类型与卷材防水屋面所用雨水口相同。一种是用于檐沟排水的直管式雨水口，另一种是用于女儿墙外排水的弯管式雨水口，具体构造如图 10.20 所示。

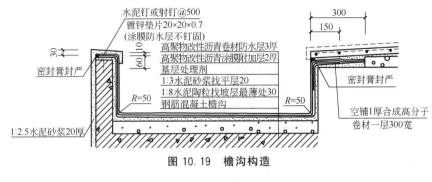

图 10.19　檐沟构造

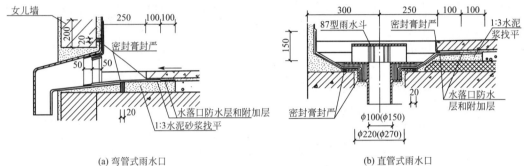

(a) 弯管式雨水口　　　　　　　　(b) 直管式雨水口

图 10.20　雨水口构造

　　安装直管式雨水口注意防止雨水从套管与沟底接缝处渗漏，应在雨水口四周加防水卷材，卷材应铺入套管内壁，檐口内浇筑的混凝土防水层应盖在附加的卷材上。防水层与雨水口相接处用油膏嵌封。在女儿墙上安装弯管式雨水口时，做刚性防水层之前，在雨水口处加铺一层防水卷材，然后再浇屋面防水层，防水层与弯头交接处用油膏嵌缝。

　　6．管道出屋面

　　伸出屋面管道与刚性防水层交接处应留设缝隙，用密封材料嵌填，并应加设卷材，构造如图 10.21 所示。

　　7．屋面出入口

　　如图 10.22 所示为屋面防水等级为Ⅱ级时，采用两道防水设防，上部防水材料为刚性防水的构造。

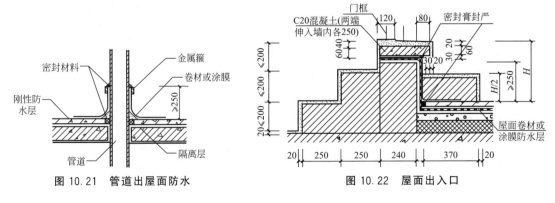

图 10.21　管道出屋面防水　　　　　　　图 10.22　屋面出入口

10.2.5 涂膜防水屋面构造

涂膜防水屋面主要适用于防水等级为Ⅲ级、Ⅳ级的屋面防水，也可用作Ⅰ级、Ⅱ级屋面多道防水设防中的一道防水层。所用防水材料有高聚物改性沥青防水涂料、合成高分子防水涂料、聚合物水泥防水涂料等。

高聚物改性沥青防水涂料包括溶剂型SBS改性沥青防水涂料、水乳型SBS改性沥青防水涂料等。

合成高分子防水涂料合成高分子防水涂料包括聚氨酯防水涂料、水乳型丙烯酸酯防水涂料、水乳型聚氯乙烯(PVC)防水涂料、水乳型高性能橡胶防水涂料等。

防水涂料一般应≥3 mm厚，至少涂刷五遍，或一布五涂、六涂，或二布六涂，二布六涂～八涂。用于Ⅲ级防水屋面复合使用时应≥1.5 mm厚。

涂膜防水屋面构造见国家建筑标准设计图集《平屋面建筑构造》（一）（99J201-1）（2003年局部修改版）及《屋面节能建筑构造》（06J204）。

10.3 坡屋顶的构造

屋面坡度大于10%的屋顶叫坡屋顶。坡屋顶的坡度大，雨水容易排除，屋面防水问题比平屋顶容易解决，在隔热和保温方面，也有其优越性。

坡屋顶的构造包括两大部分：一部分是承重结构；另一部分是由保温隔热材料和防水材料等组成的屋面面层。坡屋顶的保温隔热材料选用同平屋顶。

10.3.1 坡屋顶的承重结构

屋顶承重结构形式的选择应根据建筑物的结构形式、对跨度的要求、屋面材料、施工条件以及对建筑形式的要求等因素综合决定。屋顶按承重方式可分无檩体系和有檩体系两种，无檩体系屋顶构造同平屋顶，是将横向承重墙的上部按屋顶要求的坡度砌筑，上面直接铺钢筋混凝土屋面板，也可在屋架（或梁）上直接铺钢筋混凝土屋面板；有檩体系是在横墙（或梁、屋架）上搭檩条（图10.23），然后铺放屋面板。

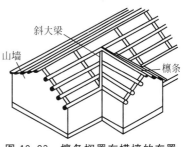

图10.23 檩条搁置在横墙的布置

10.3.2 坡屋顶的面材

常用坡屋顶面材有平瓦、油毡瓦、彩色压型钢板等。平瓦单独使用时，可用于防水等级为Ⅲ级、Ⅳ级的屋面防水；平瓦与防水卷材或防水涂膜复合使用时，可用于防水等级为Ⅱ级、Ⅲ级的屋面防水。油毡瓦单独使用时，可用于防水等级为Ⅲ级的屋面防水；油毡瓦与防水卷材或防水涂膜复合使用时，可用于防水等级为Ⅱ级的屋面防水。金属板材屋面适用于防水等级为Ⅰ级、Ⅱ级、Ⅲ级的屋面防水。平瓦、油毡瓦可铺设在钢筋混凝土或木基层上，金属板材可直接铺设在檩条上。

1. 平瓦

平瓦有陶瓦(颜色有青、红两种)、水泥瓦及彩色水泥瓦等。

青红陶瓦尺寸：宽 240 mm，长 380 mm，厚 20 mm；脊瓦尺寸：宽 190 mm、长 445 mm、厚 20 mm；水泥瓦尺寸：宽 235 mm，长 385 mm，厚 15 mm；彩色水泥瓦尺寸：420 mm×330 mm，颜色有玛瑙红、素烧红、金橙黄、翠绿、孔雀蓝、古岩灰、仿珠黑等。

铺瓦时应由檐口向屋脊铺挂。上层瓦搭盖下层瓦的宽度不得小于 70 mm。最下一层瓦应伸出封檐板 80 mm。一般在檐口及屋脊处，用一道 20 号铅丝将瓦拴在挂瓦条上，在屋脊处用一道 20 号铅丝将瓦拴在挂瓦条上，在屋脊处用脊瓦铺 1∶3 水泥砂浆铺盖严。

2. 波形瓦

波形瓦有非金属波形瓦和金属波形瓦之分，非金属波形瓦有纤维水泥瓦、聚氯乙烯塑料纹波瓦、玻璃钢波瓦、石棉水泥瓦等。波形瓦种类繁多，性能价格各异，多用于标准较低的民用建筑、厂房、附属建筑、库房及临时性建筑的屋面。波形瓦有以下三种规格。

大波瓦：宽 994 mm，长 2 800 mm，厚 8 mm。

中波瓦：宽 745 mm，长 2 400 mm、1 800 mm、1 200 mm，厚 6.5 mm。

小波瓦：宽 720 mm，长 1 800 mm，厚 6 mm。

脊瓦：宽 230 mm×2，长 780 mm，厚 6 mm。

3. 彩色油毡瓦

彩色油毡瓦一般为 4 mm 厚，长 1 000 mm，宽 333 mm，用钉子固定。这种瓦适用于屋面坡度≥1/3 的屋面。当用于屋面坡度 1/5～1/3 时，油毡瓦的下面应增设有效的防水层；当屋面坡度<1/5 时，不宜采用油毡瓦。

4. 彩色压型钢板波形瓦

彩色压型钢板波形瓦用 0.5～0.8 mm 厚镀锌钢板冷压成仿水泥瓦外形的大瓦，横向搭接后中距 1 000 mm，纵向搭接后最大中距为 400 mm×6 mm，挂瓦条中距 400 mm。这种瓦采用自攻螺钉或拉铆钉固定于 Z 形挂瓦条上，中距 500 mm。

5. 压型钢板

压型钢板一般为 0.4～0.8 mm 彩色压型钢板制成，宽度为 750～900 mm，断面有 V 形、长平短波和高低波等多种断面。

除以上介绍的瓦材之外，建筑中亦有用小青瓦、琉璃瓦等做屋面防水层的。

10.3.3 坡屋顶的屋面构造

1. 块瓦屋面檐口

屋面檐口常用有挑出檐口(图 10.24)和挑檐沟檐口(图 10.25)两种。为加强檐沟处的防水，须在檐沟内附加卷材防水层。

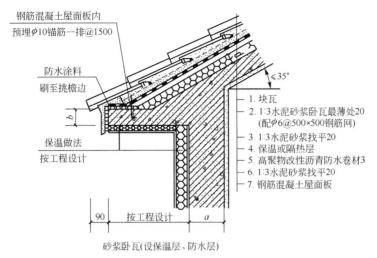

钢筋混凝土屋面板内
预埋ϕ10锚筋一排@1500

防水涂料
刷至挑檐边

保温做法
按工程设计

≤35°

1. 块瓦
2. 1:3水泥砂浆卧瓦最薄处20
(配ϕ6@500×500钢筋网)
3. 1:3水泥砂浆找平20
4. 保温或隔热层
5. 高聚物改性沥青防水卷材3
6. 1:3水泥砂浆找平20
7. 钢筋混凝土屋面板

90 按工程设计 a

砂浆卧瓦(设保温层、防水层)

图 10.24 块瓦屋面檐口(砂浆卧瓦)

注:a,b 按工程设计。

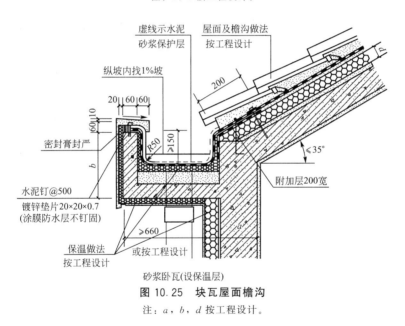

虚线示水泥
砂浆保护层

屋面及檐沟做法
按工程设计

纵坡内找1%坡

200

20 60 60

60 10

密封膏封严

R50

≥150

≤35°

水泥钉@500

镀锌垫片20×20×0.7
(涂膜防水层不钉固)

附加层200宽

保温做法
按工程设计

或按工程设计

≥660

砂浆卧瓦(设保温层)

图 10.25 块瓦屋面檐沟

注:a,b,d 按工程设计。

2. 坡屋顶山墙

平瓦、油毡瓦屋面与山墙及突出屋面结构的交接处,均应做泛水处理(图 10.26)。

3. 坡屋顶天沟

在两个坡屋面相交处或坡屋顶在檐口有女儿墙时即出现天沟。这里雨水集中,要特殊处理它的防水问题(图 10.27)。

4. 坡屋顶屋脊

坡屋顶屋脊构造如图 10.28 所示,图中脊瓦下端与坡面之间可用专用异形瓦封堵,也可用卧瓦砂浆封堵抹平(刷色同瓦),按瓦型配件确定。

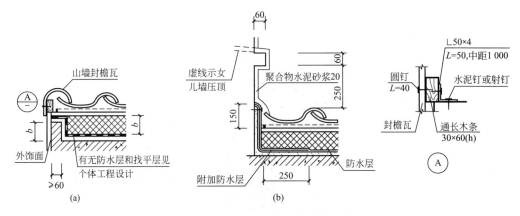

图 10.26 块瓦屋面泛水、山墙封檐（砂浆卧瓦）

注：防水层为卷材者，附加防水层采用 2 厚高聚物改性硬沥青卷材；防水层为涂膜者，附加防水层采用一布二涂。

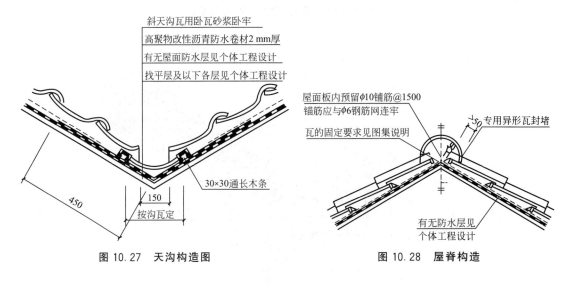

图 10.27 天沟构造图　　　　图 10.28 屋脊构造

注： 本章所给图例均为无檩体系屋面构造，有檩体系屋面建筑构造参见《坡屋面建筑构造》（01J202—2）（有檩体系）。

本 章 小 结

1. 屋顶按外形分为坡屋顶、平屋顶和其他形式的屋顶。坡屋顶的坡度一般大于 10%，平屋顶的常用坡度为 2‰～3‰。

2. 屋顶设计的主要任务是解决好防水、保温隔热，坚固耐久，造型美观等问题。

3. 屋顶排水方式分为无组织排水和有组织排水两大类。有组织排水又分女儿墙外排水、檐沟外排水、女儿墙檐沟外排水、内排水等。屋顶排水设计要确定屋面排水坡度，选择排水方式并绘制屋顶排水平面图。

4. 平屋顶主要由结构层、找平层、隔气层、保温层、找坡层、防水层、保护层等组成。屋顶按屋面防水材料分为卷材防水屋面、刚性防水屋面、涂膜防水屋面等。

5. 坡屋面的承重结构有屋面板、屋架搁檩、山墙搁檩三种形式。常用坡屋顶面材有平瓦、油毡瓦、彩色压型钢板等。

6. 泛水、天沟、雨水口、檐口、坡屋面的屋脊、屋面出入口、屋面人孔、管道出屋面等屋面防水的薄弱部位应做好细部构造处理，一般需附加防水卷材。

知识拓展——屋面保温层厚度的选择

在屋面和外墙等围护结构中设置保温层以提高外围护结构热阻，是目前我国改善严寒和寒冷地区居住建筑采暖能耗大、热环境差等状况有效的措施。在保温材料确定的情况下，保温层厚度是决定建筑保温水平的重要参数。一般随着保温层厚度的增加，围护结构的绝热性能提高，采暖成本相应降低，但围护结构的建造费用相应增加。因此，合理确定保温层厚度对建筑节能及建筑经济具有重要的现实意义。附表10-1，附表10-2为规范推荐确定保温层厚度的方法。我们可以从附表10-1中确定不同地区、不同体型系数的传热系数，然后在附表10-2中根据不同屋面防水材料及保温材料确定保温层厚度。

附表 10-1　公共建筑屋面传热系数限值

建筑气候分区	体型系数≤0.3 传热系数 $K/[W/(m^2 \cdot K)]$	0.3<体型系数≤0.4 传热系数 $K/[W/(m^2 \cdot K)]$	传热系数 $K/[W/(m^2 \cdot K)]$
严寒地区 A 区	≤0.35	≤0.30	—
严寒地区 B 区	≤0.45	≤0.35	—
寒冷地区	≤0.55	≤0.45	—
夏热冬冷地区	—	—	≤0.70
夏热冬暖地区	—	—	≤0.90

附表 10-2　保温隔热层厚度选用参考表　　　　单位：mm

传热系数 $K/[W/(m^2 \cdot K)]$	材料					
	卷材、涂膜防水屋面		刚性防水屋面		坡屋面	
	B1	B2	B1	B2	B1	B2
0.25	175	130	175	130	185	135
0.30	145	15	140	105	150	110
0.35	120	90	120	90	130	95
0.4	105	75	100	75	110	80
0.45	90	65	90	65	100	70
0.50	80	60	75	55	85	65
0.55	70	50	70	50	80	60
0.60	60	45	60	45	70	50

续表

传热系数 $K/[\text{W}/(\text{m}^2 \cdot \text{K})]$	材料					
	卷材、涂膜防水屋面		刚性防水屋面		坡屋面	
	B1	B2	B1	B2	B1	B2
0.70	50	40	50	35	60	45
0.80	40	30	40	30	50	35
0.90	35	25	35	25	45	30
1.00	30	20	30	20	45	25

注：1. B1 为聚苯乙烯泡沫塑料板：导热系数 $[\text{W}/(\text{m} \cdot \text{k})] \leqslant 0.041$，表观密度 $(\text{kg}/\text{m}^3) = 20 \sim 22$。

2. B2 为挤塑聚苯乙烯泡沫塑料板：导热系数 $[\text{W}/(\text{m} \cdot \text{k})] \leqslant 0.030$，表观密度 $(\text{kg}/\text{m}^3) = 32 \sim 38$。

本 章 习 题

1.1 简答题

1. 屋顶由哪几部分组成？它们的主要功能是什么？

2. 屋顶设计应满足哪些要求？

3. 影响屋顶坡度的因素有哪些？如何形成屋顶的排水坡度？

4. 屋顶的排水方式有哪几种？屋顶排水组织设计主要包括哪些内容？

5. 屋面防水等级如何划分？

6. 平(坡)屋顶基本构造层次有哪些？各层的作用是什么？

7. 平(坡)屋顶屋面防水材料有哪几类？各适用什么情况？

8. 平(坡)屋顶的细部构造有哪些？各自的设计要点是什么？

1.2 屋顶构造设计

1. 设计目的

通过本次作业，使学生掌握屋顶有组织排水的设计方法和屋顶节点详图设计，训练绘制和识读施工图的能力。

2. 设计内容

以学生课程作业的平面设计为依据，要求完成以下内容。

(1) 确定屋顶类型。

(2) 确定雨水管的数量及位置。

(3) 确定屋顶排水方式，合理选择屋面防水材料。

(4) 选择屋顶保温隔热层材料，并确定其厚度。

(5) 图纸要求。

用 A3 图纸一张，按建筑制图标准的规定，绘制该楼屋顶平面图和屋顶节点详图。

(1) 屋顶平面图：比例 1∶200。

① 画出各坡面交线、檐沟或女儿墙和天沟、雨水口和屋面上人孔等，刚性防水屋面还应画出纵横分格缝。

② 标注屋面和檐沟或天沟内的排水方向和坡度大小，标注屋面上人孔等突出屋面部分的有关尺寸，标注屋面标高(结构上表面标高)。

③ 标注各转角处的定位轴线和编号。

④ 外部标注两道尺寸(即轴线尺寸和雨水口到邻近轴线的距离或雨水口的间距)。

⑤ 标注详图索引符号，并注明图名和比例。

(2) 屋顶节点详图：比例 $1:10$ 或 $1:20$。

① 檐口构造。

当采用檐沟外排水时，表示清楚檐沟板的形式、屋顶各层构造、檐口处的防水处理，以及檐沟板与圈梁、墙、屋面板之间的相互关系，标注檐沟尺寸，注明檐沟饰面层的做法和防水层的收头构造做法。

当采用女儿墙外排水或内排水时，表示清楚女儿墙压顶构造、泛水构造、屋顶各层构造和天沟形式等，注明女儿墙压顶和泛水的构造做法，标注女儿墙的高度、泛水的高度等尺寸。

当采用檐沟女儿墙外排水时要求同上。用多层构造引出线注明屋顶各层做法，标注屋面排水方向和坡度大小，标注详图符号和比例，对剖切到的部分用材料图例表示。

② 雨水口构造。

表示清楚雨水口的形式、雨水口处的防水处理，注明细部做法，标注有关尺寸，标注详图符号和比例。

③ 刚性防水屋面分格缝构造。

若选用刚性防水屋面，则应做分格缝，要表示清楚各部分的构造关系，标注细部尺寸、标高，标注详图符号和比例。

第**11**章
门　　窗

【教学目标与要求】
- 熟悉门窗的作用及门窗常用材料
- 掌握门窗的开启方式及尺度，熟悉门窗常用代号
- 了解门窗的安装及节点构造
- 了解特殊形式门窗的设计和构造原理

11.1　概　　述

门窗属于房屋建筑中的围护及分隔构件，不承重。其中门的主要功能是供交通出入及分隔、联系建筑空间，带玻璃或亮子的门也可起通风、采光的作用；窗的主要功能是采光、通风及观望。另外，门窗对建筑物的外观及室内装修造型影响也很大，它们的大小、比例尺度、位置、数量、材质、形状、组合方式等是决定建筑视觉效果非常重要的因素之一。

11.1.1　设计要求

建筑门窗应满足以下要求。

1. 采光和通风方面的要求

按照建筑物的照度标准，建筑门窗应当选择适当的形式以及面积。

从形式上看，长方形窗构造简单，在采光数值和采光均匀性方面最佳，所以最常用。但其采光效果还与窗宽、高的比例有关。通常竖立长方形窗适用在进深大的房间，这样阳光直射入房间的最远距离较大；正方形窗则可用于进深较小的房间；而横置长方形窗仅用于进深小的房间或者是需要视线遮挡的高窗，如卫生间等。在设置位置方面，如采用顶光，亮度会达到侧窗的 6~8 倍。

窗户的组合形式对采光效果也有影响。窗与窗之间由于墙垛（窗间墙）产生阴影的关系，一樘窗户所通过的自然光量比同样面积由窗间墙隔开的相邻的两樘窗户所通过的光量要大，因此在理论上最好采用一樘宽窗来满足采光要求。比如，同样高度，一樘宽度 2 100 mm 的窗户就比并列的三樘 700 mm 宽的窗户采光量大 40%。

在通风方面，自然通风是保证室内空气质量的最重要因素。这一环节主要是通过门窗位置的设计和适当类型的选用来实现的。在进行建筑设计时，必须注意选择有利于通风的窗户形式和合理的门窗位置，以获得空气对流。

2. 密闭性能和热工性能方面的要求

门窗大多经常启闭，构件间缝隙较多，再加上启闭时会受震动，或者由于主体结构的变形，使得它们与建筑主体结构间出现裂缝，这些缝有可能造成雨水或风沙及烟尘的渗漏，还可能对建筑的隔热、隔声带来不良影响。因此与其他维护构件相比，门窗在密闭性能方面的问题更突出。此外，门窗部分很难通过添加保温材料来提高其热工性能，因此选用合适的门窗材料及改进门窗的构造方式，对改善整个建筑物的热工性能及减少能耗起着重要的作用。

3. 使用和交通安全方面的要求

门窗的数量、大小、位置、开启方向等，均会涉及建筑的使用安全。例如相关规范规定了不同性质的建筑物及不同高度的建筑物，其开窗的高度不同，这完全是出于安全防范方面的考虑。又如在公共建筑中，规范规定位于疏散通道上的门应该朝疏散的方向开启，而且通往楼梯间等处的防火门应当有自动关闭的功能，也是为了保证在紧急状况下人群疏散顺畅，而且减少火灾发生区域的烟气向垂直逃生区域的扩散。

4. 在建筑视觉效果方面的要求

门窗的数量、形状、组合、材质、色彩是建筑立面造型中非常重要的部分，特别是在一些对视觉效果要求较高的建筑中，门窗更是立面设计的重点。

11.1.2　门窗材料

门窗通常可用木、金属、塑料等材料制作。常用门窗有以下几种。

1. 木制门窗

木制门窗用于室内的较多。这是因为许多木材遇水都会发生翘曲变形以至于影响使用。但木制品易于加工，感官效果良好，用于室内的效果是其他材料难以替代的。

2. 塑料门窗

塑料门窗是以聚氯乙烯、改性聚氯乙烯或其他树脂为主要原料，轻质碳酸钙为填料，添加适量助剂和改性剂，经挤压、机制成各种空腹截面后拼装而成的。普通塑料门窗的抗弯曲变形能力较差。塑料门窗的塑料耐腐蚀性能好，使用寿命长，且无须油漆着色及维护保养。塑料本身的导热系数十分接近于木材，且由于是中空型材拼装而成的，因此保温隔热性能大为提高，而且制作时一般采用双级密封，故其气密性、水密性和隔声性能也都很好，再加上工程塑料具有良好的耐候性、阻燃性和电绝缘性，使得塑料门窗具有优良的性能价格比，成为受到推崇使用的产品类型。

3. 塑钢门窗

塑钢门窗是以改性硬质聚氯乙烯(简称 UPVC)为主要原料，加上一定比例的稳定剂、着色剂、填充剂、紫外线吸收剂等辅助剂，经挤出机挤出成型为各种断面的中空异型材。经切割后，在其内腔衬以型钢加强筋，用热熔焊接机焊接成型为门窗框扇，配装上橡胶密封条、压条、五金件等附件而制成的门窗，即所谓的塑钢门窗。其具有如下优点：强度好，耐冲击；保温隔热，节约能源；隔声好；气密性好，水密性好；耐腐蚀性强；防火；耐老化，使用寿命长；外观精美，清洗容易。

4. 玻璃纤维增强塑料门窗

玻璃纤维增强塑料门窗（通常称玻璃钢门窗），一般采用热固性树脂为基体材料，加入一定量助剂和辅助材料，以玻璃纤维为增强材料，拉挤时，经模具加热固化成型，作为门窗杆件。国内自主开发的玻璃钢门窗型材一般用低碱或中碱玻璃纤维增强（不允许使用高碱玻璃纤维增强），型材表面经打磨后，可用静电粉末喷涂、表面覆膜等多种技术工艺，获得多种色彩或质感的装饰效果。玻璃钢门窗型材有很高的纵向强度，一般情况下，可以不用增强型钢。但门窗尺寸过大或抗风压要求高时，需根据使用要求，确定采取的增强方式。型材横向强度较低。玻璃钢门窗框角梃连接为组装式，连接处需用密封胶密封，防止缝隙渗漏。

5. 铝合金门窗

铝合金门窗由不同断面型号的铝合金型材和配套零件及密封件加工制成。其自重小，具有相当的刚度，在使用中的变形小，且框料经过氧化着色处理，既可保持铝材的银白色，又可以制成各种柔和的颜色或带色的花纹，如古铜色、暗红色、黑色等，色泽美观。铝合金门窗不需要涂涂料，氧化层不褪色、不脱落，表面不需要维修，耐腐蚀、坚固耐用。铝合金门窗密封性好，气密性、水密性、隔声性、隔热性都较钢、木门窗有显著的提高。铝合金门窗强度高，刚性好，坚固耐用，开闭轻便灵活，无噪声，安装速度快。目前国内铝合金门窗的加工和使用已较普及，各地铝合金门窗加工厂都有系列标准产品供选用，需特殊制作者一般也只需提供立面图纸和使用要求，委托加工即可。

6. 铝塑复合节能门窗

铝塑门窗型材从选用材料上提高了门窗的整体强度、性能、档次和总体质量。铝材平均壁厚达 1.4~1.8 mm，表面采用粉末喷涂技术，保证门窗强度高，不变色、不掉色。中间的隔热断桥部分采用改良 PVC 塑芯作为隔热桥，其壁厚 2.5 mm，且通过铝＋塑＋铝的紧密复合。由于铝材和塑料型材都有很高的强度，因此使门窗的整体强度更高。塑料型材使用国内首创的腔体断桥技术，多腔室的结构设计，使室内外的热量（或冷气）在经过门窗时，通过一个个腔室的阻隔作用，减少了热量的损失，从而保证了良好的隔热性能。三道密封设计使密封性能更好。中空玻璃的使用使铝塑门窗具有优异的隔声性能。现今，铝塑门窗正以时尚的外观、高强的抗风压性能及方便的清洁性能受到越来越多人们的喜爱。

除以上几种外，常见门窗还有铝木节能门窗、钢门窗等。

11.2 门窗的开启方式及尺度

11.2.1 门的开启方式及代号

1. 门的开启方式

门按其开启方式通常有平开门、弹簧门、推拉门、折叠门、转门等（图 11.1）。

260

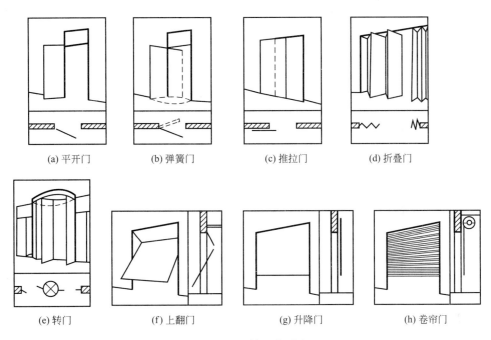

(a) 平开门　　　(b) 弹簧门　　　(c) 推拉门　　　(d) 折叠门

(e) 转门　　　(f) 上翻门　　　(g) 升降门　　　(h) 卷帘门

图 11.1　门的开启形式

1）平开门

平开门可做单扇或双扇，开启方向可以选择内开或外开。其构造简单、开启灵活，制作安装和维修均较方便，所以使用最广泛。但其门扇受力状态较差，易产生下垂或扭曲变形，所以门洞一般不宜大于 3.6 m×3.6 m。门扇可以由木、钢或钢木组合而成。当门的面积大于 5 m² 时，例如用于工业建筑时，宜采用角钢骨架。而且最好在洞口两侧做钢筋混凝土的壁柱，或者在砌体墙中砌入钢筋混凝土砌块，使之与门扇上的铰链对应。

2）弹簧门

弹簧门可以单向或双向开启。其侧边用弹簧铰链或下面用地弹簧传动，构造比平开门稍复杂。考虑到使用的安全，门上一般都安装玻璃，以方便其两边的使用者能够互相观察到对方的行为，以免相互碰撞。幼托、中小学等建筑中不得使用弹簧门，以保证使用安全。

3）推拉门

推拉门亦称拉门或移门，开关时沿轨道左右滑行，可藏在夹墙内或贴在墙面外，占用空间少。其五金件制作相对复杂，安装要求较高。在一些人流众多的公共建筑，还可以采用传感控制自动推拉门。推拉门由门扇、门轨、地槽、滑轮及门框组成。门扇可采用镁铝、铝合金、白钢、钢木、空腹薄壁型钢等。根据门洞大小不同，可采取单轨双扇、双轨双扇、多轨多扇等形式。导轨可设在门洞上方，也可上下都设。前者为上挂式，适用于高度小于 4 m 的门扇；后者为下滑式，多适用于高度大于 4 m 的门扇，这时下面的导轨承受门扇的重量。

4）折叠门

折叠门一般门洞较宽，门由多道门扇组合，门扇可分组叠合并推移到侧边，以使门两边的空间在需要时合并为一个空间。其五金件制作相对复杂，安装要求较高。折叠门一般有侧挂式、侧悬式和中悬式折叠三种。侧挂式可使用普通铰链，它不适用于较大洞口。侧悬式和中悬式则在洞口上方设有导轨，门扇顶部还装有带滑轮的铰链，开闭时滑轮沿导轨移动，带动门扇折叠，可适用于较大洞口。

5）转门

转门对防止室内外空气的对流有一定作用，可作为公共建筑及有空调房屋的外门。一般为2～4扇门连成风车形，在两个固定弧形门套内旋转。其加工制作复杂，造价高。转门的通行能力较弱，不能作疏散用，故在其两旁应另设平开门或弹簧门。

6）升降门

升降门多用于工业建筑，一般不经常开关，需要设置传动装置及导轨。

7）卷帘门

卷帘门多用于较大且不需要经常开关的门洞，例如商店的大门及某些公共建筑中用作防火分区的构件等。其五金件制作复杂，造价较高。卷帘门适用于4～7 m宽非频繁开启的高大门洞，它是用很多冲压成型的金属叶片连接而成，叶片可用镀锌钢板或合金铝板轧制而成，叶片之间用铆钉连接。另外，还有导轨、卷筒、驱动机构和电气设备等组成部件。叶片上部与卷筒连接，开启时叶片沿着门洞两侧的导轨上升，卷在卷筒上。传动装置有手动和电动两种。开启时可充分利用上部空间，不占使用面积。其五金件制作相对复杂，安装要求较高，有的可利用遥控装置。

2. 门的代号

门的代号见表11-1。

表11-1　门的开启形式与代号

开启形式	折叠	平开	推拉	地弹簧	平开下悬
代　　号	Z	P	T	DH	PX

注：1. 固定部分与平开门或推拉门组合时为平开门或推拉门。
2. 百叶门符号为Y，纱扇门符号为S。

11.2.2　门的尺度

门的尺度通常是指门洞的高、宽尺寸。门作为交通疏散通道，其尺度取决于人的通行、疏散要求，家具器械的搬运及与建筑物的比例关系等，并要符合现行《建筑模数协调统一标准》的规定。

1. 门的高度

门的高度不宜小于2 100 mm。如门设有亮子时，亮子高度一般为300～600 mm，则门洞高度为2 400～3 000 mm。公共建筑大门高度可视需要适当提高。

2. 门的宽度

单扇门为700～1 000 mm，双扇门为1 200～1 800 mm。当宽度在2 100 mm以上时，则做成三扇、四扇门或双扇带固定扇的门。这是因为门扇过宽易产生翘曲变形，同时也不利于开启。辅助房间(如浴厕、储藏室等)门的宽度可窄些，一般为700～800 mm。

11.2.3 窗的开启方式及代号

1. 窗的开启方式

窗的形式一般按开启方式定。而窗的开启方式主要取决于窗扇铰链安装的位置和转动方式。通常窗的开启方式有以下几种(图 11.2)。

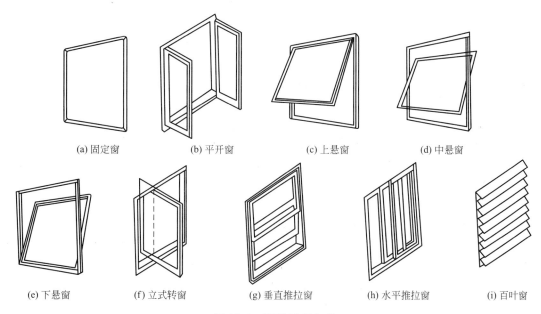

| (a) 固定窗 | (b) 平开窗 | (c) 上悬窗 | (d) 中悬窗 |

| (e) 下悬窗 | (f) 立式转窗 | (g) 垂直推拉窗 | (h) 水平推拉窗 | (i) 百叶窗 |

图 11.2 窗的开启方式

1) 固定窗

固定窗不需要窗扇,玻璃直接镶嵌于窗框上,不能开启,因而不能通风,可供采光和眺望之用。固定窗构造简单,密闭性好。

2) 平开窗

平开窗有外开(图 11.3)、内开(图 11.4)之分,外开可以避免雨水侵入室内,且不占室内面积,故常采用。平开窗构造简单,开启灵活,制作维修均方便,是民用建筑中采用最广泛的窗。

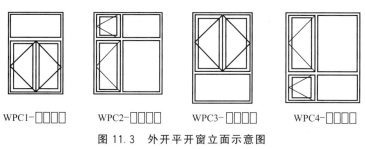

WPC1-□□□□   WPC2-□□□□   WPC3-□□□□   WPC4-□□□□

图 11.3 外开平开窗立面示意图

注:□□□□为宽高尺寸。

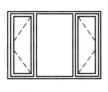 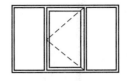 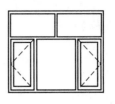 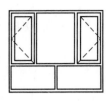

NPC1-□□□□　　NPC2-□□□□　　NPC3-□□□□　　　NPC4-□□□□

图 11.4　内开平开窗立面示意图

注：□□□□为宽高尺寸。

3）悬窗

悬窗按转动铰链或转轴位置的不同有上悬、中悬、下悬之分。上悬和中悬窗向外开启，防雨效果较好，常用于高窗；下悬窗外开不能防雨，内开又占用室内空间，只适用于内墙高窗及门上亮子（又称腰头窗）。

4）立式转窗

立式转窗在窗扇上下冒头中部设转轴，立向转动。立式转窗引导风进入室内效果较好，防雨及密封性较差，装纱窗不便，多用于单层厂房的低侧窗；缺点是因密闭性较差，不宜用于寒冷和多风沙的地区。

5）推拉窗

推拉窗分垂直推拉和水平推拉两种。水平推拉窗（图 11.5）一般在窗肩上下设滑轨槽；垂直推拉窗需要升降及制约措施，窗扇都是前后交叠不在一直线上。推拉窗开启时不占室内空间，窗扇受力状态好，窗扇及玻璃尺寸均较平开窗为大，尤其适用于铝合金及塑料门窗；但通风面积受限制，五金及安装也较复杂。

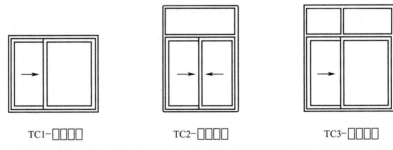

TC1-□□□□　　　TC2-□□□□　　　TC3-□□□□

图 11.5　水平推拉窗立面示意图（□□□□为宽高尺寸）

6）百叶窗

百叶窗主要用于遮阳、防雨及通风，但采光差。百叶窗可用金属、木材、钢筋混凝土等制作，有固定式和活动式两种形式。活动百叶窗常作遮阳和通风之用，易于调整；固定百叶窗常用于山墙顶部作为通风之用。

7）折叠窗

折叠窗全开启时视野开阔，通风效果好，但需用特殊五金件。

2. 窗的代号

窗的开启形式与代号见表 11-2。

表 11-2　窗的开启形式与代号

开启形式	固定	上悬	中悬	下悬	立转	平开	滑轴平开	滑轴	推拉	推拉平开	平开下悬
代　号	G	S	C	X	L	P	HP	H	T	TP	PX

注：1. 固定窗与平开窗或推拉窗组合时为平开窗或推拉窗。

　　2. 百叶窗符号为 Y，纱扇窗符号为 A。

11.2.4　窗的尺度

窗的尺度主要取决于房间的采光、通风、构造做法和建筑造型等要求，并应符合现行《建筑模数协调统一标准》的规定。对一般民用建筑用窗，各地均有通用图集，各类窗的高度与宽度尺寸通常采用扩大模数 3M 数列作为洞口的标志尺寸，需要时只要按所需类型及尺度大小直接选用即可。为使窗坚固耐久，一般平开窗的窗扇高度为 800～1 500 mm，宽度为 400～600 mm；上、下悬窗的窗扇高度为 300～600 mm；中悬窗窗扇高不宜大于 1 200 mm，宽度不宜大于 1 000 mm；推拉窗高宽均不宜大于 1 500 mm。

11.3　门窗构造

11.3.1　平开门的组成

门一般由门框、门扇、亮子、五金零件及其附件组成。

门扇按其构造方式不同，有镶板门、夹板门、拼板门、玻璃门、纱门等类型。亮子又称腰头窗，在门上方，为辅助采光和通风之用，有平开、固定及上、中、下悬几种。门框是门扇、亮子与墙的联系构件。五金零件一般有铰链、插销、门锁、拉手、门碰头等。附件有贴脸板、筒子板等。平开门构造组成如图 11.6 所示。

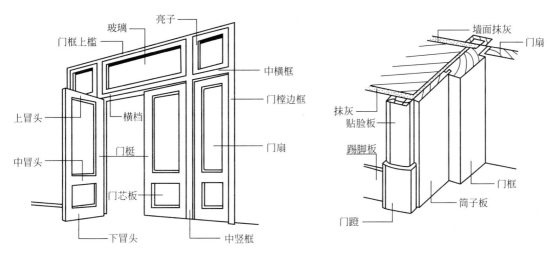

图 11.6　平开门构造组成

11.3.2 木门构造

1. 门框

门框一般由两根竖直的边框和上框组成。当门带有亮子时，还有中横框；多扇门则还有中竖框。

1）门框断面

门框的断面形式(图 11.7)与门的类型、层数有关，同时应利于门的安装，并具有一定的密闭性。

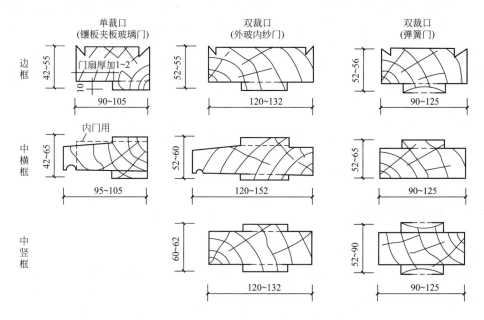

图 11.7 门框的断面形式与尺寸(mm)

2）门框在墙中的位置

门框在墙中的位置，可在墙的中间或与墙的一边平。一般多与开启方向一侧平齐，尽可能使门扇开启时贴近墙面(图 11.8)。

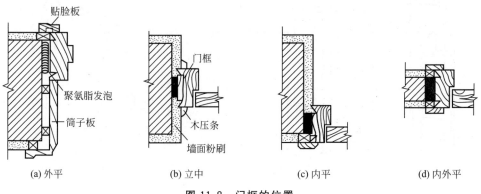

图 11.8 门框的位置

2. 门扇

常用的木门门扇有镶板门（包括玻璃门、纱门）、夹板门和拼板门等。

1）镶板门

镶板门是一种广泛使用的门，门扇由边梃、上冒头、中冒头（可做数根）和下冒头组成骨架，内装门芯板而构成。其构造简单，加工制作方便，适于一般民用建筑做内门和外门。

2）夹板门

夹板门是用断面较小的方木做成骨架，两面粘贴面板而成。门扇面板可用胶合板、塑料面板和硬质纤维板，面板不再是骨架的负担，而是和骨架形成一个整体，共同抵抗变形。夹板门的形式可以是全夹板门、带玻璃或带百叶夹板门。

由于夹板门构造简单，可利用小料、短料，自重轻，外形简洁，便于工业化生产，故在一般民用建筑中广泛应用。

3）拼板门

拼板门的门扇由骨架和条板组成。有骨架的拼板门称为拼板门，而无骨架的拼板门称为实拼门；有骨架的拼板门又分为单面直拼门、单面横拼门和双面保温拼板门三种。

11.3.3 平开窗的组成

窗子一般由窗框、窗扇、玻璃和五金配件组成，图 11.9 给出平开窗各组成部件示意。窗扇有玻璃窗扇、纱窗扇、板窗扇和百叶窗扇等。在窗扇和窗框间为了转动和启闭中的临时固定装有铰链、风钩、插销、拉手以及导轨、转轴、滑轮等五金零件。窗框与墙连接处，根据不同的要求，有时要加设窗台、贴脸、窗帘盒等。平开窗可为单层玻璃，为保温或隔声需要可设双层玻璃或双层窗，为防止蚊蝇可加设纱窗，为遮阳还可设置百叶窗。

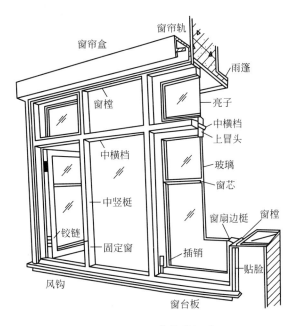

图 11.9 平开窗构造组成

11.3.4 铝合金门窗构造

铝合金门窗是表面处理过的铝材经下料、打孔、铣槽、攻丝等加工，制作成门窗框料的构件，然后与连接件、密封件、开闭五金件一起组合装配成门窗。

铝合金门窗安装时，将门、窗框在抹灰前立于门窗洞处，与墙内预埋件对正，然后用木楔将三边固定。经检验确定门、窗框水平、垂直、无翘曲后，用连接件将铝合金框固定在墙(柱、梁)上，连接件固定可采用焊接、膨胀螺栓或射钉等方法。

门窗框与墙体等的连接固定点，每边不得少于两点，且间距不得大于 0.7 m。在基本风压大于或等于 0.7 kPa 的地区，不得大于 0.5 m；边框端部的第一固定点距端部的距离不得大于 0.2 m。铝合金门窗安装示意图如图 11.10 所示。

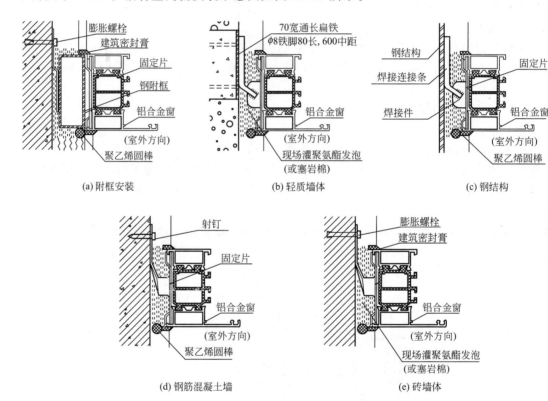

图 11.10　铝合金门窗安装通用节点

11.3.5 塑料门窗构造

普通塑料窗的抗弯曲变形能力较差，因此，尺寸较大的塑料窗或用于风压较大部位时，应在塑料型材中附加强筋来提高窗的刚度。加强筋可用金属型材，也可用硬质塑料型材，增强型材的长度应比窗型材长度略短，以不妨碍窗型材端部的连接。当增强型材与窗型材材质不同时，应使增强型材较宽松地插在塑料型材中，以适应不同材质温度变形的需要。由于塑料窗变形较大，传统的用水泥砂浆等刚性材料封填墙与窗樘框做法不宜采用，最好采用矿棉或泡沫塑料等软质材料(图 11.11)，再用密封胶封缝，以提高塑料窗的密封性能和绝缘性能，并避免塑料窗变形造成的开裂。

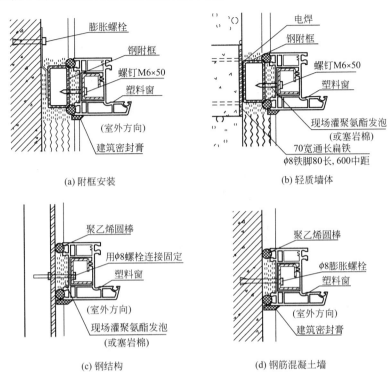

图 11.11　塑料门窗安装通用节点

注：1. 连接件尺寸≥140×20×1.5。

  2. 焊接板尺寸≥80×80×5。

  3. 金属膨胀螺栓≥M6×65，塑料铆栓套管外径 7～10 mm。

  4. 射钉≥3.7×42。

11.3.6　窗框与墙体连接

1. 门窗框安装

门窗框的安装根据施工方式分先立口和后塞口两种。

立口施工时先将门窗框立好后砌墙。这种做法的优点是门窗框与墙的连接较为紧密，缺点是施工时易被碰撞，有时还会产生移位或破损，且不宜组织流水施工，已较少采用。

塞口是在砌墙时先留出窗洞，以后再安装门窗框。为了增强保温、隔声性能，门窗框与墙体需用保温材料填充。施工时各工种不交叉干扰，便于组织流水施工，是目前普遍采用的施工方式。

2. 门窗框与墙体连接构造

根据窗框与墙体相对位置的不同，窗框与墙体连接有三种构造，即窗框沿墙外侧安装、沿墙中部安装和沿墙内侧安装。图 11.12 为窗框沿墙中部安装。

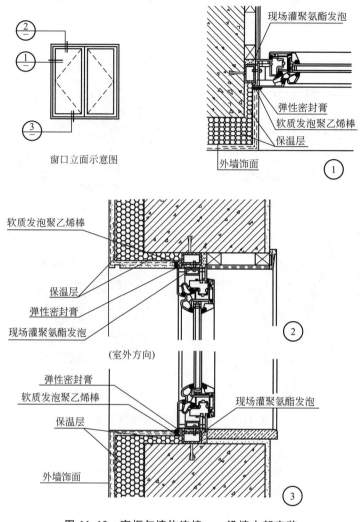

图 11.12　窗框与墙体连接——沿墙中部安装

11.4　特殊门窗

1. 防火门窗

在建筑设计中，出于安全方面的考虑，并按照防火规范的要求，必须将建筑内部空间按一定面积划分为若干个防火分区。但是建筑的使用功能决定了这种划分一般不可能完全由墙体完成，否则内部空间就无法形成交通联系。因此需要设置既能保证通行又可分隔不同防火分区的建筑构件，这就是防火门。防火门主要控制的环节是材料的耐火性能及节点的密闭性能。防火门分为甲、乙、丙三级，甲级耐火极限为 1.2 h，主要用于防火墙上；乙级耐火极限为 0.9 h，主要用于防烟楼梯的前室和楼梯口；丙级耐火极限为 0.6 h，主要用于管道检查口。

常见的防火门有木质和钢质两种。木质防火门选用优质杉木制作门框及门扇骨架，材料均经过难燃浸渍处理，门扇内腔填充高级硅酸铝耐火纤维，双面衬硅钙防火板。门扇及门框外表面可根据用户要求贴镶各种高级木料饰面板。门扇可单面或双面造型，制成凹凸线条门、平板线条门、铣形门、拼花实木门等系列产品。钢质防火门门框及门扇板可采用优质冷轧薄钢板，内填耐火隔热材料，门扇也可采用无机耐火材料。用于消防楼梯等关键部位的防火门应安装闭门器，在门窗框与门窗扇的缝隙中应嵌有防火材料做的密封条或在受热时膨胀的嵌条。自动防火门常是挂在倾斜的导轨上，温度升高到一定程度时易熔合金片熔断后门扇依靠自重下滑关闭。此外，在地下室或某些特殊场所处还可以采用钢筋混凝土的密闭防火门；在大面积的建筑中则经常使用防火卷帘门，这样平时可以不影响交通，而在发生火灾的情况下，可以有效地隔离各防火分区。

防火窗必须采用钢窗或塑钢窗，镶嵌铅丝玻璃避免破裂后掉下，防止火焰蹿入室内或窗外。

2. 隔声门窗构造

室内噪声允许级较低的房间，如播音室、录音室、办公室、会议室等，以及某些需要防止声响干扰的娱乐场所，如影剧院、音乐厅等，要安装隔声门窗。门窗的隔声能力与材料的密度、构造形式及声波的频率有关。一般门扇越重隔声效果越好，但过重则开关不便，五金件容易损坏，所以隔声门常采用多层复合结构，即在两层面板之间填吸声材料（玻璃棉、玻璃纤维板等）。隔声门窗缝隙处的密闭情况也很重要，可采用与保温门窗相似的方法，但也可用干燥的毛毡或厚绒布作为缝隙间的密封条。若采用双层窗隔声，应采用不同厚度的玻璃，以减少吻合效应的影响。厚玻璃应位于声源一侧，玻璃间的距离一般为 80～100 mm。

3. 防射线门窗

放射线对人体有一定程度损害，因此对放射室要做防护处理。放射室的内墙均须装置X光线防护门，主要镶钉铅板。铅板既可以包钉于门板外，也可以夹钉于门板内。

医院的X光治疗室和摄片室的观察窗，均需镶嵌铅玻璃，呈黄色或紫红色。铅玻璃应固定装置，但亦需注意铅板防护，四周均须交叉叠过。

4. 保温门窗

保温门要求门扇具有一定热阻值和门缝密闭处理，故常在门扇两层面板间填以轻质、疏松的材料（如玻璃棉、矿棉）。一般保温门的面板常采用整体板材（如五层胶合板、硬质木纤维板），不易发生变形。门缝密闭处理对门的隔声、保温以及防尘有很大影响，通常采用的措施是在门缝内粘贴填缝材料，如橡胶管、海绵橡胶条、泡沫塑料条等。还应注意裁口形式，斜面裁口比较容易关闭紧密，可避免由于门扇胀缩而引起的缝隙不密合。把防盗、防火、保温隔热集于一体的"三防门"，体现了门正在向综合方向发展。

保温窗常采用双层窗及双层玻璃的单层窗两种。双层窗可内外开或内开、外开。双层玻璃单层窗又分为双层中空玻璃窗和双层密闭玻璃窗。双层中空玻璃窗：双层玻璃之间的距离为 5～15 mm，窗扇的上、下冒头应设透气孔。双层密闭玻璃窗：两层玻璃之间为封闭式空气间层，其厚度一般为 4～12 mm，充以干燥空气或惰性气体，玻璃四周密封，这样可增大热阻、减少空气渗透，避免空气间层内产生凝结水。

本 章 小 结

1. 门窗设计主要包括采光和通风、密闭性和热工性、使用和交通安全、建筑美观等方面的要求。

2. 门窗通常可用木、金属、塑料等材料制作。木制门窗用于室内的较多。塑料门窗具有优良的性能价格比，成为受到推崇使用的产品类型。铝合金门窗色泽美观，强度高，刚性好，坚固耐用。铝塑复合节能门窗具有良好的保温节能效果。

3. 门按其开启方式通常有平开门、弹簧门、推拉门、折叠门、转门等。窗按开启方式通常有固定窗、平开窗、上悬窗、中悬窗、下悬窗、立转窗、垂直推拉窗、水平推拉窗、百叶窗等。

4. 门窗安装方式有立口和塞口两种，目前普遍采用的安装方式为塞口。

5. 门窗构造为本章重点内容。

知识拓展——中庭天窗

进深或跨度大的建筑物，室内光线差，空气不畅通，设置天窗可以增强采光和通风，改善室内环境，在宽大的单层厂房中，天窗的运用比较普遍。近年来，在大型公共建筑中设置中庭天窗的方式非常盛行，于是天窗在民用建筑中也日渐多起来。天窗的具体形式应根据中庭的规模大小、中庭的屋顶结构形式、建筑造型要求等因素确定，常见的天窗形式如图 11.13 所示。

(a) 梁结构天窗

(b) 斜坡式天窗

(c) 桁架结构天窗

(d) 网架结构天窗

图 11.13　中庭式天窗的形式

(e) 穹形天窗

(f) 拱形天窗

图 11. 13 中庭式天窗的形式(续)

本 章 习 题

1. 门与窗在建筑中的作用是什么?

2. 门和窗各有哪几种开启方式? 它们的特点及使用范围各是什么?

3. 铝合金门窗和塑料门窗各有哪些特点?

4. 合理确定你在课程设计中各个房间的门窗尺寸。

5. 你在课程设计中选择何种门窗材料及形式? 画出各门窗的立面图。

6. 确定墙体与门窗的相对位置,画图说明你在课程设计中采用的门窗与墙体的连接构造。

第12章 变形缝

【教学目标与要求】
- 掌握变形缝的分类、作用及要求
- 掌握变形缝的设计原理和构造方法

12.1 概　述

建筑物由于受气温变化、地基不均匀沉降以及地震等因素的影响，使结构内部产生附加应力和变形，如处理不当，将会造成建筑物的破坏，产生裂缝甚至倒塌，影响使用与安全。为了避免建筑物发生类似破坏，可预先在这些变形敏感部位将结构断开，留出一定的缝隙，以保证各部分建筑物在这些缝隙中有足够的变形宽度而不造成建筑物的破损，这种将建筑垂直分割开来的预留缝隙称为变形缝。

变形缝有三种，即伸缩缝、沉降缝和防震缝。

变形缝的材料及构造应根据其部位和需要分别采取防水、防火、保温等防护措施，并使其在产生位移或变形时不受阻、不被破坏(包括面层)。

12.2 变形缝设置

12.2.1 伸缩缝的设置

建筑物因受温度变化的影响而产生热胀冷缩，在结构内部产生温度应力，当建筑物长度超过一定限度、建筑平面变化较多或结构类型变化较大时，建筑物会因热胀冷缩变形较大而产生开裂。为预防这种情况发生，常常沿建筑物长度方向每隔一定距离或结构变化较大处预留缝隙，将建筑物断开。这种因温度变化而设置的缝隙就称为伸缩缝或温度缝。

伸缩缝要求把建筑物的墙体、楼板层、屋顶等地面以上部分全部断开，基础部分受温度变化影响较小，无须断开。有时也采用附加应力钢筋，通过加强建筑物的整体性来抵抗可能产生的温度应力，使建筑物少设缝和不设缝，但需要经过计算确定。

伸缩缝的最大间距，应根据不同材料及结构而定，详见有关结构规范。砌体结构伸缩缝的最大间距参见表 12－1；钢筋混凝土结构伸缩缝的最大间距参见表 12－2 有关规定。

表 12－1 砌体结构伸缩缝最大间距

房屋或楼盖类型	有无保温和隔热层	间距/m
整体式或装配整体式钢筋混凝土结构	有	50
	无	40
装配式无檩体系钢筋混凝土结构	有	60
	无	50
装配式有檩体系钢筋混凝土结构	有	75
	无	60
瓦屋盖、木屋盖或楼盖、轻钢屋盖	—	100

注：1. 对烧结普通砖、多孔砖、配筋砌块砌体房屋取表中数值，对石砌体、蒸压灰砂砖、蒸压粉煤灰砖和混凝土砌块房屋取表中数值乘以 0.8 的系数。

2. 在钢筋混凝土屋面上挂瓦的屋盖应按钢筋混凝土屋盖采用。

3. 层高大于 5 m 的烧结普通砖、多孔砖、配筋砌块砌体结构单层房屋，其伸缩缝间距可按表中数值乘以 1.3。

4. 温差较大且变化频繁地区和严寒地区不采暖的房屋及构筑物墙体的伸缩缝的最大间距应按表中数值予以适当减小。

本表参见《砌体结构设计规范》（GB 50003—2011）。

表 12－2 钢筋混凝土结构伸缩缝最大间距

结构类别	施工方法	室内或土中/m	露天/m
排架结构	装配式	100	70
框架结构	装配式	75	50
	现浇式	55	35
剪力墙结构（抗震墙）	装配式	65	40
	现浇式	45	30
挡土墙、地下室墙壁等	装配式	40	30
	现浇式	30	20

注：1. 装配整体式结构房屋的伸缩缝间距宜按表中现浇式的数值取用。

2. 框-剪或框-筒结构房屋的伸缩缝间距可根据结构的具体布置情况，取表中框架结构与剪力墙结构之间的数值。

3. 当屋面无保温或隔热措施、混凝土的收缩较大或室内结构因施工外露时间较长时，伸缩缝间距宜按表中"露天"栏或适当减少。

4. 现浇挑檐等外露结构的伸缩缝间距不宜大于 12 m。

本表参见《混凝土结构设计规范》（GB 50010—2010）。

12.2.2　沉降缝的设置

沉降缝是为了预防建筑物各部分由于不均匀沉降引起的破坏而设置的变形缝。凡属下列情况时均应考虑设置沉降缝(图 12.1)。

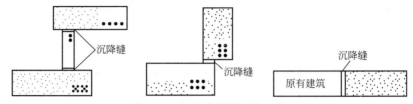

图 12.1　沉降缝设置部位示意

(1) 建筑平面的转折部位。

(2) 高度差异或荷载差异处。

(3) 长高比过大的砌体承重结构或钢筋混凝土框架结构的适当部位。

(4) 地基土的压缩性有显著差异处。

(5) 建筑结构或基础类型不同处。

(6) 分期建造房屋的交界处。

沉降缝与伸缩缝最大的区别在于伸缩缝只需保证建筑物在水平方向的自由伸缩变形，而沉降缝主要应满足建筑物各部分在垂直方向的自由沉降变形，故应将建筑物从基础到屋顶全部断开。同时，沉降缝也应兼顾伸缩缝的作用，故应在构造设计时满足伸缩和沉降双重要求。

沉降缝的宽度随地基情况和建筑物的高度不同而定，可参见表 12 - 3。

表 12 - 3　沉降缝的宽度

地基情况	建筑物高度	沉降缝宽度/mm
一般地基	$H < 5$ m	30
	$H = 5 \sim 10$ m	50
	$H = 10 \sim 15$ m	70
软弱地基	2～3 层	50～80
	4～5 层	80～120
	5 层以上	＞120
湿陷性黄土地基		≥30～70

沉降缝构造复杂，给建筑、结构设计和施工都带来一定的难度，因此，在工程设计时，应尽可能通过合理的选址、地基处理、建筑体型的优化、结构选型和计算方法的调整，以及施工程序上的配合(如高层建筑与裙房之间采用后浇带的办法)来避免或克服不均匀沉降，从而达到不设或尽量少设缝的目的(应根据不同情况区别对待)。

12.2.3　防震缝的设置

在地震区建造房屋，必须充分考虑地震对建筑造成的影响。为此，我国制定了相应的建筑抗震设计规范。

（1）对多层砌体房屋，应优先采用横墙承重或纵横墙混合承重的结构体系，有下列情况之一时宜设防震缝。

① 建筑立面高差在 6 m 以上。

② 建筑有错层且错层楼板高差较大。

③ 建筑物相邻各部分结构刚度、质量截然不同。

此时防震缝宽度 B 可采用 50～100 mm，缝两侧均须设置墙体，以加强防震缝两侧房屋刚度。

（2）对多层和高层钢筋混凝土框、排架结构房屋，应尽量选用合理的建筑结构方案，有下列情况之一时宜设防震缝。

① 房屋贴建于框、排架结构。

② 结构的平面布置不规则。

③ 质量和刚度沿纵向分布有突变。

（3）必须设置防震缝时，其最小宽度应符合下列要求。

① 当高度不超过 15 m 时，可采用 70 mm。

② 当高度超过 15 m 时，按不同设防烈度增加缝宽。

6 度地区，建筑每增高 5 m，缝宽增加 20 mm。

7 度地区，建筑每增高 4 m，缝宽增加 20 mm。

8 度地区，建筑每增高 3 m，缝宽增加 20 mm。

9 度地区，建筑每增高 2 m，缝宽增加 20 mm。

③ 贴建房屋与框、排架结构间设防烈度为 6 度、7 度时，缝宽 60 mm；8 度时，缝宽 70 mm；9 度时，缝宽 80 mm。

防震缝应与伸缩缝、沉降缝统一布置，并满足防震缝的设计要求。一般情况下，防震缝基础可不分开，但在平面复杂的建筑中，或建筑相邻部分刚度差别很大时，也需将基础分开。按沉降缝要求设置的防震缝也应将基础分开。

12.3 设置变形缝建筑的结构布置

12.3.1 伸缩缝的结构布置

1. 砌体结构

砌体结构的墙和楼板及屋顶结构布置可采用单墙，也可采用双墙承重方案［图 12.2(a)］。变形缝最好设置在平面图形有变化处，以利隐蔽处理。

2. 框架结构

框架结构的伸缩缝结构一般采用悬臂梁方案［图 12.2(b)］，也可采用双梁双柱方式［图 12.2(c)］，但施工较复杂。

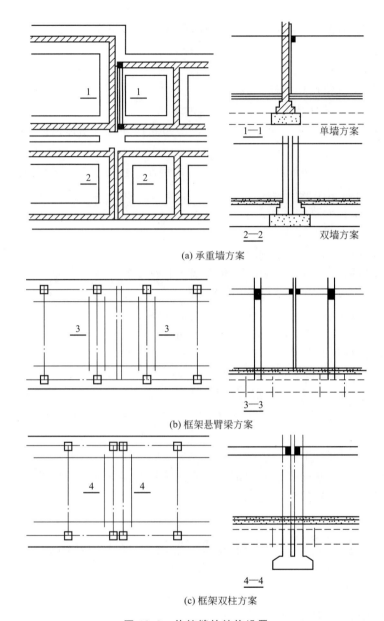

(a) 承重墙方案

(b) 框架悬臂梁方案

(c) 框架双柱方案

图 12.2　伸缩缝的结构设置

12.3.2　沉降缝的结构布置

　　沉降缝基础应断开并避免因不均匀沉降造成的相互干扰。常见的承重墙下条形基础处理方法有双墙偏心基础、挑梁基础和交叉式基础三种方案(图 12.3)。

　　双墙偏心基础整体刚度大，但基础偏心受力，并在沉降时产生一定的挤压力。采用双墙交叉式基础方案，地基受力将有所改进。挑梁基础方案能使沉降缝两侧基础分开较大距离，相互影响较少，当沉降缝两侧基础埋深相差较大或新建筑与原有建筑毗连时，宜采用挑梁方案。

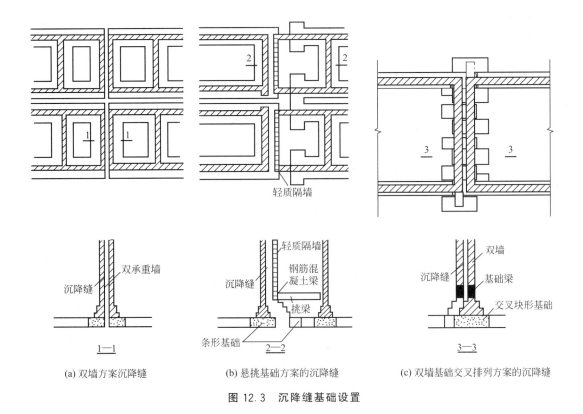

(a) 双墙方案沉降缝　　　　　(b) 悬挑基础方案的沉降缝　　　　(c) 双墙基础交叉排列方案的沉降缝

图 12.3　沉降缝基础设置

12.3.3　防震缝的结构布置

防震缝应沿建筑物全高设置，缝的两侧应布置双墙或双柱，或一墙一柱，使各部分结构都有较好的刚度。

12.4　变形缝盖缝构造

在建筑物设变形缝部位必须全部做盖缝处理。其主要目的是为了满足使用的需要，例如通行等。此外，位于外维护结构的变形缝还要防止渗漏，以及防止热桥的产生。当然，美观问题也相当重要。因此，做变形缝盖缝处理时要重视以下几点。

（1）所选择的盖缝板的形式必须能够符合变形缝所属类别的变形需要。如伸缩缝的盖缝板必须要允许左右的位移，不必适应上下的位移，而沉降缝的盖缝板则必须满足后者的要求。

（2）所选择的盖缝板的材料及构造方式必须能够符合变形缝所在部位的其他功能要求。例如用于外墙面和屋面的盖缝板应选择不易锈蚀的材料，例如镀锌铁皮、彩色薄钢板、铝皮等，并做到节点能够防水；而用于室内地面、楼面及内墙面的盖缝板则可以根据内部面层装饰需求来做。

不过应当注意，对于高层建筑及防火要求相对较高的建筑物，室内变形缝四周的基层应采取非燃烧材料，表面装饰层也应采用非燃或难燃材料。在变形缝内不应敷设电缆、可燃气体管道，如必须穿过变形缝时，应在穿过处加设不燃烧套管，并应采用不燃烧材料将套管两端空隙紧密填塞。

（3）在变形缝内部应当用具有自防水功能的柔性材料来填塞，例如挤塑性聚苯板、沥青麻丝、橡胶条等，以防止热桥的产生。

当地下室出现变形缝时，为使变形缝处能保持良好的防水性，必须做好地下室墙身及底板的防水构造。其措施是在结构施工时，在变形缝处预埋止水带。止水带有橡胶止水带、塑料止水带及金属止水带等。其构造做法有内埋式和可卸式两种，无论采用哪种形式，止水带中间空心圆或弯曲部分须对准变形缝，以适应变形需要（图 12.4 和图 12.5）。

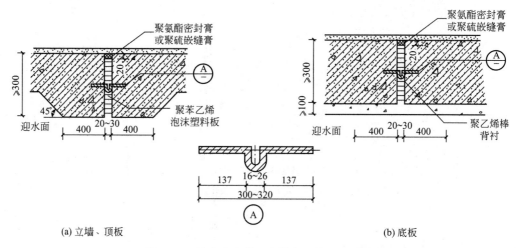

图 12.4　地下室金属止水带变形缝防水构造

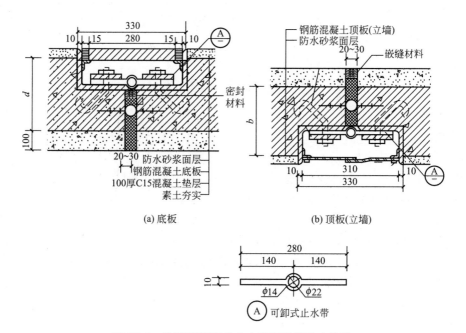

图 12.5　地下室可卸式止水带变形缝防水构造

图 12.6 为楼地面变形缝处的盖缝处理构造做法。图 12.7 为内墙及顶棚变形缝构造。图 12.8 为外墙变形缝构造，其中图 12.8(a)、(b)、(c)适用于抗震缝和伸缩缝，图 12.8(d)、(e)、(f)适用于抗震缝和沉降缝，盖缝板上下搭接一般不少于 50 mm。

图 12.9 和图 12.10 为屋面变形缝盖缝构造。其中盖缝和塞缝材料可以另行选择，但防水构造必须同时满足屋面防水规范的要求。

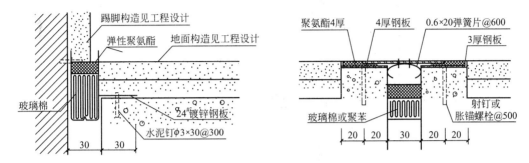

图 12.6　楼地面变形缝构造

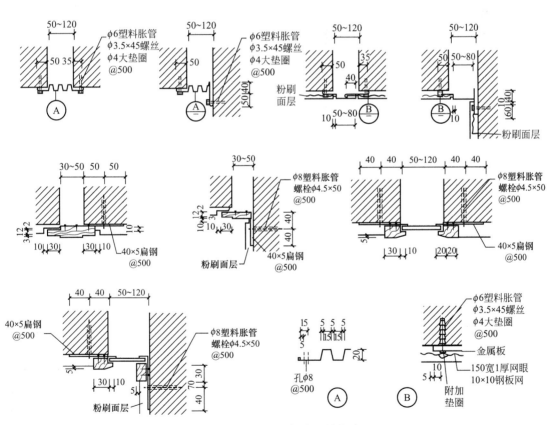

图 12.7　内墙、顶棚变形缝构造

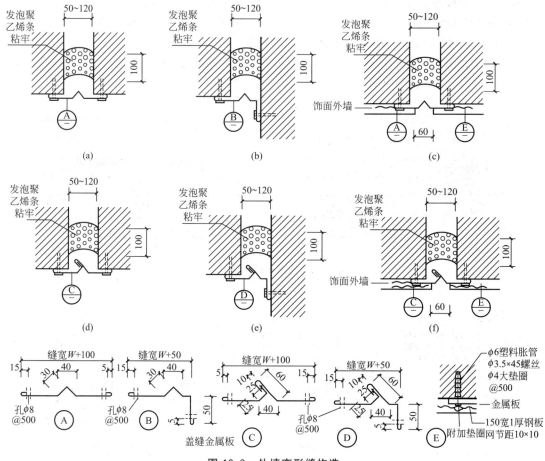

图 12.8 外墙变形缝构造

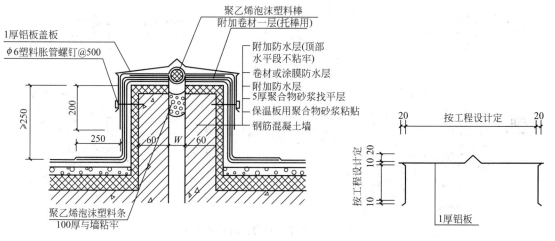

图 12.9 平屋面金属盖板变形缝构造

注：1. 变形缝宽度 W 按工程设计。

2. 保温板材料、厚度由工程设计定。

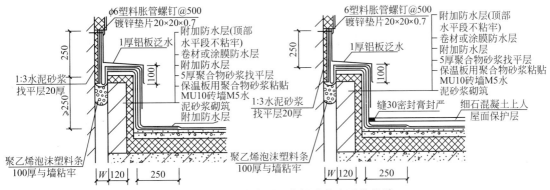

图 12.10 卷材防水屋面高低跨处变形缝构造

注：1. 变形缝宽度 W 按工程设计。

2. 保温板材料厚度由工程设计定。

本 章 小 结

1. 变形缝的设置是为了防止建筑物由于受气温变化、地基不均匀沉降以及地震等因素的影响，使结构内部产生应力和变形过大，造成建筑物的破坏而预先在这些变形敏感部位预留的缝隙。变形缝有三种，即伸缩缝、沉降缝和防震缝。

2. 工程中，应根据建筑物具体情况设置不同的变形缝，但在抗震设防的地区，无论设置哪种变形缝，其宽度都应该按照抗震缝的宽度来设置。这是为了避免在震灾发生时，由于缝宽不够而造成建筑物相邻的分段相互碰撞，造成破坏。

3. 变形缝细部构造主要有地下室、楼地面、内外墙、顶棚及屋面等处的盖缝处理。根据其部位和需要应分别采取防水、防火、保温等防护措施，并使其在产生位移或变形时不受阻、不被破坏（包括面层）。

知识拓展——变形缝相关知识

变形缝可消除混凝土的收缩及温度应力，也能消除沉降差异和地震对结构的危害，但同时也带来诸多不便，如：减少使用面积、影响使用功能、影响建筑美观、施工不便、结构复杂、工程造价增加、屋面及地下室防水处理不当易造成局部漏雨或渗水、基础处理复杂、容易发生对倾碰顶等问题，因此应尽量避免使用这种传统的设变形缝的方法。

在实际工程设计中，可以采取如下方法取代变形缝。

1. 采用微膨胀混凝土抵抗收缩变形，从而使伸缩缝设置间距增大，达到不设缝或少设缝的目的。

2. 对荷载差异处可以采用下列方法解决设变形缝的问题。

A. 采用桩基控制沉降量。

B. 采用后浇带法解决不均匀沉降。

C. 设拉结墙承受不均匀沉降产生的剪力。

D. 地下室具有足够刚度的高层建筑，在上部荷载差异较大情况下，如经结构计算沉降差在允许范围之内可不设缝。

3. 增加建筑物的整体刚度，使之具有足够的强度与刚度来克服由于温度、不均匀沉降及地震产生的破坏应力。

虽然在实际工程中有许多方法能减少变形缝的设置，但每种方法都有其应用的局限性，并不能完全取代变形缝，在设计中我们要灵活掌握，在满足使用要求的同时又要保证结构的安全度，并做到经济合理。

本 章 习 题

1. 何谓"变形缝"？有什么设计要求？

2. 哪些情况下须设置防震缝？

3. 试说明沉降缝的设置原因。

4. 伸缩缝与沉降缝在盖缝构造上有哪些区别？

5. 画图说明内、外墙变形缝构造。

6. 画图说明屋面变形缝构造。

7. 画图说明楼地层变形缝构造。

8. 画图说明地下室底板变形缝构造。

第 **13** 章
民用建筑工业化

【教学目标与要求】
- 了解建筑工业化的含义和特征
- 了解建筑工业化的发展及工业化建筑体系
- 了解建筑工业化的类型、特点

13.1 概　述

13.1.1　建筑工业化的含义和特征

建筑工业化是指用现代工业生产方式来建造房屋,即将现代工业生产的成熟经验应用于建筑业,像生产其他工业产品一样,用机械化手段生产建筑定型产品。其定型产品是指房屋、房屋的构配件和建筑制品等。这是建筑业生产方式的根本改变。长期以来,人类建造房屋所依靠的手工操作方法,劳动强度大、工效低、工期长,质量也难以保证,对于现代建筑工业显然极不适应。只有实现建筑工业化,才能加快建设速度,降低劳动强度,提高生产效率和施工质量。

建筑工业化的基本特征是设计标准化、生产工厂化、施工机械化、组织管理科学化。设计标准化是建筑工业化的前提,建筑产品如不加以定型,不采取标准化设计,就无法工厂化、机械化的大批量生产。生产工厂化是建筑工业化的手段,标准、定型的建筑构配件等的工厂化生产,可以改善劳动条件,提高生产效率,保证产品质量。施工机械化是建筑工业化的核心,机械化代替手工操作,可以降低劳动强度,加快施工进度,提高施工质量。组织管理科学化是实现建筑工业化的保证,从设计、生产到施工的各个过程,都必须有科学化的管理,避免出现混乱,造成不必要的损失。

13.1.2　我国建筑工业化的发展和工业化建筑体系

我国最早提出走建筑工业化道路是在 1956 年。1966 年以前,主要采用标准设计,即采用标准的构件设计和配件设计,这在促进我国建筑工业化方面起到积极作用。20 世纪80 年代以后,建筑业逐渐发展成为我国经济的支柱产业之一,单纯采用标准设计已不能适应发展需要,要真正实现建筑工业化,必须走工业化建筑体系的道路。所谓工业化建筑体系,就是把某些类型的建筑,从设计、生产工艺、施工方法到组织管理等各个环节都加以协调,形成工业化生产的完整过程。

工业化建筑体系一般分为专用体系和通用体系。专用体系是指以定型房屋为基础进行构配件配套的一种体系，其产品是定型房屋。而通用体系则是以通用构配件为基础，进行多样化组合的一种体系，其产品是定型构配件。专用体系的优点是以少量规格的构配件就能将房屋建造起来，一次性投资不多，见效大，但其缺点是由于构配件规格少，容易使建筑空间及立面产生单调感。通用体系则不然，它的构配件规格比较多，可以互相调换使用，容易做到多样化，适应面广，可以进行专业化成批生产。所以，近年来很多国家都趋向于从专用体系转向通用体系，我国的情况也大体如此。

13.1.3 工业化建筑的类型

工业化建筑的类型可按结构类型和施工工艺进行划分。结构类型主要包括墙体承重结构、框架结构、框架-剪力墙结构和剪力墙结构等。施工工艺主要按混凝土工程的施工工艺来划分，如预制装配(全装配)、工具式模板机械化现浇(全现浇)或预制与现浇相结合等。通常按结构类型与施工工艺的综合特征将工业化建筑划分为以下类型：砌块建筑、大板建筑、框架板材建筑、大模板建筑、滑模建筑、升板建筑、盒子建筑和密肋壁板建筑等。

预制装配式建筑是将房屋构配件制品如同其他工业化产品一样，用工业化方法在工厂生产，然后运到现场进行安装。主要包括砌块建筑、大板建筑、盒子建筑等。预制装配式建筑的主要特点是生产效率高，构件质量好，施工速度快，现场湿作业少，以及受季节影响小等。

现浇或现浇与预制相结合的建筑是将主要承重构件，如墙体和楼板等全部现浇，或其中一种现浇，一种预制装配。其主要优点是整体性好，适应性强，运输费用节省，便于组织大面积的流水作业，经济效益好。

限于篇幅，本章主要介绍大板建筑、框架板材建筑和大模板建筑，对砌块建筑、滑模和升板建筑、盒子建筑及密肋壁板建筑只做简略介绍。

13.2 大板建筑

13.2.1 大板建筑的特点和适用范围

大板建筑是装配式大型板材建筑的简称。除基础以外，地上的全部构件均为预制构件，通过装配整体式节点连接而建成的建筑。大板指大墙板、大楼板、大型屋面板。这些板材通常既可在工厂也可在现场预制，是一种全装配式建筑(图13.1)。

1. 大板建筑的主要优点

(1)装配化程度高，建设速度快，可缩短工期，提高劳动生产率。国外经验认为它比一般的传统施工方法可缩短工期40%~50%。

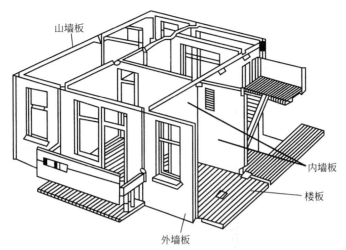

图 13.1 装配式大板建筑

（2）施工现场湿作业少，施工受天气和季节的影响较少，大部分工作可在工厂进行，改善了工人的劳动条件。

板材的承载能力比砖混结构高，可减少墙厚和结构自重，对抗震有利，并扩大了使用面积（约 5%～10%）。

2．大板建筑存在的一些缺点

（1）一次性投资较大，即先要投入一笔资金修建大板工厂。

（2）需要有大型的吊装运输设备，而且运输比较困难。

（3）钢材和水泥用量比砖混结构大，房屋造价比砖混结构高（约高 20%～30%）。

3．大板建筑的适用范围

（1）大板建筑建设数量较稳定才能提高效益，降低造价。

（2）施工现场宜成街成坊建造，否则，每平方米摊销的机械台班费就会提高，因而会增加建筑造价。

（3）建筑的类型以住宅、宿舍、旅馆等小开间建筑为主。

（4）板材之间有可靠的连接，具有较好抗震性能，所以在地震区和非地震区都适合。

（5）由于大板建筑要求的施工设备和运输条件较高，所以宜在平坦的地段建造。

13.2.2 大板建筑的板材类型

大板建筑的板材类型包括内外墙板、楼板、屋面板等，以下分别予以介绍。

1．墙板类型

墙板按其安装的位置分为内墙板和外墙板；按其材料组成分为振动砖墙板、混凝土墙板、工业废渣墙板；按构造形式分为单一材料墙板和复合墙板。

1）内墙板

内墙板通常既是承重构件又是分隔构件，因此，应具有足够的强度和刚度，还须有隔声、防火能力。为了减少墙板的规格并简化施工，从底层到顶层均采用同一厚度，多层建筑内墙板厚为 $140\sim160$ mm，高层为 $180\sim240$ mm。由于内墙板不需要考虑保温与隔热，多采用单一材料制作。常见的构造形式有实心墙板、空心墙板和振动砖墙板(图 13.2)。

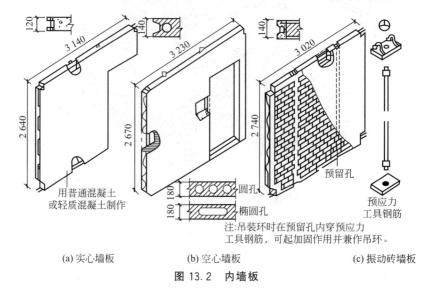

(a) 实心墙板   (b) 空心墙板   (c) 振动砖墙板

图 13.2　内墙板

2) 外墙板

外墙板主要应满足围护结构方面的要求，如防风遮雨、保温隔热及便于外装修等。因热工要求较高，外墙板常采用两种以上材料的复合板(图 13.3)。复合板一般用钢筋混凝土做结构层，以轻质材料做保温隔热层。层数较少的大板建筑，也可采用轻质混凝土做成单一材料的外墙板，如矿渣混凝土墙板、陶粒混凝土墙板、加气混凝土墙板等。

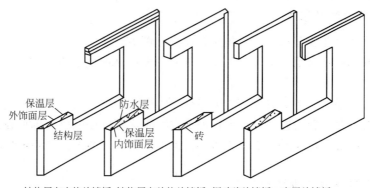

结构层在内的外墙板　结构层在外的外墙板　振动砖外墙板　夹层外墙板

图 13.3　复合式外墙板

2. 楼板和屋面板

为了加强房屋的整体刚度，宜尽量采用整间式预应力钢筋混凝土大楼板和屋面板。当吊装运输能力不允许时，每间也可由两块板拼接起来。钢筋混凝土楼板形式可用空心板、实心板、肋形板(图 13.4)。为了便于板材间的连接，楼板、屋面板的四边应预留缺口，并甩出连接用的钢筋。

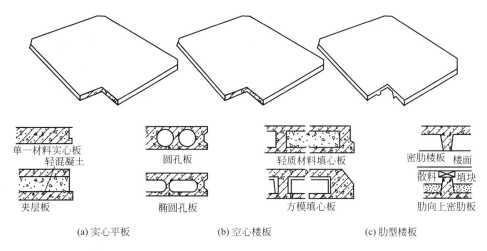

单一材料实心板
轻混凝土

圆孔板

轻质材料填心板

密肋楼板 楼面

夹层板

椭圆孔板

方模填心板

散料 填块

肋向上密肋板

(a) 实心平板　　　　　　(b) 空心楼板　　　　　　(c) 肋型楼板

图 13.4　钢筋混凝土楼板的形式

3. 其他构件

大板建筑的其他构件包括阳台板、楼梯构件、挑檐板、女儿墙板等。

1）阳台板

阳台板可以与楼板合为一块整板，也可以单独预制。由于前一种方法楼板尺寸过大，不便运输，且受力状况不好，所以一般都倾向于采用后一种方法。应注意的是，应当将阳台板与楼板锚固成整体，确保阳台不致倾覆（图 13.5）。

2）楼梯构件

纵向外墙板　　　楼板

阳台板

锚固钢筋

山墙板

击开板面浇筑混凝土

楼板

阳台板

锚固钢筋

(a) 阳台板布置在纵向墙板上　　　(b) 阳台板布置在山墙板上

图 13.5　阳台板的锚固连接

楼梯可按梯段板、平台板分开预制，也可将梯段与平台连成一体预制。分开预制比较方便，故采用较多。平台板与楼梯间墙板的连接，一是直接支承在墙板的钢牛腿上；二是将平台板做成出肋板，支承在墙板的预留孔内（图 13.6）。

3）挑檐板和女儿墙板

挑檐板可与屋面板连成一体预制，也可以单独预制，搁置于屋面板上。女儿墙板是非承重构件，可用轻质混凝土制作，其厚度通常与主体墙板一致，以便连接。由于女儿墙板悬于屋面上空，因此应与屋面板有可靠连接（图 13.7）。

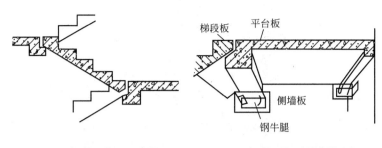

(a) 梯段与平台分开预制   (b) 平台板与梯段侧墙板的连接

图 13.6 楼梯平台板的连接构造

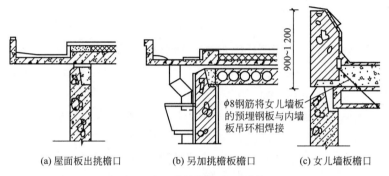

(a) 屋面板出挑檐口   (b) 另加挑檐板檐口   (c) 女儿墙板檐口

图 13.7 挑檐板和女儿墙板

13.2.3 大板建筑的节点构造

大板建筑的节点构造包括板材间的连接和外墙板接缝处的防水处理。

1. 板材连接

板材连接是大板建筑至为关键的构造措施，板材只有通过相互间牢固的连接，才能把墙板、楼板连成一体，使房屋的强度、刚度得以保证。板材连接有干法与湿法两种。

1）干法连接

干法连接是借助于预埋铁件，通过焊接或螺栓将板材连成一体。其优点是施工简便，速度快；缺点是耗钢量较大，连接件易锈蚀，致使其使用受到限制。

2）湿法连接

湿法连接是在板材边缘预留钢筋(也称甩筋)，安装时将这些甩筋相互绑扎或焊接，然后在板缝中浇灌混凝土，从而形成类似的圈梁和构造柱，使大板建筑的整体刚度增强(图 13.8)。

湿法连接的优点是房屋结构整体性好、刚度大，连接钢筋被混凝土包住，不易锈蚀。但湿法连接必须有一定养护时间，使接头混凝土达到足够强度后才能继续上层板安装。

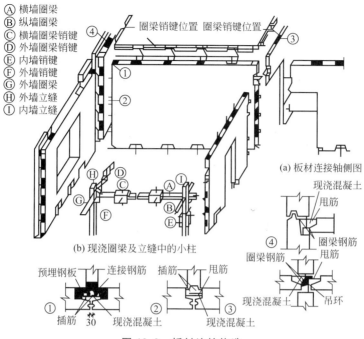

ⒶⒶ 横墙圈梁
Ⓑ 纵墙圈梁
Ⓒ 横墙圈梁销键
Ⓓ 外墙圈梁销键
Ⓔ 内墙销键
Ⓕ 外墙销键
Ⓖ 外墙圈梁
Ⓗ 外墙立缝
Ⓘ 内墙立缝

圈梁销键位置 圈梁销键位置

(a) 板材连接轴侧图

现浇混凝土
甩筋

圈梁钢筋
甩筋

圈梁钢筋

现浇混凝土 吊环

(b) 现浇圈梁及立缝中的小柱

预埋钢板 连接钢筋 插筋 甩筋

插筋 30 现浇混凝土 现浇混凝土

图 13.8 板材连接构造

2. 外墙板接缝处的防水构造

外墙板之间的接缝是最易产生渗漏的地方。引起渗漏的原因主要是墙板间的灌缝混凝土和砂浆易开裂，雨水通过裂缝得以渗入室内。裂缝的产生多与环境温湿度变化、地基不均匀沉陷、灌缝材料干缩变形或灌缝不密实等因素有关。

防止接缝漏水的措施有两种，即材料防水和构造防水(图 13.9 和图 13.10)。

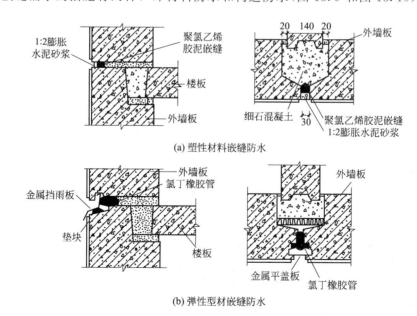

1:2膨胀水泥砂浆
聚氯乙烯胶泥嵌缝
楼板
外墙板

20 140 20
外墙板

细石混凝土
30
聚氯乙烯胶泥嵌缝
1:2膨胀水泥砂浆

(a) 塑性材料嵌缝防水

金属挡雨板
外墙板
氯丁橡胶管
垫块
楼板

外墙板

金属平盖板
氯丁橡胶管

(b) 弹性型材嵌缝防水

图 13.9 装配式外墙板材料防水

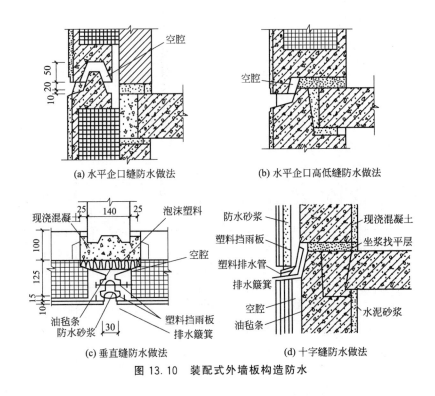

(a) 水平企口缝防水做法　　　　(b) 水平企口高低缝防水做法

(c) 垂直缝防水做法　　　　(d) 十字缝防水做法

图 13.10　装配式外墙板构造防水

13.3 框架板材建筑

13.3.1 框架板材建筑的特点和适用范围

框架板材建筑是指由框架和楼板、墙板组成的建筑(图 13.11)。其结构特征是由框架承重，墙体仅作围护和分隔。这种建筑的主要优点是空间划分灵活，自重轻，有利于抗震，节省材料；其缺点是钢材和水泥用量大，构件数量多。框架板材建筑适用于要求有较大空间的多层、高层民用建筑及地基较软弱的建筑和地震区的建筑。

13.3.2 框架结构类型

框架按所用材料分为钢框架和钢筋混凝土框架。通常 15 层以下的建筑可采用钢筋混凝土框架，更高的建筑则采用钢框架。我国目前主要采用钢筋混凝土框架。

图 13.11　框架板材建筑

　　钢筋混凝土框架按施工方法不同，分为全现浇、全装配和装配整体式三种。全现浇框架现场湿作业多，寒冷地区冬期施工还要采取防寒措施，故采用后两种施工方法更为有利。

　　按构件组成不同分为板柱框架、梁板柱框架和剪力墙框架(图 13.12)。其中板柱框架由楼板和柱子组成框架，楼板可用梁板合一的肋形楼板，也可用实心楼板。梁板柱框架由梁、楼板和柱子构成框架，梁与柱的连接如图 13.13 所示。剪力墙框架则是在以上两种框架中增设一些剪力墙，其刚度较纯框架的大得多。剪力墙主要承受水平荷载，框架主要承受垂直荷载，故使框架的节点构造大为简化，一般适合在高层建筑中采用。

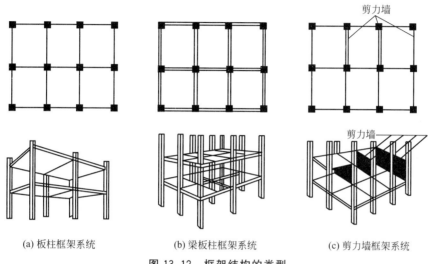

(a) 板柱框架系统　　　　　(b) 梁板柱框架系统　　　　　(c) 剪力墙框架系统

图 13.12　框架结构的类型

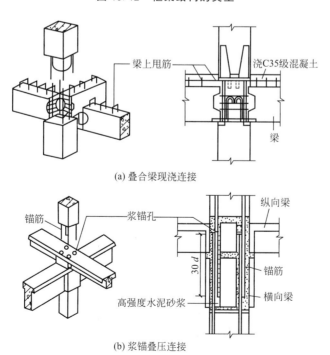

(a) 叠合梁现浇连接

(b) 浆锚叠压连接

图 13.13　梁与柱的连接

13.3.3 装配式钢筋混凝土框架的构件连接

框架的构件连接主要有梁与柱、梁与板、板与柱的连接。

1. 梁与柱的连接

梁与柱通常在柱顶进行连接，最常用的是叠合梁现浇连接，其次是浆锚叠压连接（图 13.13）。其中图 13.13(a)为叠合梁现浇连接构造，叠合方法是把上下柱、纵横梁的钢筋都伸入节点，加配箍筋后浇灌混凝土成型。其优点是节点刚度大，故较为常用。图 13.13(b)为浆锚叠压连接，是将纵横梁置于柱顶，上下柱的竖向钢筋插入梁上的预留孔，灌入高强细石混凝土将柱筋锚固，使梁柱连接成整体。

2. 楼板与梁的连接

为了使楼板与梁整体连接，常采用楼板与叠合梁现浇连接（图 13.14）。叠合梁由预制和现浇两部分组成。在预制梁上部留出箍筋，预制楼板安放后，放置纵向架立钢筋后浇筑

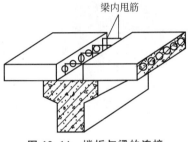

梁内甩筋

图 13.14 楼板与梁的连接

混凝土，将梁和楼板连成整体。这种连接方式的优点是整体性强，并可减少梁板的结构构造高度，提高室内净高。

3. 楼板与柱的连接

在板柱框架中，楼板直接支承在柱上，其连接方法可用现浇连接、装锚叠压连接和预应力张拉连接（图 13.15）。前两种连接方法与梁、柱连接是相同的。预应力张拉连接是在柱上预留穿筋孔，预制大型楼板安装就位后，钢筋从楼板边槽和柱上穿筋孔中通过，对钢筋进行张拉后，于楼板边槽中灌注混凝土。这种方法技术要求高，但构造简单，连接可靠，施工方便快速。

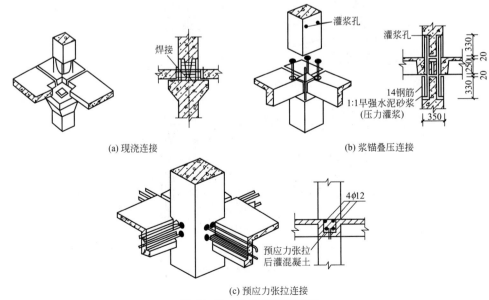

(a) 现浇连接   (b) 浆锚叠压连接

(c) 预应力张拉连接

图 13.15 楼板与柱的连接

13.3.4 外墙板的类型、布置方式与连接

1. 外墙板类型

按所使用的材料及构造，外墙板可分为三类，即单一材料墙板、复合材料墙板、玻璃幕墙。单一材料墙板用轻质混凝土材料制作，如加气混凝土、陶粒混凝土等。复合材料墙板通常由两种以上材料组成，构造上有两层或三层组成，即内外层和夹层。外层选用耐久性、防水性较好的材料，如石棉水泥板、钢丝网水泥、轻骨料混凝土等；内层选用防火性能好，又便于装修的材料，如石膏板、塑料板等；夹层为保温隔热材料，如矿棉、玻璃棉、膨胀珍珠岩、膨胀蛭石、加气混凝土、泡沫混凝土、泡沫塑料等(图 13.16)。

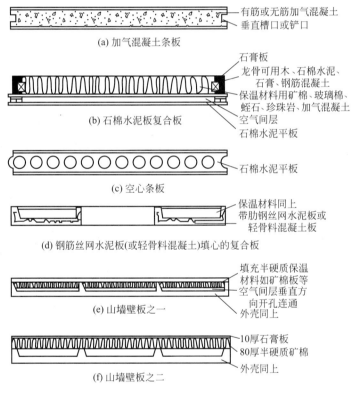

(a) 加气混凝土条板

(b) 石棉水泥板复合板

(c) 空心条板

(d) 钢筋丝网水泥板(或轻骨料混凝土)填心的复合板

(e) 山墙壁板之一

(f) 山墙壁板之二

图 13.16 外墙板类型

2. 外墙板的布置方式

外墙板可以布置在框架外侧，或框架之间，或安装在附加墙架上(图 13.17)。外墙板安装在框架外侧时，对房屋的保温有利。外墙板安装在框架之间时，框架暴露在外，需对框架柱做保温处理，防止外露框架柱和楼板形成"热桥"。轻型墙板通常应安装在附加墙架上，使外墙板具有足够的刚度，保证其在风力或地震力作用下不致产生过大的变形。

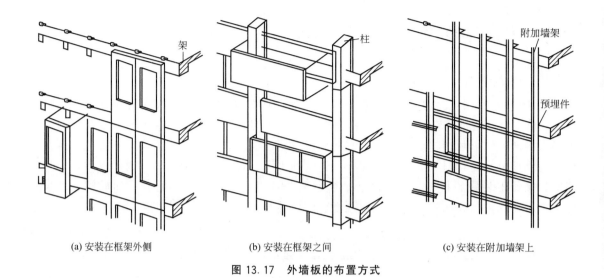

(a) 安装在框架外侧   (b) 安装在框架之间   (c) 安装在附加墙架上

图 13.17 外墙板的布置方式

3. 外墙板与框架的连接

外墙板可以采用上挂或下承两种方式支承于框架柱、梁或楼板上。如图 13.18 所示为各种外墙板与框架的连接构造。根据墙板类型和墙板位置方式的不同，可采取焊接法、螺栓连接法、插筋锚固法等连接。无论采用何种方法，均应注意以下构造要点。

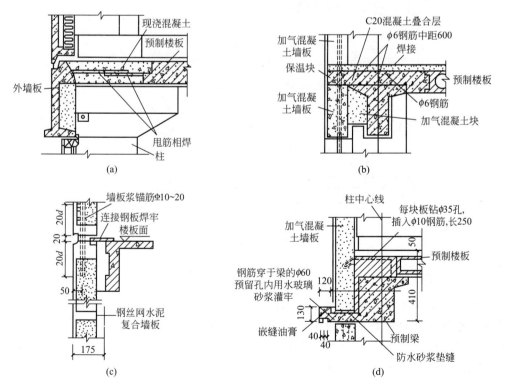

图 13.18 外墙板与框架的连接

（1）外墙板与框架连接应安全可靠。

（2）尽量避免出现"热桥"现象，防止产生结露。

（3）构造简单，施工方便。

13.4 大模板建筑

13.4.1 大模板建筑的特点和适用范围

所谓大模板建筑是指用工具式大型模板现浇混凝土楼板和墙体的建筑(图 13.19)。大模板建筑的优点是：由于采用现浇混凝土施工工艺，可不必预制，故一次性投资比大板建筑少；现浇施工构件与构件之间的连接方法大为简化，且结构整体性好，刚度大，使结构的抗震能力与抗风能力大大提高；现浇施工还可以减少建筑材料的转运。大模板建筑也有一些缺点：如现场工作量大，在寒冷地区冬期施工需要采用冬期施工措施，增加了能耗，水泥用量较多。但大模板建筑所需要的技术设备条件比大板建筑的低，在我国大部分地区适应性强，所以在多层和高层建筑中均有采用。

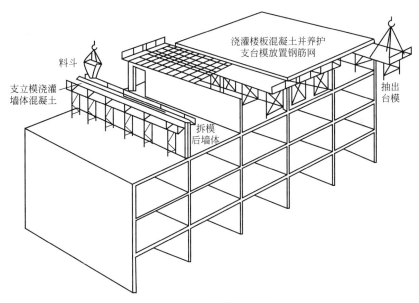

图 13.19 大模板建筑

13.4.2 大模板建筑的类型

大模板建筑常见的类型有以下几种。

1. 全现浇做法

内外墙全部为现浇钢筋混凝土墙板，一般多用于建造高层住宅。

2. 现浇与预制相结合

内墙用大模板现浇混凝土墙体，外墙采用预制外墙板。这种做法称作外板内模，俗称"内浇外挂"，目前在我国高层大模板建筑中应用最为普遍。

3. 现浇与砖砌相结合

内墙采用大模板现浇，外墙用砌块来砌筑。这种做法称作外砖内模，俗称"内浇外砌"，在多层大模板建筑中运用得较多。

13.4.3　大模板建筑的墙体材料与节点构造

我国大模板建筑目前多用于住宅建筑，内墙一般采用 C20 普通混凝土或较轻的混凝土。

内横墙厚度应满足楼板搁置长度的需要，内纵墙厚度应满足房屋刚度的要求，一般内墙厚度为 160～180 mm。外墙厚度视材料和地区气候而定。当采用"内浇外挂"时，外墙板宜用复合板。当采用"内浇外砌"时，外墙厚度和当地砌体结构的外墙厚度相同。

大模板建筑的节点构造是指墙体与墙体的连接、墙体与楼板的连接。墙体与墙体的连接主要是在现浇内墙与外挂墙板、现浇内墙与外砌砖墙的连接上。

1. 现浇内墙与外挂墙板的连接

在"内浇外挂"的大模板建筑中，外墙板是在现浇内墙板之前先安装就位，并将预制外墙板端的甩筋与内墙用钢筋绑在一起，然后在外墙板缝中插入竖向钢筋，上下墙板的甩筋也相互搭接焊牢，浇筑内墙混凝土后，这些接头连接钢筋便将内外墙锚固成整体（图 13.20）。

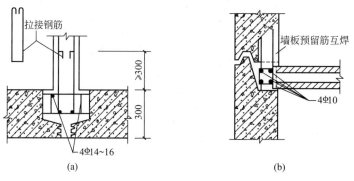

图 13.20　内墙与外挂板的连接

2. 现浇内墙与外砌砖墙的连接

在"内浇外砌"的大模板建筑中，砖砌外墙必须与现浇内墙相互拉结才能保证结构的整体性（图 13.21）。施工时，先砌砖外墙，在与内墙交接处将砖砌成凹槽，并放置锚拉钢筋，内墙钢筋与这些拉筋绑扎在一起，浇筑内墙混凝土后，砖墙的预留凹槽形成混凝土构造柱，将内外墙牢固地连接在一起。山墙转角处则应专门现浇钢筋混凝土构造柱。

楼板与墙体应有可靠的连接（图 13.22）。安装楼板时。可将楼板伸进现浇墙内 35～45

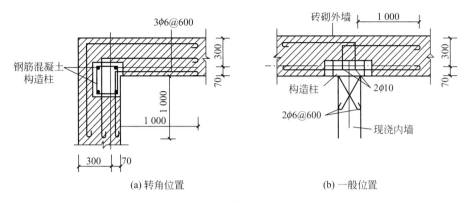

(a) 转角位置　　　　　　　　　　(b) 一般位置

图 13.21　现浇内墙与砖外墙连接

mm，相邻两楼板之间至少留有 70~90 mm 宽的空隙作为浇筑混凝土的位置。楼板端头甩筋与墙体竖向钢筋以及水平附加钢筋相互搭接，浇筑墙体后，在楼板之间形成一条钢筋混凝土现浇带，便将楼板与墙板连接成整体。若外墙采用砖砌筑时，应在楼板标高部位设钢筋混凝土圈梁。

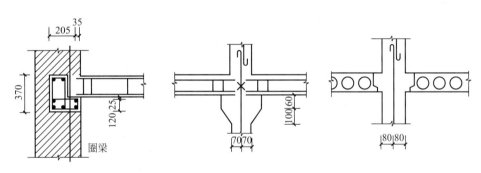

图 13.22　墙与楼板连接

13.5　其他类型的工业化建筑

工业化建筑的主要类型除以上几种外，还有砌块建筑、滑模建筑、升板建筑、盒子建筑、密肋壁板建筑等也都属于工业化建筑的范围，下面做以简要介绍。

13.5.1　砌块建筑

砌块是比砖的尺寸大得多的砌墙用的建筑制品，用砌块所建造的房屋称为砌块建筑。

砌块以其所用的材料，可分为混凝土砌块、粉煤灰硅酸盐砌块、加气混凝土砌块、其他轻混凝土砌块等。砌块以其尺寸及质量，可分为小型砌块、中型砌块、大型砌块。小型砌块的质量是在 20 kg 以下，其高度不超过 380 mm，适于手工操作。中型砌块的质量通常为 100~350 kg，高度不超过 980 mm，适用于小型机械吊装的情况，在南方中小城市应用较多。大型砌块质量超过 350 kg，高度在 980 mm 以上。无论哪种砌块，其长度和高度常以 100 mm 为模数。其中最大长度一般不超过高度的三倍，砌块的厚度与墙身厚度相等。

砌块以其构造，可分为实心砌块和空心砌块。实心砌块适宜采用轻质材料，如加气混凝土、硅酸盐等。空心砌块宜用容重大、抗压强度高的材料，如普通混凝土砌块等。

13.5.2　滑升模板建筑

所谓滑升模板建筑是指用滑升式模板来现浇墙体的建筑。滑模施工的工作原理是利用专设于墙内的竖向钢筋做交承杆，将模板系统支承其上，用液压千斤顶系统带动模板系统沿支承杆慢慢向上滑移，同时浇筑混凝土墙体，直至顶层才将模板系统卸下（图 13.23）。

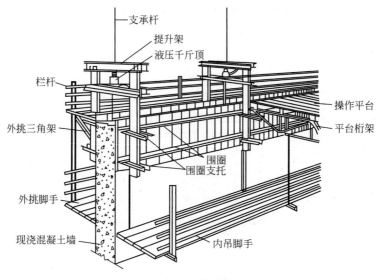

图 13.23　滑模示意图

滑模建筑的主要优点是结构的整体性好，抗震能力强，机械化程度高，施工速度快，劳动强度降低，模板的数量少，且利用率高，施工时所需的场地小。但用这种方式建造房屋，操作精度要求高，墙体垂直度的偏差不能超出允许范围。滑模建筑适用于外形简单规整、上下壁厚相同的建筑物和构筑物，如多层和高层建筑、水塔、烟囱、筒仓等。我国深圳国际贸易中心大厦高 53 层的主楼部分，便是采用滑模施工的。

滑模建筑通常有三种类型：第一种是内外墙全部滑模现浇[图 13.24(a)]；第二种是内墙滑模现浇，外墙预制装配[图 13.24(b)]，有利于外墙的保温和装修；第三种是滑模浇筑如楼梯间、电梯间等筒体结构，其余部分用框架或大板结构[图 13.24(c)]，这种滑模施工多见于高层建筑。

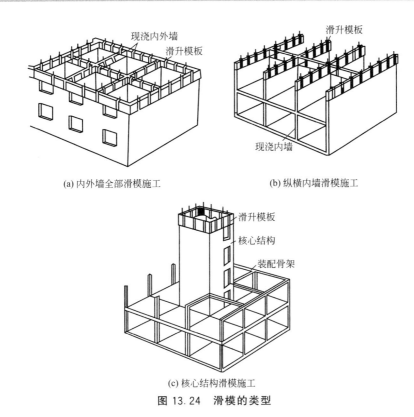

(a) 内外墙全部滑模施工   (b) 纵横内墙滑模施工

(c) 核心结构滑模施工

图 13.24 滑模的类型

13.5.3 升板升层建筑

所谓升板升层建筑是指先立柱子,然后在地坪上浇筑楼板、屋面板,通过特制的设备提升就位的一种建筑。只提升楼板的叫"升板";在提升楼板的同时,连墙体一起提升的叫"升层"。升板建筑施工顺序示意图如图 13.25 所示。

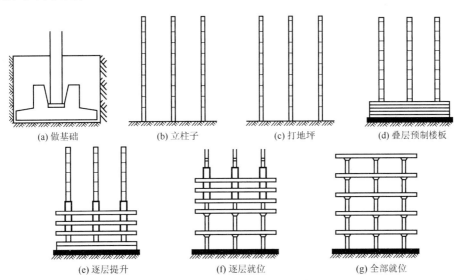

(a) 做基础   (b) 立柱子   (c) 打地坪   (d) 叠层预制楼板

(e) 逐层提升   (f) 逐层就位   (g) 全部就位

图 13.25 升板建筑施工顺序示意图

升板升层建筑的优越性是很明显的，由于是在建筑物的地坪上叠层预制楼板，不需要底模，可以大大节约模板；把许多高空作业转移到地面进行，可以提高效率，加快进度；预制楼板是在建筑物本身平面范围内进行的，不需要占用太多的施工场地。根据这些优点，升板升层建筑主要适用于隔墙少、楼面荷载大的多层建筑，如商场、书库、车库和其他仓储建筑，特别是当施工场地狭小时更为有利。

13.5.4 盒子建筑

盒子建筑是指由盒子状的预制构件组合而成的全装配式建筑。这种建筑始建于 20 世纪 50 年代，目前世界上许多国家都修建了盒子建筑。它适用于旅馆、疗养院、学校等，不但用于多层房屋，还用于高层建筑。我国从 20 世纪 60 年代初期开始试点，建起了盒子住宅楼，盒子旅馆等。

盒子建筑的主要优点：第一是施工速度快，同大板建筑相比，可缩短施工周期 50%～70%，国外有的 20 多层的旅馆，采用盒子构件组装，一个月左右就能建成；第二是装配化程度高，修建的大部分工作，包括水、暖、电、卫等设备安装和房屋装修都移到工厂完成，施工现场只作构件吊装、节点处理，接通管线就能使用，现场用工量仅占总用工量的 20%左右；第三，混凝土盒子构件是一种空间薄壁结构，自重轻，与砖混建筑相比，可减轻结构自重一半以上。

目前影响盒子建筑推广的主要原因是建造盒子构件的预制厂投资过大。

13.5.5 密肋壁板建筑

密肋壁板结构体系是适应我国墙体改革及住宅产业化要求的产物，由西安建筑科技大学建筑工程新技术研究所主持完成。经过十余年艰苦攻关，课题组在理论研究与应用研究上进行了大量、细致、卓有成效的工作，从而使其成果理论化、实用化。该结构体系现已被列入《小康住宅建筑结构体系成套技术指南》及建设部重点推广计划。

多层密肋壁板结构由预制密肋复合墙板、现浇隐形框架和楼板组成。作为结构的主要受力构件——密肋复合墙板，既可作为承重构件，又可作为非承重构件；既可用于地震区，又可用于非地震区；集保温节能与结构承重为一体，构造简单，施工方便(图 13.26)。

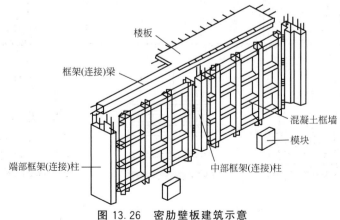

图 13.26 密肋壁板建筑示意

本 章 小 结

1. 建筑工业化是指用现代工业生产方式来建造房屋，即将现代工业生产的成熟经验应用于建筑业，像生产其他工业产品一样，用机械化手段生产建筑定型产品。

2. 建筑工业化的基本特征是设计标准化、生产工厂化、施工机械化、组织管理科学化。

3. 工业化建筑体系一般分为专用体系和通用体系。专用体系是指以定型房屋为基础进行构配件配套的一种体系，其产品是定型房屋。而通用体系则是以通用构配件为基础，进行多样化组合的一种体系，其产品是定型构配件。

4. 工业化建筑的类型可按结构类型和施工工艺进行划分。通常按结构类型与施工工艺的综合特征将工业化建筑划分为以下类型：砌块建筑、大板建筑、框架板材建筑、大模板建筑、滑模建筑、升板建筑、盒子建筑和密肋壁板建筑等。

知识拓展——住宅产业现代化

随着社会的发展，人们对住宅的要求不再仅仅限于遮风避雨，人居、环保、生态、节能等等越来越高的要求不断被提了出来。市场需求要求我国要加快住宅产业现代化的进程，建造出满足人们生活需要、体现个性化的房屋。

住宅产业现代化水平的高低，主要由两方面来衡量：一是改变传统的住宅建造方式，提高生产的工业化和现场装配化水平，尽量减少甚至避免现场作业；二是实行工业化生产，现场组装（包括室内装修）住宅。

住宅产业现代化的关键是住宅的工业化。西方发达国家在第二次世界大战后大都经历了住宅工业化、标准化的过程，经历了由低级到高级，由集团住宅体系发展到全社会化、全行业化的通用化住宅产品的发展过程，建立了彼此协调、互相制约、共同繁荣的生产机制。

发达国家住宅生产的工业化，早期均采用专用体系，这虽然加快了住宅建设速度，提高了劳动生产率，但也暴露出住宅千人一面、缺乏个性的缺点。为此，在专用体系的基础上，各国又先后积极推行了通用体系，以部件为中心组织专业化、社会化大生产，形成许多各自独立又互为依存的工业部门。

住宅实现社会化、工业化大生产，就出现了互相之间的接口问题，即标准化问题，因而要求有一个标准来规范部件的生产，因此模数协调应运而生。模数协调是住宅工业化的基础技术。它的目标是使住宅生产从设计、生产到安装、验收的全过程，全部纳入尺寸协调的范畴。在一些发达国家已经建立了一套完善的模数协调体系。

建立产品认证制度是住宅工业化的保证。认证的全过程是政府行为。在日本、法国、美国等发达国家均有一套完善的住宅部品认证制度和体系。

虽然住宅工业化、产业化是一种趋势，但由于国内在设计、施工及部品生产方面，贯彻模数协调标准并不理想，再加上标准本身的不完善，不管是走哪种方式的住宅工业化之路都不会是一帆风顺的，住宅工业化要想达到发达国家的发展水平还需要政府、开发商、消费者以及建筑设计、施工、建材生产企业等方方面面的共同努力。

本 章 习 题

1. 简述建筑工业化的意义、特征。
2. 简述建筑工业化的体系。
3. 建筑工业化的类型有哪些？
4. 简述各类工业化建筑的特点，适用范围。

参 考 文 献

[1] 同济大学，西安建筑科技大学，东南大学，重庆大学．房屋建筑学[M]．北京：中国建筑工业出版社，2005．

[2] 钱坤，吴歌，王若竹．房屋建筑学[M]．武汉：武汉大学出版社，2014．

[3] 李必瑜．房屋建筑学[M]．武汉：武汉理工大学出版社，2003．

[4] 顾晓鲁．地基与基础[M]．北京：中国建筑工业出版社，2003．

[5] 王万江．房屋建筑学[M]．重庆：重庆大学出版社，2003．

[6] 董黎．房屋建筑学[M]．北京：高等教育出版社，2006．

[7] 建筑设计资料集编委会．建筑设计资料集[M]．北京：中国建筑工业出版社，2002．

[8] 中华人民共和国国家标准．建筑设计防火规范（GB 50016—2014）[S]．北京：中国计划出版社，2014．

[9] 中华人民共和国国家标准．民用建筑设计通则（GB 50352—2005）[S]．北京：中国建筑工业出版社，2005．

[10] 中华人民共和国国家标准．建筑抗震设计规范（GB 50011—2010）[S]．北京：中国建筑工业出版社，2010．

[11] 中华人民共和国国家标准．建筑采光设计标准（GB 50033—2013）[S]．北京：中国建筑工业出版社，2001．

[12] 中华人民共和国国家标准．建筑地基基础设计规范（GB 50007—2011）[S]．北京：中国建筑工业出版社，2011．

[13] 中华人民共和国国家标准．地下工程防水技术规范（GB 50108—2011）[S]．北京：中国计划出版社，2011．

[14] 中华人民共和国国家标准．建筑地基处理技术规范（JGJ 79—2012）[S]．北京：中国建筑工业出版社，2012．

[15] 中华人民共和国国家标准．商店建筑设计规范（JGJ 48—2014）[S]．北京：中国建筑工业出版社，2014．

[16] 中华人民共和国国家标准．旅馆建筑设计规范（JGJ 62—2014）[S]．北京：中国建筑工业出版社，2014．

[17] 中华人民共和国国家标准．住宅厨房模数协调标准（JGJ/T 262—2012）[S]．北京：中国建筑工业出版社，2012．

[18] 中华人民共和国国家标准．住宅卫生间模数协调标准（JGJ/T 263—2012）[S]．北京：中国建筑工业出版社，2012．

[19] 中华人民共和国国家标准．中小学校设计规范（GB 50099—2011）[S]．北京：中国建筑工业出版社，2011．

[20] 中华人民共和国国家标准．住宅设计规范（GB 50096—2011）[S]．北京：中国建筑工业出版社，2011．

[21] 中华人民共和国国家标准．建筑地面设计规范（GB 50037—2013）[S]．北京：中国计划出版社，2013．

[22] 中华人民共和国国家标准．建筑模数协调标准（GB/T 50002—2013）[S]．北京：中国建筑工业出版社，2013．

[23] 中华人民共和国国家标准．《民用建筑隔声设计规范》（GB 50118—2010）[S]．北京：中国计划出版社，2010．

[24] 中华人民共和国国家标准．平屋面建筑构造(12J 201)[S]．北京：中国计划出版社，2012．

[25] 中华人民共和国国家标准．坡屋面建筑构造(一)(09J 202—1)[S]．北京：中国计划出版社，2010．

[26] 中华人民共和国国家标准．无障碍设计规范(GB 50763—2012)[S]．北京：中国建筑工业出版社，2012．

[27] 中华人民共和国国家标准．建筑制图标准(GB/T 50104—2010)[S]．北京：中国计划出版社，2011．

[28] 中华人民共和国国家标准．砖墙建筑构造(一)(04J 101)．北京：中国计划出版社，2007．

[29] 中华人民共和国国家标准．混凝土小型空心砌块墙体建筑构造(05J 102—1)[S]．北京：中国计划出版社，2006．

[30] 中华人民共和国国家标准．外墙外保温建筑构造(10J 12—1)[S]．北京：中国计划出版社，2010．

[31] 中华人民共和国国家标准．墙体建筑节能构造(一)(06J 123)[S]．北京：中国计划出版社，2006．

[32] 中华人民共和国国家标准．公共建筑节能设计标准(GB 50189—2005)[S]．北京：中国建筑工业出版社，2006．

[33] 中华人民共和国国家标准．民用建筑节能设计标准(采暖居住建筑部分)(JGJ 26—95)[S]．北京：中国建筑工业出版社，1995．

[34] 中华人民共和国国家标准．民用建筑热工设计规范(GB 50176—2002)[S]．北京：中国计划出版社，2002．

[35] 中华人民共和国国家标准．电梯主参数及轿厢井道机房的型式与尺寸(GB/T 7025.1—2008)[S]．北京：中国标准出版社，2008．

[36] 中华人民共和国国家标准．楼地面建筑构造(12J 304)[S]．北京：中国计划出版社，2012．

[37] 中华人民共和国国家标准．钢筋混凝土雨篷(03J 501—2)[S]．北京：中国计划出版社，2009．

[38] 中华人民共和国国家标准．屋面节能建筑构造(一)(06J 204)[S]．北京：中国计划出版社，2006．

[39] 中华人民共和国国家标准．屋面工程技术规范(GB 50345—2012)[S]．北京：中国建筑工业出版社，2012．

[40] 中华人民共和国国家标准．屋面工程质量验收规范(GB 50207—2012)[S]．北京：中国建筑工业出版社，2012．

[41] 中华人民共和国国家标准．建筑节能门窗(一)(06J 607—1)[S]．北京：中国计划出版社，2006．

[42] 中华人民共和国国家标准．变形缝建筑构造(14J 936)[S]．北京：中国计划出版社，2014．

[43] 中华人民共和国国家标准．压型钢板、夹芯板屋面及墙体建筑构造(二)(06J 925—2)[S]．北京：中国计划出版社，2007．